完全实例自学
·系列丛书·

完全实例自学

Photoshop CS5

图像处理

唯美科技工作室 / 编著

机械工业出版社
CHINA MACHINE PRESS

本书以案例的形式详细介绍了使用 Photoshop CS5 处理图像的方法与技巧。全书共分为两大部分，第一部分为 Photoshop CS5 图像处理基础篇（第 1～6 章），第二部分为 Photoshop CS5 图像处理综合应用篇（第 7～13 章）。

　　全书以大量的实例对 Photoshop CS5 的功能以及应用领域进行了一一介绍，并采用了新颖的双栏排版。其中的小栏部分，主要介绍了实例中应用到的软件功能、重点提示以及操作技巧等，从而突出了重点，帮助读者以理论结合实际的方法进行系统的学习。本书附赠一张超大容量的多媒体教学光盘，其中包括软件视频教学，以及书中所有实例的操作视频，使读者能对书中内容进行直观的学习，提高学习效率。

　　本书可操作性强，循序渐进，易学易会，可作为广大计算机初、中级用户以及各类相关职业学校、计算机培训班的教材，同时也可作为广大图像设计、平面广告制作以及网页制作等领域从业人员的参考书籍。

图书在版编目（CIP）数据

完全实例自学 Photoshop CS5 图像处理/唯美科技工作室编著.
—北京：机械工业出版社，2012.3
（完全实例自学系列丛书）
ISBN　978-7-111-37864-8

Ⅰ．①完…　Ⅱ．①唯…　Ⅲ．①图像处理软件，Photoshop CS5
Ⅳ．TP391.41

中国版本图书馆 CIP 数据核字（2012）第 054144 号

机械工业出版社（北京市百万庄大街 22 号　邮政编码 100037）
策划编辑：张晓娟　　　责任编辑：张晓娟
版式设计：墨格文慧　　　责任印制：乔　宇
三河市国英印务有限公司印刷

2012 年 7 月第 1 版第 1 次印刷
184mm×260mm · 28.5 印张 · 707 千字
0 001－4000 册
标准书号：ISBN　978-7-111-37864-8
　　　　　ISBN　978-7-89433-519-7（光盘）
定价：58. 00 元（含 1DVD）

凡购本书，如有缺页、倒页、脱页，由本社发行部调换

电话服务	网络服务
社服务中心：（010）88361066	门户网：http://www.cmpbook.com
销 售 一 部：（010）68326294	
销 售 二 部：（010）88379649	教材网：http://www.cmpedu.com
读者购书热线：（010）88379203	**封面无防伪标均为盗版**

前　言

随着数码摄影技术的不断进步，其软件和硬件方面也在不断地推陈出新。现代人们审美观不断提高，对图像的创意感和设计感的要求也越来越高。通过一幅图像，可以传达一种信息，特别是平面图形，通过独特的创意和灵感，可带给观赏者一种视觉冲击，从而引发人们去思考其中的内涵，这也是所有平面设计人员的共同追求。对图像进行编辑处理的软件有很多，其中的 Photoshop 就是一款优秀的图像处理软件。相比之前的版本，Photoshop CS5 又新增了不少功能（画笔系统更智能多样化；内容识别填充功能；修复工具的智能化；支持HDR 色调功能；新增了 Mini Bridge 面板；操控变形功能；自动镜头校正功能；混合器画笔功能；选择性粘贴功能以及制作 3D 图形等），并凭借其更友好的界面、更智能的技术以及更丰富的内容，成为当今功能强大、应用领域广泛的图像处理软件。

本书以典型实例制作为主，全面而详细地介绍了使用 Photoshop CS5 处理图像的方法与技巧。全书共分为两大部分，第一部分为 Photoshop CS5 图像处理基础篇（第 1～6 章），包括 Photoshop CS5 图像的基本编辑、选区的创建与编辑、图像的绘制与修饰、图像色彩与色调的调整、图层与路径工具的使用以及通道与滤镜的使用等内容，为读者使用 Photoshop CS5 制作出精美而实用的图像效果打下良好的基础；第二部分为 Photoshop CS5 图像处理综合应用篇（第 7～13 章），包括 Photoshop CS5 文字与按钮特效艺术、创意背景和纹理制作、图像特效创作、创意合成表现、经典实物制作、数码照片修饰以及平面广告宣传系列等内容。通过制作这些典型的实例，可以使读者更加熟练地掌握所学知识，快速入门并提高，进而制作出理想的作品。本书层次分明，将实例按照类别分为不同的章节，所以读者还可以根据个人需要和喜好有选择地进行学习，提高了学习的灵活性。

本书的最大特点是配以理论知识介绍的小栏部分，其中包括与实例有关的理论知识、操作技巧、重点提示等，使读者可以有针对性地进行系统的学习，实现活学活用的目的。另外，本书还配有超大容量的 DVD 多媒体教学光盘，其中包括书中所有图像素材和所有实例的操作演示过程，即使是零基础的读者也可以轻松地掌握操作技术，提高学习效率。光盘中还配有 Photoshop 软件的教学视频，即使脱离书本，读者也可以学习 Photoshop 的使用方法，了解软件的强大功能。

本书以循序渐进、细致、全面、直观的特点向广大读者展示了 Photoshop CS5 的设计魅力。通过对本书实例的学习，将会对 Photoshop CS5 中的各种应用技巧应用自如，再加上读者的灵感与创意，一定会制作出设计独特的作品。

本书由唯美科技工作室组织编写，参加编写的人员有钱江、钱力军、叶卫东、田新、王锦、褚杰、李卫、袁江、刘伟、高玉雷、李亚玲、李斌、刘健、王瑞云、孙永涛、王兰娣、金水仙、朱秀君、王银兰等。由于时间仓促，经验不足，书中难免有不足和纰漏之处，敬请广大读者批评指正。

编　者

目　　录

第 1 章

Photoshop CS5 图像的基本编辑

　　Photoshop 是一款优秀的图形图像处理软件，如今已被广泛应用于平面广告设计、包装设计、服装设计以及建筑效果图设计等领域。Photoshop CS5 是其最新的版本，具有更加强大的图像设计、编辑、扫描、合成以及高品质输出等功能，还拥有更为清晰流畅的界面和简单实用的程序化编排模式，整体表现较以往版本更趋完美。本章主要介绍 Photoshop CS5 图像的基本编辑知识，为以后的应用打下良好的基础。

　　本章讲解的实例及主要功能如下：

实　例	主要功能	实　例	主要功能	实　例	主要功能
紫色水晶	裁剪工具 调整裁剪区域	红顶屋	滚动条"导航器"控制 面板抓手 工具	驿动的心	复制图层 "历史记录" 控制面板
朦胧印象	置入不透明度	荷塘月色	拷贝 粘贴 缩放	波比狗	缩放 旋转 斜切
		双胞胎	画布大小 水平翻转	青苹果	液化滤镜 向前变形工具 褶皱工具

本章在讲解实例操作的过程中，将全面、系统地介绍关于 Photoshop CS5 图像的基本编辑操作。其中包含的内容如下：

实例 1-1　窗口的排列

在对图像进行处理的过程中，有时需要打开多个图像文件。此时可以根据实际需要选择图像窗口的排列方式。本实例将练习在 Photoshop CS5 中对打开的多个文件进行不同方式的排列。

操作步骤

1 在 Photoshop CS5 中，选择"文件"→"打开"命令，打开"打开"对话框，如图 1-1 所示。在其中选择几幅素材图像，单击"打开"按钮，将它们同时打开，然后选择"窗口"→"排列"命令，弹出如图 1-2 所示的"排列"子菜单。如果选择"使所有内容在窗口中浮动"命令，可将各个图片在窗口中浮动显示。

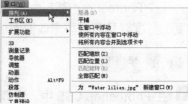

图 1-1　"打开"对话框　　　　图 1-2　"排列"子菜单

2 如果选择"窗口"→"排列"→"层叠"命令，可得到如图 1-3 所示的窗口排列效果。

图 1-3　"层叠"排列

相关知识　打开文件的其他方法

在 Photoshop CS5 工作界面的空白区域双击鼠标左键，可快速打开"打开"对话框，从中选择需要打开的文件即可；按 Ctrl+O 组合键，也可以打开"打开"对话框，从中选择需要打开的文件即可。

相关知识　通过按钮排列文档

在 Photoshop CS5 工作界面的标题栏（位于界面的最上方）中单击"排列文档"按钮 ，在弹出的下拉列表中可以根据需要选择排列文档的方式，如下所示。

| 使所有内容在窗口中浮动 |
| 新建窗口 |
| 实际像素 |
| 按屏幕大小缩放 |
| 匹配缩放 |
| 匹配位置 |
| 匹配缩放和位置 |

操作技巧 复制文档

如果要复制某个文档，可
先将其选中，然后单击标题栏
中的"排列文档"按钮 ▦ ▾，
在弹出的下拉列表中选择"新
建窗口"选项，即可将此文件
复制到新窗口中。

相关知识 切换文件

在 Photoshop CS5 中同时打
开多个文件后，按 Shift+Ctrl+
Tab 组合键，即可由当前文件从
右向左依次切换。

实例 1-2 说明

💬 **知识点：**
- "图像大小"命令
- 约束比例

💬 **视频教程：**
光盘\教学\第 1 章 图像的基本编辑

💬 **效果文件：**
光盘\素材和效果\01\效果\1-2.psd

💬 **实例演示：**
光盘\实例\第 1 章\摩天轮

相关知识 编辑图像大小的快
捷方式

按 Ctrl+Alt+I 组合键，可
快速地打开"图像大小"对
话框。在此对话框中，用户
可以通过改变图像的像素、
高度、宽度以及分辨率来改
变图像的大小。

对话框知识 "图像大小"对话框

"图像大小"对话框中各
选项的含义介绍如下。

---

3 如果选择"窗口"→"排列"→"平铺"命令，可得到如图 1-4
所示的平铺效果，从而使图像处理操作更加一目了然。

图 1-4 "平铺"排列

实例 1-2 摩天轮

在 Photoshop CS5 中，用户可以通过改变图像的像素、高
度、宽度以及分辨率来改变图像的大小，以满足使用需要。

操作步骤

1 在 Photoshop CS5 中，选择"文件"→"打开"命令，打开
如图 1-5 所示的"打开"对话框。

2 在其中选择一个图像文件（光盘\素材和效果\01\素材\1-1.jpg），
然后单击"打开"按钮将选中的文件打开，如图 1-6 所示。

图 1-5 "打开"对话框

图 1-6 打开的文件

3 选择"图像"→"图像大小"命令，打开"图像大小"对话框。在其中选中"约束比例"复选框，然后将"文档大小"选项组中的"宽度"值设置为"14 厘米"。因为选中了"约束比例"复选框，所以此时"高度"文本框中的数值也会自动按原图像的比例发生改变。最后，将"分辨率"的值设置为"260 像素/英寸"，如图 1-7 所示。

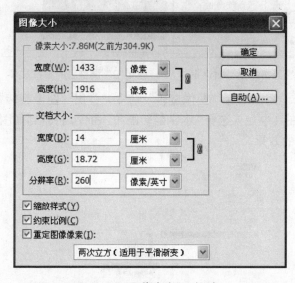

图 1-7　"图像大小"对话框

4 设置完成后，单击"确定"按钮，即可得到需要的图像大小。最后选择"文件"→"存储"命令，将此图像文件保存。

实例 1-3　热气球

用户可以根据需要设置当前图像工作区的大小，即可以精确地设置图像的画布大小，还可以旋转画布，以满足工作需要。

操 作 步 骤

1 在 Photoshop CS5 中，打开一个图像文件（光盘\素材和效果\01\素材\1-2.jpg）。选择"图像"→"画布大小"命令，打开"面布大小"对话框。

2 在"新建大小"选项组中的"宽度"和"高度"文本框中输入新画布的尺寸值，这里分别输入"18 厘米"和"14 厘米"；单击"定位"栏中左侧中间部位的小方格，表示裁剪可扩展的图像以左侧中间为中心，如图 1-8 所示。

3 单击"确定"按钮，即可看到调整后的画布效果，如图1-9所示。

- **像素大小**：用于设置图像在屏幕上所占用的宽度和高度大小。通过改变它们的值，可以改变图像在屏幕上的显示尺寸大小。
- **文档大小**：用于设置图像打印时的尺寸和分辨率。通过改变此选项组中的"宽度"和"高度"值，可以改变图像的实际大小。
- **缩放样式**：选中此复选框，可以保证图像中的各种样式（如图层样式）按比例进行缩放，但需要选中"约束比例"复选框后，此选项才能被激活。
- **约束比例**：选中此复选框，当用户更改文档的宽度时，高度也会随之发生变化。
- **重定图像像素**：选中此复选框后，将激活"像素大小"选项组中的选项，使用户可以改变像素的大小。如果没有选中此复选框，图像的像素大小将不能被改变。

实例 1-3 说明

💬 **知识点：**
- "画布大小"命令
- "图像旋转"命令

💬 **视频教程：**
光盘\教学\第 1 章 图像的基本编辑

💬 **效果文件：**
光盘\素材和效果\01\效果\1-3.psd

💬 **实例演示：**
光盘\实例\第 1 章\热气球

对话框知识 "画布大小"对话框
"画布大小"对话框中各选项的含义介绍如下。

- 当前大小: 显示当前图像的文件大小和图像尺寸。
- 新建大小: 设置新画布的"宽度"和"高度"值及其单位。
- 定位: 用于设置图像在新画布中的位置。其中共分为 9 个小方格,分别代表 9 个方向,即左上、上、右上、右、右下、下、左下、左、中心。选择"下"和"右下"时的效果分别如下所示。

选择"下"的效果

选择"右下"的效果

重点提示 旋转画布注意事项

通过旋转画布可以使整个图像在各个方向上都发生改变。如果图像中含有图层,当旋转画布时,所有图层的内容都将随之旋转。

实例 1-4 说明

🔖 知识点:
- 裁剪工具
- 调整裁剪区域

🔖 视频教程:
光盘\教学\第 1 章 图像的基本编辑

🔖 效果文件:
光盘\素材和效果\01\效果\1-4.psd

🔖 实例演示:
光盘\实例\第 1 章\紫色水晶

图 1-8 "画布大小"对话框

图 1-9 调整后的画布效果

4️⃣ 选择"图像"→"图像旋转"命令,弹出"图像旋转"子菜单。在其中如果选择"水平翻转画布"命令,将得到如图 1-10 所示的效果。

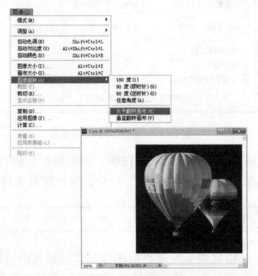

图 1-10 "水平翻转画布"效果

实例 1-4 紫色水晶

利用工具箱中的裁剪工具,可以准确地对图像进行裁剪操作,从而方便、快捷地获得需要的图像尺寸和效果。

操 作 步 骤

1️⃣ 在 Photoshop CS5 中,打开一个图像文件(光盘\素材和效果\01\素材\1-3.jpg)。选择工具箱中裁剪工具,然后在图像中单击裁剪区左上角位置,按住鼠标左键不放拖动至裁剪区的对角点,如图 1-11 所示。

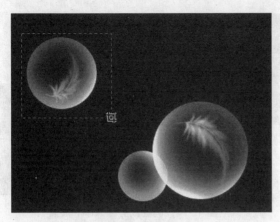

图 1-11 创建裁剪区域

相关知识 裁剪工具属性栏

选择裁剪工具后，将出现裁剪工具属性栏。单击其中的"前面的图像"按钮，可使裁剪后的图像尺寸与未裁剪时的图像大小保持一致；单击"清除"按钮，可清除上次操作设置的高度、宽度以及分辨率等数值。

2 此时在工具箱中选择任意一种工具，均会弹出提示对话框。单击"裁剪"按钮，即可得到裁剪后的效果，如图 1-12 所示。

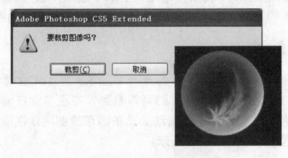

图 1-12 裁剪后的效果

相关知识 裁剪工具属性栏的显示

裁剪工具属性栏在执行裁剪操作前与裁剪操作后的显示状态不同。选中"删除"单选按钮，裁剪区域以外的部分将被完全删除；选中"隐藏"单选按钮，裁剪区域以外的部分将被隐藏起来（选择"图像"→"显示全部"命令，则会取消隐藏）。

3 如果要移动裁剪区域，可将光标置于裁剪区域内，然后将其拖动至合适位置即可，效果如图 1-13 所示。

图 1-13 移动裁剪区域

相关知识 裁剪工具属性栏的使用

● 在"颜色"框中设置所需颜色后，裁剪区域外的内容将被此颜色覆盖（默认情况下是黑色），如下所示。

裁剪区域外默认显示为黑色

将"颜色"更改为深紫色后的效果

4 如果要对裁剪区域的大小进行调整，可用鼠标调整 4 个控制点。此外，也可对裁剪区域进行旋转操作，如图 1-14 所示。

● "不透明度"是指覆盖区颜
色的透明程度,可根据需要
在此下拉列表框中进行选
择。例如,将其值设置为
100%时的效果如下所示。

● 选中"透视"复选框后可以
改变裁剪区域的形状,如下
所示。

实例 1-5 说明

● 知识点:
  • 滚动条
  • "导航器"面板
  • 抓手工具

● 视频教程:
光盘\教学\第1章 图像的基本编辑

● 效果文件:
光盘\素材和效果\01\效果\1-5.psd

● 实例演示:
光盘\实例\第1章\红顶屋

相关知识 "导航器"面板

"导航器"面板如下所示。

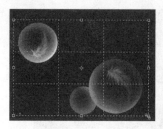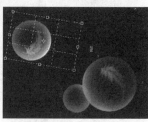

图 1-14 调整裁剪区大小和旋转

实例 1-5 红顶屋

当图像放大时,需要移动图像显示位置,才可以查看到需要
进行操作的区域。本实例通过多种方法来练习如何移动图像。

操 作 步 骤

1 在 Photoshop CS5 中,打开一个图像文件(光盘\素材和效
果\01\素材\1-4.jpg)。此时可以看到,在图像窗口的右侧和
下方各有一个滚动条,拖动滚动条即可改变图像在窗口中的
显示位置,如图 1-15 所示。

图 1-15 拖动滚动条

2 还有一种方法是通过"导航器"面板来移动图像。选择"窗
口"→"导航器"命令,打开"导航器"面板。移动此面板
上的红色线框,图像在窗口中的显示位置即可随之改变,如
图 1-16 所示。

3 移动图像的第三种方法是使用抓手工具。选择工具箱中的抓
手工具,然后将光标置于图像上,单击并拖动即可将放大
的图像进行移动,以便于查看,如图 1-17 所示。

图 1-16　移动红色线框　　　图 1-17　使用抓手工具移动图像

实例 1-6　驿动的心

在对图像进行编辑时，如果需要重复利用某一幅图像或图像的一部分，可通过复制图层操作来实现。接下来，还可以根据需要应用"还原复制图层"命令与"重做复制图层"命令进行进一步处理，以达到满意效果。

操 作 步 骤

1 在 Photoshop CS5 中，打开一个图像文件（光盘\素材和效果\01\素材\1-5.jpg），如图 1-18 所示。

图 1-18　打开一个图像文件

2 右击"图层"面板中需要复制的图层，在弹出的快捷菜单中选择"复制图层"命令，如图 1-19 所示。

图 1-19　选择"复制图层"命令

使用"导航器"面板不仅可以查看图像显示比例和当前显示的区域，还可以通过拖动下方的滑块对图像进行放大、缩小等操作。

重点提示　移动图像注意事项

移动图像时，需要图像显示在 100% 以上时才能实现。

实例 1-6 说明

- **知识点：**
  - "复制图层"命令
  - "还原复制图层"命令
  - "重做复制图层"命令
  - "历史记录"面板
- **视频教程：**
  光盘\教学\第 1 章 图像的基本编辑
- **效果文件：**
  光盘\素材和效果\01\效果\1-6.psd
- **实例演示：**
  光盘\实例\第 1 章\驿动的心

相关知识　"图层"基本概念

在 Photoshop 中，"图层"是非常重要的一个概念，几乎所有的图像处理都离不开图层功能的应用。图层相当于一张透明画布，在几张画布上绘制不同的图像，最后将它们重合在一起，即可形成一幅用户需要的图像。

"历史记录"面板

使用"编辑"菜单下的命令，只能对图像进行前一步的撤销与重做操作，而且有些操作是不能撤销的。如果想要更好地进行撤销操作，可通过"历史记录"面板来实现。"历史记录"面板如下所示。

如果要撤销一部分操作，即撤销到某一步，只需单击此操作步骤的前一步操作记录即可；如果用户在此操作后又进行了其他操作，则其后的历史记录操作将被此操作代替。

撤销所有操作

如果需要撤销对图像进行的所有操作，只需单击"历史记录"面板中最上方的图像及图像名称即可。

被撤销后不会被取代

单击"历史记录"面板右上角的 ▶ 按钮，在弹出的菜单中选择"历史记录选项"命令，弹出"历史记录选项"对话框。在此对话框中选中"允许非线性历史记录"复选框后，用户再执行操作时，原来被撤销的部分将不会被取代。

3 弹出"复制图层"对话框，直接单击"确定"按钮，即可生成一个原图像的副本图层，如图1-20所示。

图1-20 得到副本图层

4 如果需要撤销上一步的操作，可选择"编辑"菜单下的第一项内容，这里选择"还原复制图层"命令，即可撤销此操作，如图1-21所示。

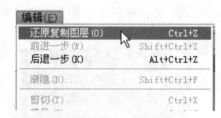

图1-21 选择"还原复制图层"命令

5 如果需要重复上一步的操作，可再次选择"编辑"菜单下的第一项内容，这里选择"重做复制图层"命令即可，如图1-22所示。

编辑(E)	
重做复制图层(0)	Ctrl+Z
前进一步(W)	Shift+Ctrl+Z
后退一步(K)	Alt+Ctrl+Z
渐隐(D)...	Shift+Ctrl+F
剪切(T)	Ctrl+X
拷贝(C)	Ctrl+C

图1-22 选择"重做复制图层"命令

6 还可以使用"历史记录"面板来进行撤销操作。选择"窗口"→"历史记录"命令，打开"历史记录"面板。如果需要撤销对图像进行的所有操作，单击此面板最上方的图像及图像名称即可，如图1-23所示。

图 1-23 "历史记录"面板

操作技巧 **恢复撤销**

当用户撤销了一部分操作，但没有进行其他操作时，被撤销的部分是可以恢复的，只需要单击要恢复步骤部分的最后一步即可。

实例 1-7 朦胧印象

在 Photoshop CS5 中，可以将一幅图像置于另一幅图像上，以达到特殊的效果。本实例将一幅小女孩的图像放置在背景图像上，最终效果如图 1-24 所示。

图 1-24 实例效果图

实例 1-7 说明

- 知识点：
  - "置入"命令
  - 不透明度
- 视频教程：
  光盘\教学\第 1 章 图像的基本编辑
- 效果文件：
  光盘\素材和效果\01\效果\1-7.psd
- 实例演示：
  光盘\实例\第 1 章\朦胧印象

重点提示 可置入的图像文件类型

在 Photoshop 中，用户可以置入 PSD、TIFF、JPEG 以及 EPS 等格式的图像文件。

相关知识 常用的文件格式

- PSD 格式：Photoshop 软件的专用格式。可以将此格式的图像文件存储为 RGB 或 CMYK 颜色模式，也可以自己设置颜色并进行存储。此文件格式适用于绝大多数软件。

操作步骤

1. 选择"文件"→"打开"命令，打开一个图像文件（光盘\素材和效果\01\素材\1-6.jpg），如图 1-25 所示。
2. 选择"文件"→"置入"命令，打开"置入"对话框，在其中选择一个 JPG 格式的图像文件（光盘\素材和效果\01\素材\1-7.jpg），如图 1-26 所示。

- TIFF 格式：此文件格式支持
256 色、24 位色、48 位色等
色彩位，主要应用于打印输
出图片。
- JPEG 格式：将此格式的图
像压缩至最小，仍能保证图
像的最好质量。此格式是目
前网络上应用最普遍的一
种文件格式。
- EPS 格式：专业出版以及
打印行业普遍使用的一种
文件格式。

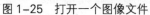

图 1-25　打开一个图像文件　　　图 1-26　"置入"对话框

3 单击"置入"按钮，即可置入选定图像。此时在置入的图像
四周将出现一个控制框，通过调节控制框可以改变图像的大
小。然后将其放置到合适的位置，如图 1-27 所示。

　　选择"窗口"→"图层"
命令，或按 F7 键，均可打开
"图层"面板。其中的"不透
明度"主要用于设置当前图层
的不透明度。其数值越小，则
表示当前图层透明度越高。

图 1-27　调整置入图像的大小和位置

4 在工具箱中选择任一工具，弹出如图 1-28 所示的提示对话
框，单击"置入"按钮即可得到置入效果。

5 打开"图层"控制面板，将其"不透明度"设置为 88%，如
图 1-29 所示。

　　关闭图像的方法有以下
几种。
- 选择"文件"→"关闭"命
令。如果没有对文件进行保
存，则会弹出提示对话框，
询问是否进行保存。单击
"是"按钮，即可将文件进
行保存。
- 单击图像窗口右上角的"关
闭"按钮 或按 Alt+F4 组
合键，可以快速关闭图像。

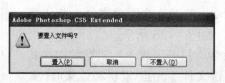

图 1-28　提示对话框

图 1-29　设置"不透明度"

6 此时得到更为融合、自然的置入效果，如图 1-30 所示。

图 1-30　设置"不透明度"前后的效果对比

实例 1-8　荷塘月色

使用"缩放"命令同样可以改变图像的大小，得到满意的效果。本实例将一幅图像粘贴到另一幅图像中，然后调整为合适的大小，最终效果如图 1-31 所示。

图 1-31　实例效果图

操 作 步 骤

1 在 Photoshop CS5 中，选择"文件"→"打开"命令，在弹出的"打开"对话框中分别选择两个图像文件（光盘\素材和效果\01\素材\1-8.jpg、1-9.jpg），单击"打开"按钮将其打开，如图 1-32 所示。

相关知识　保存图像的方法

保存图像文件的方法有以下几种。

● 如果是第一次保存文件，选择"文件"→"存储"命令，在弹出的"存储为"对话框中输入文件名并选择文件格式，然后单击"保存"按钮即可。

● 当对原图像进行了修改以后，又不想放弃源文件，可选择"文件"→"存储为"命令，将修改后的图像单独保存为一个文件。

● 选择"存储为 Web 所用格式"命令，在弹出的对话框中按照实际需要进行设置，然后单击"存储"按钮，即可保存文件。

实例 1-8 说明

● 知识点：
  ●"拷贝"命令
  ●"粘贴"命令
  ●"缩放"命令

● 视频教程：
  光盘\教学\第1章 图像的基本编辑

● 效果文件：
  光盘\素材和效果\01\效果\1-8.psd

● 实例演示：
  光盘\实例\第1章\荷塘月色

操作技巧　缩放工具的使用

在工具箱中单击"缩放工具"按钮 🔍，在打开的图像上单击鼠标左键可以将图像放大；按住 Alt 键的同时单击鼠标左键可将图像缩小。

实例 1-9 说明

- 知识点：
  - "全部"、"拷贝"与"粘贴"命令
  - "缩放"、"旋转"与"斜切"命令
- 视频教程：

　光盘\教学\第 1 章 图像的基本编辑

- 效果文件：

　光盘\素材和效果\01\效果\1-9.psd

- 实例演示：

　光盘\实例\第 1 章\波比狗

图 1-32　打开两个图像文件

2⃣ 选中莲花图像，选择"选择"→"全部"命令，然后选择"编辑"→"拷贝"命令，将其复制。

3⃣ 选中古典相框图像，选择"编辑"→"粘贴"命令，将莲花图像粘贴到相框图像中。

4⃣ 选择"编辑"→"变换"→"缩放"命令，按住 Shift 键改变莲花图像的大小，并将其置于合适的位置，如图 1-33 所示。

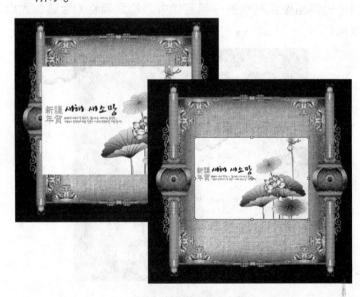

图 1-33　置入图像后调整其大小和位置

实例 1-9 　**波比狗**

　　本实例将介绍如何应用"变换"菜单中的各种命令将小狗图像调整为合适的大小、位置和角度，最终效果如图 1-34 所示。

图 1-34　实例效果图

操 作 步 骤

1 在 Photoshop CS5 中，按 Ctrl+O 组合键，在弹出的"打开"对话框中选择两幅素材图像（光盘\素材和效果\01\素材\1-10.jpg、1-11.jpg），单击"打开"按钮将它们同时打开，如图 1-35 所示。

图 1-35　打开两幅图像

2 选中第二幅图像，选择"选择"→"全部"命令，然后选择"编辑"→"拷贝"命令，将此图像复制。接着，将此图像文件关闭。

3 选择"编辑"→"粘贴"命令，将复制的图像粘贴到第一幅素材图像中，此时得到的效果以及"图层"面板如图 1-36 所示。

图 1-36　粘贴后的效果及"图层"面板

相关知识　"变换"子菜单

选择"编辑"→"变换"命令，在弹出的"变换"子菜单中提供了"缩放"、"旋转"、"斜切"、"扭曲"、"透视"、"水平翻转"以及"垂直翻转"等多个命令，如下所示。

再次 (A)	Shift+Ctrl+T
缩放 (S)	
旋转 (R)	
斜切 (K)	
扭曲 (D)	
透视 (P)	
变形 (W)	
旋转 180 度 (1)	
旋转 90 度 (顺时针) (9)	
旋转 90 度 (逆时针) (0)	
水平翻转 (H)	
垂直翻转 (V)	

其中，"再次"命令用于重复前一次所进行的变换操作；"斜切"与"扭曲"命令可以让图像产生变形效果，从而得到特殊效果。

相关知识　"旋转"操作

在"变换"子菜单中，除了可以使用"旋转"命令调整图像的角度外，还可以选择"旋转 180 度"、"旋转 90 度（顺时针）"以及"旋转 90 度（逆时针）"等命令对图像进行旋转操作。

相关知识　什么是图像窗口

图像窗口，即工作区。在 Photoshop CS5 中，图像窗口是显示图像文件的区域，也是进行图像处理和编辑的区域，在此可以方便地进行浏览、描绘以及编辑等操作。

④ 选择"编辑"→"变换"→"缩放"命令，将第二张图像调整为合适的大小。然后选择"编辑"→"变换"→"旋转"命令，将其旋转至合适的角度，如图 1-37 所示。

图 1-37 旋转图像

⑤ 选择"编辑"→"变换"→"斜切"命令，通过调整 6 个控制点，使图像的各个角度符合背景图像中的角度。如果图像的大小与背景图层中的图像大小不是很匹配，可再次使用"缩放"命令对其大小进行调整。最后在变形控制框内双击鼠标左键，得到最终效果。

实例 1-10 双胞胎

本实例将介绍如何通过镜像操作制作双胞胎效果，最终效果如图 1-38 所示。

图 1-38 实例效果图

操作步骤

① 在 Photoshop CS5 中，按 Ctrl+O 组合键，在弹出的"打开"对话框中选择一幅素材图像（光盘\素材和效果\01\素材\1-12.jpg），单击"打开"按钮将其打开，如图 1-39 所示。

2 在"图层"面板中，将"背景"图层拖到底部的"创建新图层"按钮 🔲 上，得到一个名为"背景副本"的新图层，如图 1-40 所示。

图 1-39　打开一幅素材图像　　图 1-40　创建新图层

3 选择"图像"→"画布大小"命令，在弹出的"画布大小"对话框中将"新建大小"选项组中的"宽度"值设置为"36.06厘米"，然后选中"定位"栏右侧中间的小方格，如图 1-41所示。

图 1-41　"画布大小"对话框

4 单击"确定"按钮，得到画布自右向左扩展效果，如图 1-42所示。

图 1-42　画布自右向左扩展

重点提示 <u>镜像操作注意事项</u>

在"画布大小"对话框中，必须将"宽度"值设置为原图像宽度的 2 倍，才能得到完整的镜像效果。

相关知识 <u>画布大小是指什么</u>

画布大小是指当前图像工作区的大小。用户可以精确地设置图像的画布尺寸，以满足绘图需要。

重点提示 <u>移动工具的使用</u>

使用移动工具 ▶⨁ ，可以将图层中的一幅图像或选区移动到指定的位置，也可以将一个图像文件中的部分图像或选区移动到另一个图像文件中，如下所示。

选取图像中的叶子

使用移动工具将选区内的内容拖入到另一幅图像中

"变换"子菜单

在"变换"子菜单中，还包括"水平翻转"和"垂直翻转"两个命令，其中"水平翻转"可以生成镜像的效果，"垂直翻转"可以生成倒影的效果。

原图

水平翻转效果

垂直翻转效果

实例 1-11 说明

💬 知识点：

• 液化滤镜

• 向前变形工具

• 褶皱工具

💬 视频教程：

光盘\教学\第 1 章 图像的基本编辑

💬 效果文件：

光盘\素材和效果\01\效果\1-11.psd

💬 实例演示：

光盘\实例\第1章\青苹果

---

5 选择"编辑"→"变换"→"水平翻转"命令，得到图像水平翻转效果，如图 1-43 所示。

图 1-43 图像水平翻转

6 选择工具箱中的移动工具 ⊞，将翻转后的图像拖到窗口的左半部，使之与右半部的图像重合，得到最终效果，即得到镜像效果。

7 在"图层"面板中的"背景副本"图层上单击鼠标右键，在弹出的快捷菜单中选择"向下合并"命令，即可将"背景副本"和"背景"图层合并为一个图层，完成操作。

实例 1-11 青苹果

在对图像进行编辑时，有时需要将图像进行特殊变形操作。例如，要模拟出液体流动的效果，可通过"滤镜"→"液化"命令来实现。

操 作 步 骤

1 在 Photoshop CS5 中，打开一个图像文件（光盘\素材和效果\01\素材\2-13.jpg）。选择"滤镜"→"液化"命令，打开如图 1-44 所示的"液化"对话框。

图 1-44 "液化"对话框

2 在此对话框中，通过"画笔大小"工具选项可以设置画笔的大小。如果选择左侧工具箱中的向前变形工具，可使图像沿鼠标拖动方向变形，效果如图 1-45 所示。

图 1-45　使用向前变形工具变形效果

3 如果想让图像产生向内挤压的效果，可选择工具箱中的"褶皱工具"，使用画笔在图像上需要变形的部位进行涂抹，即可得到需要的效果，如图 1-46 所示。

图 1-46　在需要变形的部位进行涂抹

相关知识　"液化"命令的应用

使用"液化"命令，可以实现变形、扭曲、膨胀以及褶皱等模拟液体流动的图像效果。其中的"画笔密度"工具选项用来设置画笔的边缘强度；"画笔压力"工具选项用来设置画笔的扭曲强度；"画笔速率"工具选项用来设置画笔的应用速率；"湍流抖动"工具选项用来设置使用湍流工具时抖动的平滑度。

操作技巧　变形后如何还原

对图像进行变形后，如果需要将图像还原，可选择"液化"对话框中工具箱中的重建工具。选择此工具后，在对话框右侧的"模式"下拉列表框中可以选择一种重建模式，然后单击其下方的"重建"按钮，进行逐步还原即可；如单击"恢复全部"按钮，图像可恢复到未变形时的效果。

第2章

Photoshop CS5 选区的创建与编辑

创建选区是使用 Photoshop 进行图像处理前的基本操作和必备知识。使用选区大大地方便了对图像局部区域的操作，可对选区内的图像进行各种编辑操作，而对于选区外的图像部分不会受到操作影响。本章将详细介绍如何创建和编辑选区。

本章讲解的实例及主要功能如下：

实　例	主要功能	实　例	主要功能	实　例	主要功能
梦中仙子	椭圆选框工具 羽化设置	童趣	单列选框工具 填充选区	梦的童话	套索工具 多边形套索 工具
心形咖啡	磁性套索工具 移动工具	街头男孩	魔棒工具 描边	汽车	色彩范围 色相/饱和度
三月花	色彩范围 吸管工具	静夜思	合并拷贝 贴入	绿草地	存储选区 载入选区
向阳花	内容识别功能 操控变形	水中舞	磁性套索 工具 调整边缘	心形相框	魔棒工具 矩形选框 工具

本章在讲解实例操作的过程中，将全面、系统地介绍关于 Photoshop CS5 选区创建与编辑的相关知识。其中包含的内容如下：

实例 2-1 说明

💬 知识点：
- 矩形选框工具
- 选区运算按钮

💬 视频教程：
　光盘\教学\第 2 章　选区的创建与编辑

💬 效果文件：
　光盘\素材和效果\02\效果\2-1.psd

💬 实例演示：
　光盘\实例\第 2 章\碧荷花

实例 2-1　碧荷花

　　本实例将介绍如何使用矩形选框工具及其属性栏中各按钮的使用方法，为处理图像做好准备。

操 作 步 骤

1 打开一幅素材图像（光盘\素材和效果\02\素材\2-1.jpg），选择工具箱中的矩形选框工具 ▢，然后在图像上拖出一个矩形选框，即创建了矩形选区，如图 2-1 所示。

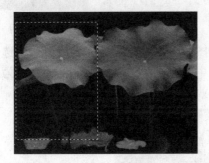

图 2-1　创建矩形选区

2 选取矩形选框工具 ▢ 后，将出现如图 2-2 所示的属性栏。

▭ ▾ | ◻ ◳ ◲ ◱ | 羽化: 0 px | ☐消除锯齿 | 样式: 正常 ▾ | 宽度: 　 高度: 　 | 调整边缘... |

图 2-2　矩形选框工具属性栏

3 其左侧的第一个按钮为"新选区"按钮 ▢，如果原图像中存在选区，当选中此按钮后，原有选区将被新选区代替，如图 2-3 所示。

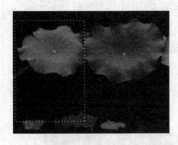

图 2-3　"新选区"按钮的应用

4 左侧的第二个按钮为"添加到选区"按钮 ▣，选中此按钮后，可在原选区上添加新的选区，即得到的选区为新建选区与原选区相加的效果，如图 2-4 所示。

相关知识 选框工具包括哪些

　　Photoshop 中的选框工具主要包括矩形选框工具 ▢、椭圆选框工具 ○、单行选框工具 ▭ 以及单列选框工具 ▯。

- ▢ 矩形选框工具　M
- ○ 椭圆选框工具　M
- ▭ 单行选框工具
- ▯ 单列选框工具

相关知识 "样式"下拉列表框

　　在矩形选框工具属性栏中有一个"样式"下拉列表框，其中包括"正常"、"固定比例"以及"固定大小" 3 个选项。

- 选择"正常"选项，可以在图像中创建任意大小与比例的选区。

- 选择"固定比例"选项后，其右侧的"宽度"和"高度"选项将被激活，在其文本框中可输入要创建选区的宽度和高度的比例。

- 选择"固定大小"选项后，可在"宽度"和"高度"文本框中输入要创建选区的宽度和高度值。

创建矩形选区的

技巧

● 如果用户需要改变矩形选框的位置,可以在图像中出现三角形按钮时,对矩形选框位置进行移动。

● 选择矩形选框工具后,按住Shift 键并拖动,可以创建正方形选区;如果按住 Alt键并拖动,可以创建以起点为中心的矩形选区;如果按住Shift+Alt组合键并拖动,可以创建以起点为中心的正方形选区。

正方形选区

以起点为中心的矩形选区

以起点为中心的正方形选区

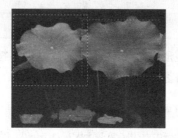
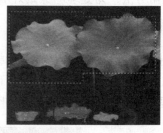

图 2-4 "添加到选区"按钮的应用

5 左侧第三个按钮为"从选区减去"按钮🔳,选中此按钮后,可在原选区中减去部分选区,即得到的选区为原选区与新建选区相减的效果,如图 2-5 所示。

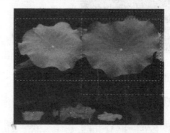
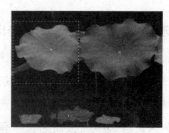

图 2-5 "从选区减去"按钮的应用

6 第四个按钮为"与选区交叉"按钮🔳,选中此按钮后,可将新选区与原选区的重叠部分创建为一个新的选区,即得到的选区为原选区与新选区的相交部分,如图 2-6 所示。

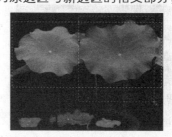
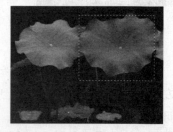

图 2-6 "与选区交叉"按钮的应用

实例 2-2 梦中仙子

本实例将使用椭圆选框工具制作梦中仙子的特殊效果，即将椭圆选区内的内容粘贴到另一幅图像中，得到一种朦胧美效果，如图 2-7 所示。

图 2-7　实例最终效果

操作步骤

1 选择"文件"→"打开"命令，打开如图 2-8 所示的两幅素材图像（光盘\素材和效果\02\素材\2-2.jpg、2-3.jpg）。

图 2-8　两幅素材图像

2 选中第一幅素材图像，选择工具箱中的椭圆选框工具 ⬭，在其属性栏中设置羽化值为 50px，如图 2-9 所示。

图 2-9　设置羽化值

3 在第一幅素材图像中创建一个椭圆选区，如图 2-10 所示。

实例 2-2 说明

🔹 **知识点：**
- 椭圆选框工具
- 羽化设置

🔹 **视频教程：**
光盘\教学\第 2 章 选区的创建与编辑

🔹 **效果文件：**
光盘\素材和效果\02\效果\2-2.psd

🔹 **实例演示：**
光盘\实例\第 2 章\梦中仙子

相关知识　什么是羽化

羽化是指对选区的边缘进行模糊化处理，从而得到一种朦胧、柔和的特殊效果。在"椭圆选框工具"属性栏的"羽化"文本框中可以设置选区的羽化程度，数值越大，则羽化程度越大。取值范围为 0～250px。

操作技巧　椭圆选框工具的使用技巧

选择椭圆选框工具后，按住 Shift 键并拖动可创建正圆形的选区；如果按住 Shift+Alt 组合键并拖动，则可创建以起点为中心的正圆形选区。

操作技巧　移动选区的方法

● 如果需要对选区进行移动，只需要将选框工具图标移动到选区内，按下鼠标左键并拖动，即可移动选区的位置。

使用椭圆选框工具选取花

移动选区

● 如果想移动选区中的图像，可以选择工具箱中的移动工具 ，在选区内按住鼠标左键并拖动到合适的位置即可。

移动选区中的图像

图 2-10　创建椭圆选区

4 选择"编辑"→"剪切"命令，将选区置入剪贴板中。

5 选中第二幅素材图像，选择"编辑"→"粘贴"命令，将选区置入第二幅图像中，如图 2-11 所示。

图 2-11　置入选区

6 选择工具箱中的移动工具 ，将此选区移至合适的位置，得到最终效果。

实例 2-3 童趣

　　本实例将使用单列选框工具为图像创建条纹效果，如图 2-12 所示。

图 2-12　实例最终效果

操作步骤

1 选择"文件"→"打开"命令，打开一幅素材图像（光盘\素材和效果\02\素材\2-4.jpg），如图 2-13 所示。

图 2-13　素材图像

2 选择"窗口"→"图层"命令，在打开的"图层"面板中单击"创建新图层"按钮 ，新建一个"图层 1"。

3 选择工具箱中的单列选框工具 ，在其属性栏中单击"添加到选区"按钮，然后在图像中按照相同的距离多次单击，创建出连续的选区，效果如图 2-14 所示。

4 按 Alt+Delete 组合键，将创建出的选区填充为"黑色"；然后按 Ctrl+D 组合键，取消选择，如图 2-15 所示。

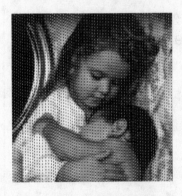

图 2-14　创建连续的选区

图 2-15　填充选区

5 选择"选择"→"反向"命令，反选选区；然后按 Ctrl+Delete 组合键，将选区填充为"白色"；再按 Ctrl+D 组合键，取消选择，如图 2-16 所示。

6 按 Ctrl+T 组合键，然后通过拖曳的方法将条纹调整为横向，效果如图 2-17 所示。

相关知识　单行选框工具、单列选框工具功能简介

　　单行选框工具 可创建/像素高度的水平矩形选区；单列选框工具 可创建/像素宽度的垂直矩形选区。

相关知识　"填充"命令

　　选择"编辑"→"填充"命令，在弹出的"填充"对话框中也可以为选区设置填充色。

相关知识　"反向"命令

　　"反向"命令必须在图像中存在选区时才可使用。在某些情况下使用"反向"命令，可以快速地选取目标图像。

在图像中蝴蝶部位创建一个矩形选区

反向选择选区，将其余部位选取

将选区填充图案后的效果

相关知识 **"自由变换"命令**

选择"编辑"→"自由变换"命令，图像或选区四周也将出现调整控制点，可以根据需要调整其大小与角度。

调整选区大小

调整选区角度

实例 2-4 说明

💬 **知识点：**
- 套索工具
- 多边形套索工具
- 复制选区内图像

💬 **视频教程：**
光盘\教学\第 2 章 选区的创建与编辑

💬 **效果文件：**
光盘\素材和效果\02\效果\2-4.psd

💬 **实例演示：**
光盘\实例\第 2 章\梦的童话

图 2-16　填充选区

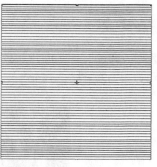

图 2-17　横向条纹

⑦ 将横向条纹的大小调整为和图像一样，然后在"图层"面板中设置"图层 1"的混合模式为"叠加"、"不透明度"为 42%，如图 2-18 所示。至此，得到最终的条纹效果。

图 2-18　设置"图层"面板

实例 2-4　梦的童话

本实例将使用套索工具和多边形套索工具创建选区，实现梦的童话效果。实例最终效果如图 2-19 所示。

图 2-19　实例最终效果

操 作 步 骤

① 选择"文件"→"打开"命令，打开一幅素材图像（光盘\

素材和效果\02\素材\2-5.jpg)。选择工具箱中的套索工具 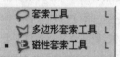，在要设置选区的起始点上单击，拖动鼠标选取需要的图像区域，最后释放鼠标，即可得到一个封闭的选区，如图 2-20 所示。

图 2-20　创建选区

2 选择工具箱中的多边形套索工具 [V]，然后在其属性栏中单击"从选区减去"按钮 [C]，通过在原选区部位的单击和拖曳，将多余的选区减去，得到精确的选区，效果如图 2-21 所示。

图 2-21　精确的选区

3 按 Ctrl+J 组合键，将选区中的图像复制到新图中。此时得到"图层 1"，如图 2-22 所示。

图 2-22　图层 1

相关知识　套索工具组

套索工具组包括套索工具 [P]、多边形套索工具 [V] 以及磁性套索工具 [P] 等，它们是用来选取不规则区域的。

　　〇　套索工具　　　　L
　　⩗　多边形套索工具　L
　■　⩘　磁性套索工具　　L

相关知识　套索工具

套索工具可以选取无规则形状的图形。它是以徒手的方式创建选区，用户使用此工具的熟练度决定了选取边缘的准确度。

沿图像主体边缘选取

相关知识　多边形套索工具

使用多边形套索工具可以选取无规则的多边形图形。使用时在图形窗口中依次单击鼠标左键，即可创建出选区。

利用此工具选取三角形

操作技巧 多边形套索工具使用技巧

在使用多边形套索工具时，如果遇到需要精细绘制的部分，可按住 Alt 键，将多边形套索工具 切换成套索工具 ，进行精细绘制。松开 Alt 键，即可恢复成多边形套索工具 ，继续完成绘制即可。

操作技巧 闭合选区的技巧

使用多边形套索工具创建选区时，按下 Enter 键，即可将当前的起点和终点闭合；双击鼠标左键，也可将当前起点和终点闭合，得到一个封闭的选区。

实例 2-5 说明

● 知识点：
• 磁性套索工具
• "填充"命令
• 移动工具

● 视频教程：
光盘\教学\第 2 章 选区的创建与编辑

● 效果文件：
光盘\素材和效果\02\效果\2-5.psd

● 实例演示：
光盘\实例\第 2 章\心形咖啡

重点提示 磁性套索工具

使用磁性套索工具可以选取无规则的且与背景颜色反差比较大的图形。

4 选中"图层 1"，按 Ctrl+T 组合键，调整图像的大小，得到需要的效果，如图 2-23 所示。

5 按 Enter 键，完成调整大小操作。打开另一幅素材图像（光盘\素材与效果\02\素材\2-6.jpg），将其拖入第一幅素材图像中。此时得到"图层 2"，将此图层置于"图层 1"的下方，如图 2-24 所示。

图 2-23　调整图像大小　　　　图 2-24　图层 2

6 此时得到新的背景图像效果，将其置于合适的位置。然后选中"图层 1"，使用选取工具调整选区图像的位置，即可得到最终效果。

实例 2-5 心·形咖啡

本实例将使用磁性套索工具制作一个心形咖啡造型，为图像增加浪漫气息。实例最终效果如图 2-25 所示。

图 2-25　实例最终效果

操 作 步 骤

1 选择"文件"→"打开"命令，打开一幅素材图像（光盘\素材和效果\02\素材\2-7.jpg）。选择工具箱中的磁性套索工具 ，沿图像中的心形图案创建一个选区，如图 2-26 所示。

图 2-26　创建心形选区

☑ 为使选区变得更为连续而平滑，可选择"选择"→"修改"→"平滑"命令，在弹出的"平滑选区"对话框中将"取样半径"设置为 7，单击"确定"按钮即可，如图 2-27 所示。

☑ 设置心形图案的颜色。选择"编辑"→"填充"命令，弹出如图 2-28 所示的"填充"对话框。

图 2-27　"平滑选区"对话框　　图 2-28　"填充"对话框

☑ 在"使用"下拉列表框中选择"颜色"选项，弹出"选取一种颜色"对话框，在其中选择需要的颜色即可，如图 2-29 所示。

图 2-29　"选取一种颜色"对话框

☑ 单击"确定"按钮，返回至"填充"对话框，单击"确定"按钮，得到如图 2-30 所示的效果。

操作技巧　磁性套索工具使用技巧

　　选择工具箱中的磁性套索工具，在图像中需要选取的部位单击鼠标左键，然后沿对象的边缘拖动鼠标，其磁性轨迹会紧贴图像的内容。如果所选区域的边界不是很明显，使用此工具无法精确地分辨出选区边界，则可通过单击鼠标左键手工设置定位节点。

相关知识　磁性套索工具属性栏中的内容

　　磁性套索工具属性栏中主要选项的含义介绍如下。

● 宽度：用来设置系统能够检测到的与背景颜色反差最大的边缘宽度，其值越小，所检测的范围就越小，选取的范围也就越精确。

设置为 12px

设置为 256px

● 对比度：用来设置选取时检测边缘的敏感度，其值越大，敏感度也就越高。

● 频率：用来设置选取时所生成的锚点数，其值越大，所产生的锚点也就越多，选取的范围也就越精确。

设置为 40

设置为 100

操作技巧 **复制选区中的图像**

在图像中创建选区后，单击工具箱中的"移动工具"按钮 ▶+ ，不仅可以将选区内的图像进行移动，还可以对选区中的图像进行复制。操作方法是：按住 Alt 键不放，当鼠标指针变为黑、白两个小箭头形状时，将其置于选区内，拖曳至一旁，即可将选区中的图像复制至此位置，如下所示。

左侧为创建选区效果，右侧为复制选区中图像后的效果

图 2-30　得到填充效果

[6] 按 Ctrl+J 组合键，将选区中的图像复制到新图层中。此时得到"图层 1"，如图 2-31 所示。

[7] 选中"图层 1"，按 Ctrl+T 组合键，调整图像的大小和角度。为了便于查看，可将其移动至图像中的其他位置，效果如图 2-32 所示。

图 2-31　图层 1

图 2-32　调整后的效果

[8] 按 Enter 键，完成调整操作。打开另一幅素材图像（光盘\素材和效果\02\素材\2-8.jpg），将其拖入第一幅素材图像中，此时得到"图层 2"，将此图层置于"图层 1"的下方，如图 2-33 所示。

图 2-33　图层 2

9 选择工具箱中的移动工具 ▶+，将"图层 2"和"图层 1"中的图像分别移至合适的位置，得到最终效果。

实例 2-6　街头男孩

　　如果想为图像中的人物增加酷炫感，可使用魔棒工具和"描边"命令来实现。实例最终效果如图 2-34 所示。

图 2-34　实例最终效果

操 作 步 骤

1 选择"文件"→"打开"命令，打开一幅素材图像（光盘\素材和效果\02\素材\2-9.jpg），如图 2-35 所示。

2 选择工具箱中的魔棒工具 ，在其属性栏中单击"添加到选区"按钮 ，将"容差"值设置为 24，选中"连续"复选框，然后在素材图像的人物皮肤上单击，选取人物的皮肤部位，经过多次单击，得到如图 2-36 所示的效果。

图 2-35　素材图像

图 2-36　选取人物皮肤

3 选择"编辑"→"描边"命令，弹出"描边"对话框，在其中设置"宽度"为 2px、颜色为"黑色"，如图 2-37 所示。

实例 2-6 说明

● 知识点：
　• 魔棒工具
　• "描边"命令

● 视频教程：
　光盘\教学\第 2 章 选区的创建与编辑

● 效果文件：
　光盘\素材和效果\02\效果\2-6.psd

● 实例演示：
　光盘\实例\第 2 章\街头男孩

相关知识　魔棒工具

　　魔棒工具用于对图像中颜色相近的区域进行选取。其属性栏中的"容差"项可以决定选取颜色的范围，其值越大，选取颜色区域越广；值越小，选取的颜色就越接近，范围也越小。默认值为 32。

容差值设置为 10

容差值设置为 40

重点提示　容差值注意事项

　　在创建选区时，容差值的设置并不是越小越好，需要根据实际情况而定。如果选区对象颜色比较复杂，而其他部位的图像颜色相差比较大，则可将容差值设置为较大的数值；如果选区对象颜色比较简单，而其他部位的图像颜色比较接近，则可将容差值设置为较小的数值。

相关知识 "连续"复选框

魔棒工具属性栏中的"连续"复选框用于设置选取的范围。选中此复选框，魔棒工具将只选取相邻的区域；反之，不相邻的区域也将被选取。

实例 2-7 说明

🔘 知识点：
  • "色彩范围"命令
  • "色相/饱和度"命令

🔘 视频教程：
  光盘\教学\第 2 章 选区的创建与编辑

🔘 效果文件：
  光盘\素材和效果\02\效果\2-7.psd

🔘 实例演示：
  光盘\实例\第 2 章\汽车

相关知识 "色彩范围"命令

使用"色彩范围"命令可从整幅图像中选取与指定颜色相似的像素。与魔棒工具相比，其选取的区域更广。

对话框知识 "色彩范围"对话框

"色彩范围"对话框中主要选项的含义介绍如下。

图 2-37 "描边"对话框

4️⃣ 单击"确定"按钮，即可为人物皮肤轮廓添加描边效果，得到为人物增加了酷炫感的最终效果。

实例 2-7 汽车

如果需要将汽车的颜色变换为另一种颜色，可通过"色彩范围"命令来实现。实例最终效果如图 2-38 所示。

图 2-38 实例最终效果

操 作 步 骤

1️⃣ 选择"文件"→"打开"命令，打开一幅素材图像（光盘\素材和效果\02\素材\2-10.jpg），如图 2-39 所示。

图 2-39 素材图像

2 选择"选择"→"色彩范围"命令，在弹出的"色彩范围"对话框中将"颜色容差"设置为最大值200，然后在"选择"下拉列表框中选择"红色"，如图2-40所示。

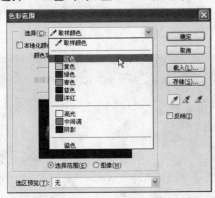

图2-40　"色彩范围"对话框

3 单击"确定"按钮，即可将图像中的红色区域选中，效果如图2-41所示。

图2-41　将图像中的红色区域选中

4 选择"图像"→"调整"→"色相/饱和度"命令，打开"色相/饱和度"对话框，在其中按照图2-42所示进行设置。

图2-42　"色相/饱和度"对话框

5 单击"确定"按钮，即可将红色汽车改变为灰褐色。在工作区空白处单击鼠标左键，取消选区，得到最终效果。

- "选择"下拉列表框：用于选择选取颜色范围的方式。
- "颜色容差"文本框：用于调整颜色选区范围。
- "选择范围"单选按钮：预览窗口中的图像以选择范围的方式显示。
- "选区预览"下拉列表框：用于指定图像窗口中的图像预览方式。
- "吸管工具"按钮 : 在图像中吸取颜色，以确定选取范围。
- "吸管工具"按钮 : 在前面已有选区的基础上增加选择区域。
- "吸管工具"按钮 : 在前面已有选区的基础上减少选择区域。
- "反相"复选框：可以在选取区域与未选取区域之间进行切换。

相关知识　"色相/饱和度"命令

　　使用"色相/饱和度"命令可以调整色彩的色相以及饱和程度。当用户需要将图像中的色相进行调整，但必须保持色调不变时，可以利用此命令来完成。

对话框知识　"色相/饱和度"对话框

　　"色相/饱和度"对话框中主要选项的含义介绍如下。

- 色相：拖动滑块或输入色相值，可以调整图像中的色相。
- 饱和度：拖动滑块或输入饱和值，可以调整图像中的饱和度。
- 明度：拖动滑块或输入明度值，可以调整图像中的明度。

相关知识 "存储"按钮

单击"色彩范围"对话框中的"存储"按钮，在弹出的"存储"对话框中可以将当前设置进行保存，以方便以后使用。

对话框知识 "填充"对话框

在对图像进行编辑的过程中，有时需要对选区进行颜色填充，从而更好地体现选区的形状。在"填充"对话框中可以设置"内容"、"模式"以及"不透明度"等参数。其中，"内容"选项组用于设置填充选区或图层时所使用的颜色或图案。"使用"下拉列表框中各选项的含义介绍如下。

- 前景色、背景色：表示使用工具箱中的前景色或背景色进行填充。
- 颜色：选择此项将弹出"选取一种颜色"对话框，可按照需要选取颜色。

实例 2-8 三月花

本实例将使用"色彩范围"命令，将紫色的花变为红色。实例最终效果如图 2-43 所示。

图 2-43 实例最终效果

操作步骤

1 选择"文件"→"打开"命令，打开一幅素材图像（光盘\素材和效果\02\素材\2-11.jpg），如图 2-44 所示。

2 选择工具箱中的矩形选框工具 □，在图像中紫花部位创建一个选区，即在需要改变颜色的区域创建一个选区，如图 2-45 所示。

图 2-44 紫色的花

图 2-45 创建选区

3 选择"选择"→"色彩范围"命令，打开"色彩范围"对话框。在"选择"下拉列表框中选择"取样颜色"选项，单击"吸管工具"按钮 ✐，将"颜色容差"值设置为 182，然后在预览区单击需要选取的部位，如图 2-46 所示。

4 在"色彩范围"对话框中单击"添加到取样"按钮 ✐，然后在预览区单击需要选取的部位，以完善选区，效果如图 2-47 所示。

图2-46 "色彩范围"对话框　　　图2-47 完善选区

5 单击"确定"按钮，得到如图2-48所示的选区。

图2-48 创建出的选区

6 选择"编辑"→"填充"命令，打开"填充"对话框。在"模式"下拉列表框中选择"色相"选项，在"使用"下拉列表框中选择"颜色"选项，在弹出的"选取一种颜色"对话框中选择紫红色，如图2-49所示。

图2-49 设置填充

7 单击"确定"按钮，返回"填充"对话框。再次单击"确定"按钮，完成操作。此时图像中花的颜色发生了改变，得到最终效果。

实例 2-9　静夜思

本实例将使用"合并拷贝"和"贴入"命令，制作李白把酒望月的意境效果。实例最终效果如图2-50所示。

● 图案：当选择"图案"选项时，其下方的"自定图案"将变为可用状态。单击右侧的下拉按钮，在弹出的"图案"面板中可以选择需要的图案进行填充。

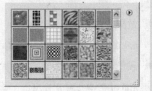

● 黑色、50%灰色、白色：可使用黑色、50%灰色以及白色对选区或图层进行填充。

操作技巧　**"平滑"命令的使用**

"平滑"命令主要用来平滑选区的尖角以及消除选区中的锯齿。使用方法是：

（1）选择"修改"→"平滑"命令，打开"平滑选区"对话框，如下所示。

（2）在"取样半径"文本框中输入合适的数值，单击"确定"按钮，可以发现选区变得连续而平滑。

前后对比图

图 2-50　实例最终效果

操 作 步 骤

1️⃣ 选择"文件"→"打开"命令，打开一幅含有两个图层的素材图像（光盘\素材和效果\02\素材\2-12.psd），其"图层"面板如图 2-51 所示。然后选择【选择】→【全部】命令，将图像全选，如图 2-52 所示。

重点提示　新增"贴入"命令

在 Photoshop CS5 中，"选择性粘贴"菜单中新增了一个"贴入"命令。

原位粘贴(P)	Shift+Ctrl+V
贴入(I)	Alt+Shift+Ctrl+V
外部粘贴(O)	

"贴入"命令的功能：在图像中创建选区后，可以使用该命令将复制出的图像粘贴到此选区内部。

图 2-51　"图层"面板

图 2-52　将图像全选

相关知识　"合并拷贝"和"贴入"命令

"合并拷贝"命令可以将选区内的所有图层中的图像复制到剪贴板中；"贴入"命令可以将剪贴板中的内容粘贴到选区中。

2️⃣ 选择"编辑"→"合并拷贝"命令，将选区内的图像复制。

3️⃣ 打开另一幅素材图像（光盘\素材和效果\02\素材\13.jpg），使用椭圆选框工具 ⬭ 创建一个超出图像的椭圆形选区，如图 2-53 所示。

操作技巧　增加与删减选区技巧

在图像中创建选区后，有时需要对其进行调整，如增加、删减选区等。

增加选区的操作方法如下：

图 2-53　创建椭圆形选区

4 选择"编辑"→"选择性粘贴"→"贴入"命令,将复制的内容粘贴到新打开的图像中,效果如图 2-54 所示。

图 2-54 粘贴图像

5 选择"编辑"→"自由变换"命令,此时粘贴图像上出现控制点,拖动控制点将其调整为比下方图像略窄些,如图 2-55 所示。

图 2-55 调整图像大小

6 按 Enter 键,取消控制点,得到诗情画意的最终效果。

实例 2-10 绿草地

本实例将使用存储与载入选区功能将一幅图像置入另一幅图像中,得到特殊效果。实例最终效果如图 2-56 所示。

图 2-56 实例最终效果

（1）在图像中创建一个选区。

（2）按住 Shift 键不放,拖动鼠标,创建第二个选区。

（3）松开鼠标,可以看到在原有的选区基础上叠加了一个新的相交选区,如下所示。

左侧为创建的第一个选区,右侧为叠加了一个新的相交选区

删减选区的操作方法如下:

（1）在图像中创建一个选区。

（2）按住 Alt 键不放,拖动鼠标框选多余的选区。

（3）松开鼠标,即可将多余的选区删除。

左侧将图案整个选取,右侧将杯子手柄处多余选区删除

实例 2-10 说明

💬 知识点:
- "存储选区"命令
- "载入选区"命令

💬 视频教程:

光盘\教学\第 2 章 选区的创建与编辑

💬 效果文件:

光盘\素材和效果\02\效果\2-10.psd

💬 实例演示:

光盘\实例\第 2 章\绿草地

相关知识 <u>保存与载入选区</u>

如果用户创建了一些比较复杂，并且以后需要多次使用或应用到其他图像中的选区，可以将其保存。以后用到时，通过载入选区的方法即可将其载入到其他图像中，从而提高了工作效率。

相关知识 <u>"存储选区"对话框</u>

在"存储选区"对话框中，"文档"下拉列表框用于选择选区保存的位置，默认情况下为当前文档；在"通道"下拉列表框可以选择一个目的通道，默认情况下是被保存到新通道中。

相关知识 <u>选择通道的处理方式</u>

在"存储选区"对话框中，"操作"选项组用来选择通道的处理方式。其中包括"新建通道"、"添加到通道"、"从通道中减去"以及"与通道交叉"几个选项，可以根据需要进行选择。

相关知识 <u>"变换选区"命令</u>

变换选区是指将选区进行变换。操作方法是：创建选区后，选择"选择"→"变换选区"命令，可显示出调整控制框，然后采取与变换图像同样的方法对选区进行缩放、旋转以及移动等操作。

操作步骤

1 打开一幅素材图像（光盘\素材和效果\02\素材\2-14.jpg），使用磁性套索工具  为其中的人物创建一个选区，如图2-57所示。

图 2-57 为人物创建一个选区

2 选择"选择"→"存储选区"命令，或在选区上单击鼠标右键，在弹出的快捷菜单中选择"存储选区"命令，在弹出的"存储选区"对话框中为需要保存的选区设置一个新通道名称，如图2-58所示。

3 完成设置后，单击"确定"按钮。在"通道"面板中单击新创建的通道，即可得到此选区存储在新文档中的图像效果，如图2-59所示。

图 2-58 "存储选区"对话框

图 2-59 图像效果

4 此时即可应用刚才创建的选区。打开另一幅素材图像（光盘\素材和效果\02\素材\2-15.jpg），选中第一幅素材图像，在"通道"面板中选中"RGB"通道。选择"选择"→"载入选区"命令，弹出"载入选区"对话框。在"通道"下拉列表框中选择存储选区时设置的通道名称，这里选择"趴"，如图2-60所示。

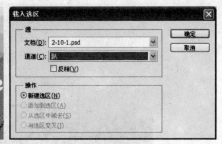

图 2-60　设置"载入选区"对话框

⑤ 单击"确定"按钮，即可将选区载入，如图 2-61 所示。

图 2-61　载入选区

⑥ 使用"复制"与"粘贴"命令，将选区中的图像添加到新打开的图像文件中；然后使用移动工具 ⊕ 和"自由变换"命令，将其调整为合适的位置和大小，效果如图 2-62 所示。

图 2-62　添加图像后调整位置和大小

实例 2-11　向阳花

　　本实例将利用"填充"对话框中的内容识别功能将图像中多余的部分去除，最终效果如图 2-63 所示。

将图像中的花选取后调整此选区

重点提示　__变换选区与变换图像__

　　变换选区需要在创建了选区的情况下才可能实现，而变换图像则可直接进行操作；变换选区时不会改变图像的像素，而只对选区进行操作，而变换图像时将改变其像素。

重点提示　__变换图像的方法__

　　选择"编辑"→"变换"命令，在弹出的子菜单中选择相应的命令，或者选择"编辑"→"自由变换"命令（出现调整控制框，在框内单击鼠标右键，在弹出的快捷菜单中选择相应的命令即可），都可以对图像进行变换。

实例 2-11 说明

🔖 **知识点：**
- 内容识别功能
- 操控变形

🔖 **视频教程：**
　光盘\教学\第2章 选区的创建与编辑

🔖 **效果文件：**
　光盘\素材和效果\02\效果\2-11.psd

🔖 **实例演示：**
　光盘\实例\第2章\向阳花

图 2-63　实例最终效果

操作步骤

1 打开一幅素材图像（光盘\素材和效果\02\素材\2-16.jpg）。选
择"窗口"→"图层"命令，在弹出的"图层"面板中双击
"背景"图层，弹出"新建图层"对话框，如图 2-64 所示。

图 2-64　"新建图层"对话框

2 单击"确定"按钮，即可将"背景"图层转换为普通图层，
得到"图层 0"，如图 2-65 所示。

图 2-65　图层 0

3 选择工具箱中的套索工具，在图像中的铁丝部位拖动鼠标
创建一个选区，如图 2-66 所示。

4 选择"编辑"→"填充"命令，打开"填充"对话框。在"使
用"下拉列表框中选择"内容识别"选项；在"模式"下拉
列表框中选择"正常"选项；将"不透明度"设置为 100%，
如图 2-67 所示。

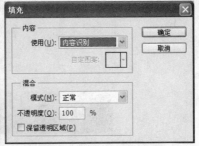

图 2-66　创建一个选区　　　　图 2-67　设置"填充"对话框

5 单击"确定"按钮，关闭"填充"对话框。按 Ctrl+D 组合键，取消选区，可以看到铁丝部位被去除，效果如图 2-68 所示。

6 选择"编辑"→"操控变形"命令，此时图像上出现了很多网格，在其中单击可以设置调控点，在其上单击并拖动可以使图像产生变形效果，如图 2-69 所示。

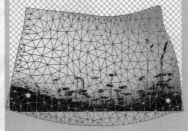

图 2-68　铁丝部位被去除　　　　图 2-69　应用操控变形

7 调整为需要的变形样式后，按 Enter 键，即可得到变形效果，如图 2-70 所示。

图 2-70　变形效果

8 使用同样的方法，可以对变形后图像中空白的部分进行填充。使用魔棒工具 ![魔棒] 将图像中空白的区域全部选中，如图 2-71 所示。

相关知识　"操控变形"命令

　　操控变形也是 Photoshop CS5 新增的一项功能。使用此命令可以精确地针对某个点对图像进行变形处理，从而使变形效果更细致、更丰富。以下图为例，演示使用此命令的过程。

素材图像

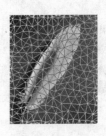

执行"操控变形"命令后

设置节点后拖曳变形

得到变形效果

图 2-71　选中空白区域

9 同样使用"填充"命令，按照同样的设置，即可对图像变形后产生的空白区域进行填充，得到最终效果。

实例 2-12　水中舞

本实例将应用新增功能——"调整边缘"命令对选区进行调整，从而得到朦胧感的水中舞效果。实例最终效果如图 2-72 所示。

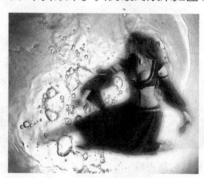

图 2-72　实例最终效果

操 作 步 骤

1 打开一幅素材图像（光盘\素材和效果\02\素材\2-17.jpg），选择工具箱中的磁性套索工具，沿着图像中人物的边缘创建一个选区，如图 2-73 所示。

图 2-73　沿人物的边缘创建一个选区

2 在磁性套索工具属性栏中单击"从选区减去"按钮 🔘 ，然后在人物选区内多余的部位创建选区，将其删除，如图 2-74 所示。

图 2-74　在多余部位创建选区

3 选择"选择"→"调整边缘"命令，打开"调整边缘"对话框，在其中的"视图"下拉列表框中选择"叠加"选项，然后选中"显示半径"复选框，将"半径"设置为 7.2，"平滑"设置为54，"羽化"设置为 18.1，单击"确定"按钮，得到调整边缘后的选区效果，如图 2-75 所示。

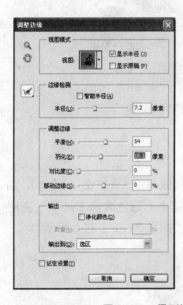

图 2-75　得到调整边缘后的选区效果

4 打开一幅背景素材（光盘\素材和效果\02\素材\2-18.jpg），如图 2-76（左）所示。选择工具箱中的移动工具 ▶ ，将选区内的图像拖入到背景素材中。按 Ctrl+T 组合键，出现调整控制框，将其调整为合适的大小和位置，得到如图 2-76（右）所示的最终效果。

原图（将图像中人物创建
选区后的效果）

"叠加"视图模式

"黑底"视图模式

"白底"视图模式

"黑白"视图模式

"背景图层"视图模式

"显示图层"视图模式

实例 2-13 说明

🔸 知识点：
 • 魔棒工具
 • 矩形选框工具
 • "贴入"命令
🔸 视频教程：
 光盘\教学\第 2 章 选区的创建
与编辑
🔸 效果文件：
 光盘\素材和效果\02\效果\2-13.psd
🔸 实例演示：
 光盘\实例\第 2 章\心形相框

相关知识 **选区运算按钮的含义**

　　选择工具箱中的选取工具后，其属性栏中均会出现选区运算按钮。其中各按钮的含义介绍如下。

• "新选区"按钮 ▢：可以新建一个选区。如果原图像中存在选区，当选中此按钮后，原有选区将被新选区所代替。

• "添加到选区"按钮 ▢：在图像原有的选区上增加新的选区。选中此按钮后，最终得到的选区是新建选区与原有选区相加得到的选区，如下所示。

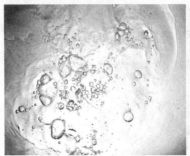

图 2-76 拖入背景素材中并调整

实例 2-13 **心形相框**

　　本实例将使用魔棒工具以及新增的"贴入"命令，实现心形相框特殊效果。实例最终效果如图 2-77 所示。

图 2-77 实例最终效果

操 作 步 骤

1 打开一幅素材图像（光盘\素材和效果\02\素材\2-19.jpg），如图 2-78（左）所示。选择工具箱中的磁性套索工具 ▯，在图像中的心形边缘创建一个选区，如图 2-78（右）所示。

图 2-78 打开一幅素材图像并创建选区

2 按 Ctrl+C 组合键复制选区，然后按 Ctrl+V 组合键粘贴选区。选择工具箱中的移动工具 ，将粘贴后的图像移至素材图像的左侧，然后按 Ctrl+T 组合键，出现调整控制框，将其旋转一定的角度，使其与右侧心形对称，效果如图 2-79 所示。

图 2-79　粘贴后调整心形的位置和角度

3 选择工具箱中的魔棒工具 ，在其属性栏中将 "容差" 值设置为 0，选中 "对所有图层取样" 复选框，然后在图像的心形上单击，即可得到两个心形内部的选区，效果如图 2-80 所示。

4 打开另一幅素材图像（光盘\素材和效果\02\素材\20.jpg），使用矩形选框工具 在其中的人物范围内创建一个选区，如图 2-81 所示。

- "从选区减去" 按钮 ：在原选区中减去部分区域。选中此按钮后，系统将以原有选区与新建选区相减的差作为最终的选区，如下所示。

图 2-80　得到两个心形内部的选区　　图 2-81　创建一个选区

5 按 Ctrl+C 组合键复制选区，选择一幅素材图像；选择 "编辑" → "选择性粘贴" → "贴入" 命令，将其贴入选区内部；然后按 Ctrl+T 组合键，将其调整为合适的大小和位置，得到最终效果。

- "与选区交叉" 按钮 ：将新选区和原选区的重叠部分创建为一个新的选区。选中此按钮后，将以原有选区与新建选区的相交部分作为最终的选区，如下所示。

第 **3** 章

Photoshop CS5 图像的绘制与修饰

在 Photoshop CS5 中提供了非常强大的绘图功能,可以绘制出仿真效果极佳的手绘艺术作品。不仅如此,它还提供了大量的修图工具,可以对图像中需要修改的部位进行细致的修复或修饰。本章将介绍如何使用绘图与修图工具以及辅助工具制作出精美的图像。

本章讲解的实例及主要功能如下:

实 例	主要功能	实 例	主要功能	实 例	主要功能
卡通 Dream	画笔工具 设置前景色	浮荷	定义画笔预设 新建图层	纸杯趣	颜色替换工具 选取颜色
西红柿去斑	污点修复画笔工具	蓝天白云	修复画笔工具 取样操作	黑眼睛	修补工具 红眼工具
水彩画	历史记录画笔工具 历史记录艺术画笔工具	宠物狗	仿制图章工具 魔棒工具	抽象背景	模糊工具 涂抹工具 锐化工具
五彩蝶	渐变工具 图层混合模式	永恒的爱	钢笔工具 路径 横排文字工具	数码广告	直线工具 自定形状工具

本章在讲解实例操作的过程中，将全面、系统地介绍关于 Photoshop CS5 图像绘制与修饰的相关知识。其中包含的内容如下：

实例 3-1　卡通 Dream

本实例将利用画笔工具绘制出形态丰富的图案，最终效果如图 3-1 所示。

图 3-1　实例最终效果

操 作 步 骤

1. 按 Ctrl+O 组合键，打开一幅素材图像（光盘\素材和效果\03\素材\3-1.psd），如图 3-2 所示。

2. 选择工具箱中的画笔工具 ✎，然后单击"前景色工具"按钮，在弹出的"拾色器（前景色）"对话框中选择绿色，如图 3-3 所示。

图 3-2　素材图像

图 3-3　选择绿色

3. 在画笔工具属性栏中单击"画笔预设"下拉按钮 ▼，在弹出的"画笔预设"面板中选择需要的画笔样式，在此选择"草"，如图 3-4 所示。

图 3-4　选择"草"

实例 3-1 说明

● **知识点：**
　• 画笔工具
　• 设置前景色

● **视频教程：**
　光盘\教学\第 3 章 图像的绘制与修饰

● **效果文件：**
　光盘\素材和效果\03\效果\3-1.psd

● **实例演示：**
　光盘\实例\第 3 章\卡通 Dream

相关知识　**画笔工具组**

画笔工具组包括画笔工具、钢笔工具、颜色替换工具以及混合器画笔工具。其中的画笔工具可以模拟画笔效果在图像或选区中进行绘制。

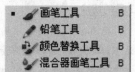

✎ 画笔工具	B
✐ 铅笔工具	B
✎ 颜色替换工具	B
✎ 混合器画笔工具	B

相关知识　**"画笔预设"面板**

在"画笔预设"面板中，"大小"项用来设置画笔的大小，可在右侧文本框中输入数值，也可拖动下方的滑块进行设置；"硬度"项用来设置画笔笔尖的硬度，即画笔边缘的晕化程度，按需要进行设置即可；在"画笔样式"下拉列表框中可以选择需要的画笔笔尖形状。

在画笔工具属性栏中,单击"模式"下拉列表框右侧的下拉按钮,在打开的下拉列表框中可以设置画笔工具对当前图像中像素的作用形式,即设置画笔颜色的混合模式。

设置为"正片叠底"时绘制出的树叶效果

设置为"深色"时绘制出的树叶效果

将输入法切换到英文输入法下,按 X 键,可以在前景色工具与背景色工具之间进行切换(在工具箱中)。

实例 3-2 说明

- **知识点:**
  - "定义画笔预设"命令
  - 设置前景色
  - 画笔工具

- **视频教程:**
  光盘\教学\第 3 章 图像的绘制与修饰

- **效果文件:**
  光盘\素材和效果\03\效果\3-2.psd

- **实例演示:**
  光盘\实例\第 3 章\浮荷

---

4 在图像中单击或按住鼠标左键拖动,即可得到青草地效果,如图 3-5 所示。

图 3-5 青草地效果

5 分别选择"散布叶片"、"流星"以及"柔边圆"画笔样式,并设置不同的前景色和画笔大小,在图像中单击或按住鼠标左键拖动,绘制出叶片、流星以及萤火虫效果,如图 3-6 所示。

图 3-6 叶片、流星以及萤火虫效果

6 选择"干画笔尖浅描"画笔样式,在图像上通过描绘的方式输入英文"Dream",得到最终效果。

实例 3-2 浮荷

本实例将使用"定义画笔预设"命令制作湖面满荷的效果,然后添加文字。实例最终效果如图 3-7 所示。

图 3-7 实例最终效果

操作步骤

1 按 Ctrl+O 组合键，打开一幅素材图像（光盘\素材和效果\03\素材\3-2.jpg），如图 3-8 所示。

2 选择工具箱中的磁性套索工具 ，在图像中同时创建 4 个选区，选中 4 片荷叶，如图 3-9 所示。

图 3-8　素材图像　　　　图 3-9　选中 4 片荷叶

3 选择"编辑"→"定义画笔预设"命令，在弹出的"画笔名称"对话框中设置"名称"为"荷叶"，单击"确定"按钮，如图 3-10 所示。

图 3-10　"画笔名称"对话框

4 单击工具箱中的"前景色工具"按钮，在弹出的"拾色器（前景色）"对话框中选择"绿色"，如图 3-11 所示。

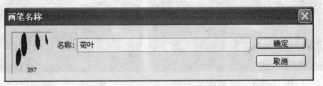

图 3-11　选择"绿色"

5 按 F7 键，打开"图层"面板。单击下方的"创建新图层"按钮 ，新建一个"图层 1"。

6 选择工具箱中的画笔工具 ，在其属性栏中单击"画笔预设"下拉按钮，在弹出的"画笔预设"面板中选择刚定义的"荷叶"画笔，如图 3-12 所示。

重点提示　**定义画笔**

在 Photoshop CS5 中，可以将任意图像作为图案定义为画笔。大概分为以下几种情况。

● 将一幅图像定义为画笔。

一幅图像

将图像定义为图案后的绘制效果

● 将选区内的图像定义为画笔。

将图像中的文字图案选取，并定义为画笔

绘制效果

● 将绘制的图案定义为画笔。

绘制的脚印图案

绘制于 T 恤上的效果

前景色工具与背景色工具

在编辑图像的过程中，前景色和背景色的选择对当前的操作非常重要。前景色工具和背景色工具位于工具箱的下方，默认的前景色和背景色分别是黑色和白色，如下所示。

也可以对前景色和背景色进行转换。其中，单击 ↰ 按钮表示将前景色与背景色进行转换；单击 ■ 按钮表示使用当前默认的前景色与背景色。

"拾色器"对话框

如果需要设置前景色或背景色，只需单击"前景色工具"按钮或"背景色工具"按钮，在弹出的"拾色器"对话框进行相应的设置即可。

下面介绍此对话框中主要区域的含义。

- 对话框左边的较大区域为要选定的颜色区。
- ○：要选定的颜色标记。颜色区右侧的竖条区域是光谱，拖动其中的滑块，可以在颜色区内显示出所选颜色的大概区域。
- ■：上半部分表示当前选定的颜色；下半部分表示当前前景色工具中显示的颜色；其右侧为色域警告区；其下方显示的是在不同的颜色模式（包括 HSB、Lab、RGB以及 CMYK 4 种颜色模式）下，所选中颜色的数值。

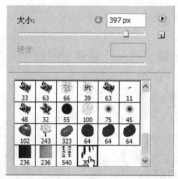

图 3-12　选择"荷叶"画笔

7 使用此画笔，在图像中没有荷叶的部位单击，即可绘制出定义的图案，如图 3-13 所示。

8 设置不同的画笔大小，在图像上继续绘制定义图案，得到满湖荷叶的效果，如图 3-14 所示。

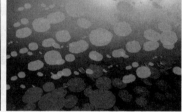

图 3-13　绘制定义图案　　　　图 3-14　满湖荷叶

9 双击"图层 1"，弹出"图层样式"对话框。在"样式"列表框中选中"投影"复选框，设置"混合模式"为"柔光"、"不透明度"为 79%、"填充不透明度"为 92，如图 3-15 所示。

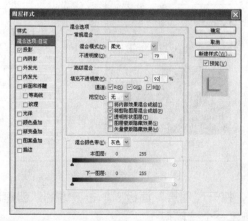

图 3-15　设置"图层样式"对话框

10 单击"确定"按钮，得到如图 3-16 所示的效果。可以看到，绘制的图像与原图像更加的自然、融合。

图 3-16 得到效果

11 再打开一幅素材图像（光盘\素材和效果\03\素材\3-3.jpg），按照同样的方法将其预设为画笔，名称为"毛笔字"，如图 3-17所示。

图 3-17 预设"毛笔字"画笔

12 选择此画笔样式，选中第一幅素材图像，新建"图层 2"，并将前景色设置为"暗黄色"，将其绘制于图像中，然后设置其图层样式，得到最终效果，如图 3-18 所示。

图 3-18 最终效果

实例 3-3 纸杯趣

本实例将使用颜色替换工具将纸杯的颜色变为彩色，得到更为有趣的图像效果。实例最终效果如图 3-19 所示。

操作技巧 **定义文字为画笔图案**

在 Photoshop CS5 中，可以将任意图像定义为画笔图案，其中也包括文字。用户可以将输入的文字定义为画笔图案，然后使用"画笔"面板进行设置或设置图层样式等方式，得到需要的特殊效果。

输入文字并将其载入选区

将定义的画笔应用于图像中

在"画笔"面板中设置大小和角度后得到的绘制效果

在"画笔"面板中设置"散布"项后得到的绘制效果

运用"图层样式"功能得到的绘制效果

实例 3-3 说明

- **知识点：**
  - 颜色替换工具
  - 选取颜色
- **视频教程：**
  光盘\教学\第 3 章 图像的绘制与修饰
- **效果文件：**
  光盘\素材和效果\03\效果\3-3.psd
- **实例演示：**
  光盘\实例\第 3 章\纸杯趣

图 3-19　实例最终效果

相关知识　颜色替换工具

颜色替换工具用于对图像局部区域的颜色进行选取，然后替换到另一个区域。在其属性栏的“模式”下拉列表框中可以选择使用此工具时的色彩混合模式；其中的几个“吸管工具”按钮可设置颜色替换时的取样方式，分别为“连续”、“不连续”和“查找边缘”。

相关知识　颜色替换工具属性栏

在颜色替换工具属性栏中，“限制”下拉列表框用于选择颜色替换时的限制模式；“容差”项用来设置擦除图像时的颜色容差范围。

重点提示　打开“画笔”面板

选择画笔工具后，在其属性栏中单击“切换画笔面板”按钮，或按 F5 键，均可打开“画笔”面板。

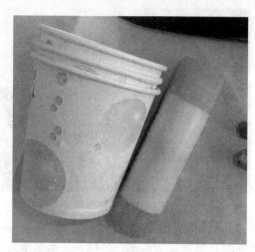

操作步骤

1. 按 Ctrl+O 组合键，打开一幅素材图像（光盘\素材与效果\03\素材\3-4.jpg），如图 3-20 所示。

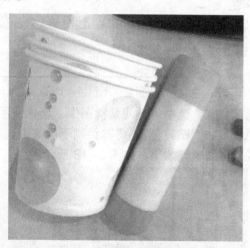

图 3-20　素材图像

2. 选择工具箱中的颜色替换工具，在其属性栏中将“模式”设置为“饱和度”，“容差”设置为 100%，如图 3-21 所示。

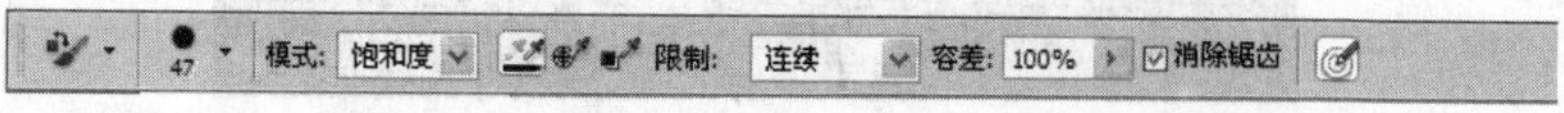

图 3-21　颜色替换工具属性栏

3. 将鼠标置于需要选取的颜色上，按住 Alt 键，单击鼠标左键，选取颜色，如图 3-22 所示。

图 3-22 选取颜色

4️⃣ 在图像中需要替换颜色的区域（纸杯）创建选区，这里是使用磁性套索工具进行选取，如图 3-23 所示。

5️⃣ 创建选区后，在此选区上按下鼠标左键并拖动，即可将选区的颜色替换为前面选取的颜色，如图 3-24 所示。

图 3-23 创建选区

图 3-24 替换颜色

6️⃣ 经过反复的拖动，得到彩色杯子效果，即得到最终效果。

实例 3-4 西红柿去斑

　　本实例将去除西红柿上腐烂的斑点，得到完好无损的效果。实例最终效果如图 3-25 所示。

图 3-25 实例最终效果

相关知识　**画笔工具与铅笔工具绘制效果的不同**

　　分别选择画笔工具和铅笔工具，设置为相同的笔尖形状和大小，在图像上进行绘制后得到的效果是不一样的，如下所示。

原图

使用画笔工具绘制的树叶

使用铅笔工具绘制的树叶

实例 3-4 说明

🔹 **知识点：**
　　污点修复画笔工具

🔹 **视频教程：**
　　光盘\教学\第 3 章 图像的绘制与修饰

🔹 **效果文件：**
　　光盘\素材和效果\03\效果\3-4.psd

🔹 **实例演示：**
　　光盘\实例\第 3 章\西红柿去斑

修复画笔工具组

通过修复画笔工具组可以修复图像中的灰尘、杂点、划痕、褶皱以及红眼等瑕疵。修复画笔工具组由污点修复画笔工具 、修复画笔工具 、修补工具 以及红眼工具 组成，如下所示。

- 污点修复画笔工具
- 修复画笔工具
- 修补工具
- 红眼工具

污点修复画笔工具属性栏

污点修复画笔工具 可以快速去除图像中的污点和大面积的杂点等。在其属性栏的"类型"选项组中有 3 个单选按钮，其含义分别介绍如下。

● 近似匹配：选中此单选按钮后，将自动从所修饰区域的周围进行像素取样，并将样本像素与所修复的像素相匹配，从而实现自然修复的目的。

● 创建纹理：选中此单选按钮后，会在修复的图像区域中产生纹理的效果。

选中此单选按钮时修复图像前后的效果对比

● 内容识别：Photoshop CS5 中新增的智能化功能，应用此功能可以使图像的处理效果更加融合、自然，达到看不出处理痕迹的目的。

操 作 步 骤

1 按 Ctrl+O 组合键，打开一幅素材图像（光盘\素材和效果\03\素材\3-5.jpg），如图 3-26 所示。

图 3-26　素材图像

2 选择工具箱中的污点修复画笔工具 ，在其属性栏中设置适当的画笔大小，将"类型"设置为"近似匹配"，如图 3-27 所示。

模式：正常　　类型：⊙近似匹配　○创建纹理　○内容识别　□对所有图层取样

图 3-27　污点修复画笔工具属性栏

3 在图像中需要处理的部位单击或拖动鼠标，即可将图像中的污点去除，得到完好无损的西红柿效果，如图 3-28 所示。

图 3-28　完好无损的西红柿效果

实例 3-5　蓝天白云

　　本实例将使用修复画笔工具将天空中的杂物去除，得到蓝天白云的纯净效果。实例最终效果如图 3-29 所示。

图 3-29　实例最终效果

操作步骤

1. 按 Ctrl+O 组合键，打开一幅素材图像（光盘\素材和效果\03\素材\3-6.jpg）。
2. 选择工具箱中的修复画笔工具，在其属性栏中设置适当的画笔大小，将鼠标置于图像中的白云部位，按住 Alt 键不放，单击鼠标左键进行取样操作，如图 3-30 所示。

图 3-30　进行取样操作

3. 取样后松开 Alt 键，在需要去除的图像上单击并拖动鼠标，如图 3-31 所示。
4. 经过连续的拖动，完全去除后，释放鼠标，即可得到修复后的效果，并且保存了图像纹理，如图 3-32 所示。

实例 3-5 说明

● 知识点：
　　• 修复画笔工具
　　• 取样操作

● 视频教程：
　　光盘\教学\第 3 章 图像的绘制与修饰

● 效果文件：
　　光盘\素材和效果\03\效果\3-5.psd

● 实例演示：
　　光盘\实例\第 3 章\蓝天白云

相关知识　修复画笔工具

　　使用修复画笔工具，可以消除图像中的斑点、灰尘、划痕以及人物图像中的皱纹等瑕疵，并能保留原图像中的纹理、光线以及阴影等效果。

重点提示　修复画笔工具属性栏

● 在修复画笔工具属性栏中，"源"选项组中的"取样"单选按钮默认处于选中状态，此时按下 Alt 键进行取样，涂抹时会以取样点所在的图像覆盖要修复的图像；选中"图案"单选按钮，在对图像进行修复操作时，则以图案纹理对图像进行修复。
● 选中"对齐"复选框，在修复图像时，无论中间停下多长时间，继续操作都不会中断图像的连续性；如果取消选中此复选框，中途停止一段时间后再次操作时，就会以上次停止后、再一次单击的位置为中心，从最初的取样进行操作。

● 在"样本"下拉列表框中可以选择进行数据取样的图层，包括"当前图层"、"当前和下方图层"以及"所有图层"3 个选项。

实例 3-6 说明

● 知识点：
  • 修补工具
  • 红眼工具

● 视频教程：
光盘\教学\第 3 章 图像的绘制与修饰

● 效果文件：
光盘\素材和效果\03 \效果\3-6.psd

● 实例演示：
光盘\实例\第 3 章\黑眼睛

重点提示 修补工具与修复画笔工具

修补工具的使用方法与修复画笔工具相似，不同之处在于修补工具必须要建立选区，在选区内修补图像，而且它可以进行大范围的修补。

相关知识 修补工具属性栏

修补工具属性栏中的主要选项介绍如下。

● "修补"选项组：此选项组中如果选中"源"单选按钮，选中的区域将作为修补区域，拖动选区至可

图 3-31　去除图像

图 3-32　修复后的效果

实例 3-6　黑眼睛

本实例将使用修补工具制作一个落花效果，然后用红眼工具将图像中人物的红眼修复为黑亮眼睛。实例最终效果如图 3-33 所示。

图 3-33　实例最终效果

操 作 步 骤

1 按 Ctrl+O 组合键，打开一幅素材图像（光盘\素材和效果\03\素材\3-7.psd），如图 3-34 所示。

图 3-34　图像素材

2 使用磁性套索工具 在图像中的花边缘创建一个选区，如图 3-35 所示。

3 选择工具箱中的修补工具 ，在其属性栏中选择"目标"单选按钮。将修补工具光标置于选区内，拖动选区至图像中的另一个位置，然后释放鼠标，得到如图 3-36 所示的效果。

图 3-35　创建选区　　　　　图 3-36　修补效果

4 再次为花创建选区，然后使用修补工具 将两个选区拖动到合适的位置，得到如图 3-37 所示的落花效果。

图 3-37　落花效果

5 选择工具箱中的红眼工具 ，然后将此工具光标置于人物的红眼部位并单击，即可将其恢复为黑眼睛，如图 3-38 所示。然后单击另一只眼睛，得到完整效果，如图 3-39 所示。

图 3-38　恢复为黑眼睛　　　　图 3-39　完整效果

用于修补图像的部分，然后释放鼠标，可以将用于修补图像的部分覆盖在修补区域；如果选择"目标"单选按钮，选中的区域将作为修补图像的部分，将其拖动至图像中要修补的区域，然后释放鼠标，即可将选中区域覆盖要修补的区域。

- 使用图案：当建立了选区后，此按钮将被激活。可以从下拉面板中设置在选区中要应用的图案样式。

重点提示　**修补工具的特点**

修补工具不仅可以从图像的其他区域或图案中复制图像修复选区，而且修复完成后得到的效果保留了原图像的光线、纹理等效果。

相关知识　**红眼工具**

红眼工具 可以将图像中因为曝光过强等问题而产生的非正常颜色进行有效的修复，如照片中的红眼以及局部上色问题都可以得到解决。

其属性栏中主要选项的含义介绍如下。

- 瞳孔大小：用来设置红眼中瞳孔的大小。
- 变暗量：用来设置红眼中红色像素变暗的程度。

实例 3-7 说明

- **知识点：**
  - 历史记录画笔工具
  - 历史记录艺术画笔工具
- **视频教程：**
  光盘\教学\第 3 章 图像的绘制与修饰
- **效果文件：**
  光盘\素材和效果\03\效果\3-7.psd
- **实例演示：**
  光盘\实例\第 3 章\水彩画

相关知识 颜色替换工具

颜色替换工具 ![]可以对图像局部区域的颜色进行替换。其属性栏中主要选项的含义介绍如下：

- **模式：**用于设置使用颜色替换工具时的色彩混合模式。
- ![]：用于设置颜色替换时的取样方式，依次为"连续"、"一次"、"背景色板"。
- **限制：**用于设置颜色替换时的限制模式。
- **容差：**用于设置擦除图像时的颜色容差范围。

操作技巧 使用颜色替换工具

方法如下：

（1）单击工具箱中的"颜色替换工具"按钮 ![]，在其属性栏中设置好各项参数后，将鼠标移到需要选取的颜色区域上，按住 Alt 键，单击鼠标左键即可将需要的颜色选取。

实例 3-7 水彩画

本实例先使用历史记录画笔工具演示了恢复图像的操作，然后使用历史记录艺术画笔工具制作一个水彩画效果。实例最终效果如图 3-40 所示。

图 3-40 实例最终效果

操作步骤

1 按 Ctrl+O 组合键，打开一幅素材图像（光盘\素材和效果\03\素材\3-8.jpg），使用磁性套索工具 ![]在小男孩的衣服边缘创建一个选区，如图 3-41 所示。

2 使用颜色替换工具 ![]在选区内涂抹，将其颜色替换为橙色，如图 3-42 所示。

图 3-41 创建选区　　　　　　　图 3-42 替换为橙色

3 选择工具箱中的历史记录画笔工具 ![]，在其属性栏中设置合适的画笔大小，然后在替换了颜色的部位进行涂抹，即可看到图像颜色恢复到原来的效果，如图 3-43 所示。

图 3-43 恢复原来的效果

4 按 F7 键,打开"图层"控制面板。在"背景"图层上单击鼠标右键,在弹出的快捷菜单中选择"复制图层"命令,得到一个"背景副本"图层,如图 3-44 所示。

图 3-44　"背景副本"图层

5 选择工具箱中的历史记录艺术画笔工具 🖉,在其属性栏中设置画笔大小为 7、"不透明度"为 28%、"样式"为"绷紧短"、"区域"为 0px、"容差"为 0%,如图 3-45 所示。

图 3-45　历史记录艺术画笔工具属性栏

6 完成设置后,在图像中的人物图案上进行涂抹,得到如图 3-46 所示的水彩画效果。

7 在历史记录艺术画笔工具属性栏中将画笔大小设置为 14,"样式"设置为"绷紧长","区域"设置为 40px,"容差"设置为 0%,在图像的背景上进行涂抹,得到如图 3-47 所示的效果。

图 3-46　水彩画效果　　　　图 3-47　进一步涂抹

8 按 Shift+Ctrl+Alt+E 组合键,盖印可见图层,得到"图层 1"图层。如图 3-48 所示,设置其混合模式为"正片叠底"、"不透明度"为 82%、"填充"为 88%,如图 3-48 所示,得到水彩画的最终效果。

（2）将需要替换颜色的区域进行选取,在此选区上按住鼠标左键并拖动,即可将选取的颜色替换选区中的原有颜色。替换完成后,释放鼠标。

具体操作过程如下所示。

将图像中的花选取

在图像中的背景部位选取颜色

在此选区上进行涂抹得到效果

相关知识　**历史记录工具组**

历史记录工具组包括历史记录画笔工具 🖉 和历史记录艺术画笔工具 🖉。

相关知识 历史记录画笔工具
与历史记录艺术画笔工具

历史记录画笔工具可以恢复图像。

历史记录艺术画笔工具可以根据图像中的某个记录或快照来绘制图像，并且它可以设置画笔的笔触，从而产生特殊效果的图像。

实例 3-8 说明

- 知识点：
  - 仿制图章工具
  - 魔棒工具
- 视频教程：
  光盘\教学\第 3 章 图像的绘制与修饰
- 效果文件：
  光盘\素材和效果\03\效果\3-8.psd
- 实例演示：
  光盘\实例\第 3 章\宠物狗

相关知识 仿制图章工具

仿制图章工具可以修复和复制图像。

仿制图章工具属性栏与画笔工具属性栏的参数功能基本相同，下面介绍其特有的两个复选框。

- 对齐：选中此复选框后，如果多次复制图像，所复制出来的图像仍然是选定点内的图像；如果取消选中此复选框，复制出来的图像将不再是同一幅图像，而是多幅以基准点为模板的相同图像。
- 对所有图层取样：如果是含有多个图层的图像，选中此复选框后将复制当前层及

图 3-48　设置"图层 1"图层

实例 3-8　宠物狗

本实例将使用仿制图章工具复制图像，然后使用图案图章工具将其背景改变，得到另一种效果。实例最终效果如图 3-49 所示。

图 3-49　实例最终效果

操作步骤

1 按 Ctrl+O 组合键，打开一幅素材图像（光盘\素材和效果\03\素材\3-9.jpg）。在工具箱中选择仿制图章工具，在其属性栏中设置适当的画笔大小和"不透明度"。按下 Alt 键，在图像中的狗部位单击鼠标左键，设置一个取样点，如图 3-50 所示。

图 3-50　设置一个取样点

2 将鼠标置于需要复制图像的位置，按住鼠标左键并拖动，即可以取样点为基准复制图像，直至复制完全，如图 3-51 所示。

图 3-51　复制图像

3 使用魔棒工具 ![] 在图像的背景处单击，将背景部位选取，如图 3-52 所示。

图 3-52　将背景部位选取

4 选择工具箱中的图案图章工具 ![]，在其属性栏中设置合适的画笔大小，单击 ![] 按钮右侧的下拉按钮，在弹出的下拉列表框中选择需要的图案样式，这里选择"生锈金属"，如图 3-53 所示。

图 3-53　选择"生锈金属"

5 完成设置后，在选区中按下鼠标左键并拖动，即可将选择的图案填充到选区，直至填充完全，效果如图 3-54 所示。

其下面所有图层所选定的图像。

相关知识　**图案图章工具**

　　使用图案图章工具 ![] 可以在图像中填充所定义的图案。这些图案可以是系统内置的，也可以是自定义的图案。

　　图案图章工具属性栏与仿制图章工具属性栏类似，不同的是它提供了以下两个选项。

● 图案下拉列表框：单击 ![] 按钮右侧的下拉按钮，在弹出的下拉列表框中可以选择需要的图案样式，如下所示。

● 印象派效果：选中此复选框后，绘制出的图案将带有印象派的艺术效果。

相关知识　**"仿制源"面板**

　　在对图像进行修饰时，如果需要设置多个仿制源，可利用"仿制源"面板来实现。选择"窗口"→"仿制源"命令，即可打开如下所示的"仿制源"面板。此面板主要用于放置图章工具等，使这些工具使用时更加简便。在以后还将对此面板进行更为详细的介绍。

图 3-54 填充背景

实例 3-9　角落女孩

　　本实例将使用减淡工具和加深工具制作突显人物的图像效果。实例最终效果如图 3-55 所示。

图 3-55　实例最终效果

操作步骤

1 按 Ctrl+O 组合键，打开一幅素材图像（光盘\素材和效果\03\素材\3-10.jpg）。按下 Ctrl+J 组合键，复制"背景"图层，得到"图层 1"，如图 3-56 所示。

图 3-56　得到"图层 1"

2 选择工具箱中的减淡工具，在其属性栏中设置画笔为"柔边圆 80"、"范围"为"高光"、"曝光度"为 72%，选中"保护色调"复选框，如图 3-57 所示。

图 3-57 减淡工具属性栏

3 设置完成后，在图像中需要突显的人物上进行涂抹，即在前面的人物上进行涂抹，得到突显效果，如图 3-58 所示。

图 3-58 得到突显效果

4 再次按下 Ctrl+J 组合键，复制"图层 1"，得到"图层 1 副本"，如图 3-59 所示。

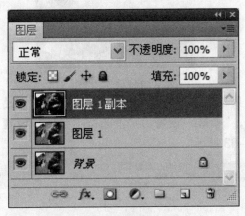

图 3-59 得到"图层 1 副本"

5 选择工具箱中的加深工具 ，在其属性栏中设置画笔为"喷溅 72"、"范围"为"阴影"、"曝光度"为 29%，选中"保护色调"复选框，如图 3-60 所示。

图 3-60 加深工具属性栏

6 设置完成后，在图像中的背景部位进行涂抹，直至得到比较暗的效果为止。此时人物效果更显突出，即得到最终效果。

● **画笔**：用于设置减淡工具的画笔大小。

● **范围**：在该下拉列表框中可以选择使用减淡工具时所用的色调，其中包括"阴影"、"中间调"和"高光"。

● **曝光度**：用来设置对区域进行减淡时的强度，其值越大，亮度越高。

相关知识 **加深工具**

加深工具 可以使图像颜色变暗，与减淡工具作用相反。

在工具箱中选择加深工具后，其属性栏与减淡工具属性栏相似。

重点提示 **减淡工具与加深工具的切换**

在使用减淡工具时，按住 Alt 键并单击"减淡工具"按钮，可以切换到加深工具。

相关知识 **海绵工具**

使用海绵工具 可以改变图像区域中的色彩饱和度。其属性栏中各选项的含义介绍如下。

● **模式**：包括降低饱和度、饱和两种模式。

 * **降低饱和度**：表示为图像降低饱和度。

 * **饱和**：表示为图像增加饱和度。

● **流量**：设置饱和度更改速率。

相关知识 修饰工具组

修饰工具组由模糊工具
、锐化工具 以及涂抹工
具组成。通过它们可以使
图像产生模糊或者清晰的效
果,也可以使图像的颜色变得
混浊。

相关知识 模糊工具

使用模糊工具可以将
图像中不协调的部分进行柔
化,并且可以将几幅图像拼合
成的图像整体进行边缘融和、
模糊,减小相邻像素间的颜色
对比度,使几幅图像融为一
体。其属性栏中各选项的含义
介绍如下。

- 画笔:设置进行模糊时的笔
  刷大小。
- 模式:设置模糊工具的笔刷
  合成模式。
- 强度:设置笔刷产生模糊

实例 3-10 抽象背景

本实例将使用修饰工具组中的工具制作抽象背景效果。实例
最终效果如图 3-61 所示。

图 3-61 实例最终效果

操 作 步 骤

1 按 Ctrl+O 组合键,打开一幅素材图像(光盘\素材和效果\03\
素材\3-11.jpg),如图 3-62 所示。

图 3-62 素材图像

2 选择工具箱中的模糊工具,在其属性栏中设置画笔大小
为 106,"模式"设置为"变暗","强度"设置为 100%,
如图 3-63 所示。

图 3-63 模糊工具属性栏

3 设置完成后,将鼠标置于需要模糊的部位,即图像中的背景
处,单击鼠标左键并拖动,直到涂抹完全,即可使背景产生
模糊效果,效果如图 3-64 所示。

图 3-64 背景模糊效果

4 为了使背景变得更为抽象，可选择工具箱中的涂抹工具，在其属性栏中设置画笔大小为 133、"模式"为"正常"、"强度"为 50%，选中"手指绘画"复选框，如图 3-65 所示。

图 3-65　涂抹工具属性栏

5 设置完成后，在图像背景部位单击鼠标左键并拖动，直到全部涂抹完毕，即可实现背景抽象效果，如图 3-66 所示。

图 3-66　背景抽象效果

6 如果想让图像中的人物更加清晰，可选择工具箱中的锐化工具，设置合适的属性值，然后在人物上涂抹，即可得到锐化效果，完成最终效果的制作。

实例 3-11　五彩蝶

本实例将使用渐变填充工具制作五彩蝶效果，即将黑白颜色的蝴蝶变为五彩蝶。实例最终效果如图 3-67 所示。

图 3-67　实例最终效果

的强弱程度，其值越大，模糊越明显。

● 对所有图层取样：选中此复选框，使用模糊工具进行模糊操作时，鼠标所经过的区域中所有图层的图像都将被模糊；如果取消选中此复选框，则只对当前图层进行模糊。

相关知识　锐化工具

使用锐化工具可以提高相邻像素间的对比度，增强图像中的色彩反差，使图像更加清晰。其功能与模糊工具正好相反。

相关知识　涂抹工具

使用涂抹工具可以对图像进行涂抹操作，实质是模拟手指在未干的画布上涂抹，从而使图像产生变形效果。

实例 3-11 说明

● 知识点：
　• 渐变工具
　• 图层混合模式

● 视频教程：
　光盘\教学\第 3 章 图像的绘制与修饰

● 效果文件：
　光盘\素材和效果\03\效果\3-11.psd

● 实例演示：
　光盘\实例\第 3 章\五彩蝶

"渐变编辑器"对话框主要选项的含义

渐变工具的作用是在图像中创建两种或多种颜色逐渐过渡的特殊效果。"渐变编辑器"对话框中主要选项的含义如下。

- 在"预设"选项组中提供了多种渐变方式,用户可根据需要进行选择。

- 在"渐变类型"下拉列表框中包括"实底"和"杂色"两个选项。选择"实底"选项后,可以得到单色平滑过渡的颜色;选择"杂色"选项,可得到多种色带的粗糙渐变色。其效果分别如下。

选择"实底"后的效果

选择"杂色"后得到的效果

- 渐变条用于编辑渐变颜色。其下方的 3 个色标分别表示"前景色"、"背景色"和"用户颜色"。在渐变条的下方单击,即可得到一个新色标。如果想删除某个色标,将其向下拖曳即可。

操作步骤

1 按 Ctrl+O 组合键,打开一幅黑白素材图像(光盘\素材和效果\03\素材\3-12.jpg)。新建一个"图层 1",如图 3-68 所示。

2 使用磁性套索工具在图像中最右方的蝴蝶边缘创建一个选区,如图 3-69 所示。

图 3-68　新建一个"图层 1"　　　图 3-69　创建一个选区

3 选择工具箱中的渐变工具■,在其属性栏中单击渐变颜色条,打开"渐变编辑器"对话框。在"预设"选项组中选择"紫,橙渐变",如图 3-70 所示。

4 在渐变工具属性栏中单击"线性渐变"按钮■,在选区内拖曳鼠标,即可得到线性渐变填充效果,如图 3-71 所示。

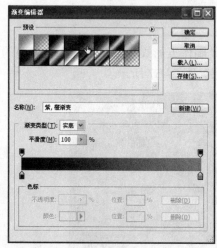

图 3-70　选择"紫,橙渐变"　　　图 3-71　线性渐变填充效果

5 在"图层"面板中将"图层 1"的混合模式设置为"正片叠底","不透明度"设置为 83%,得到如图 3-72 所示的效果。

图 3-72　正片叠底效果

6 分别新建"图层 2"和"图层 3";分别选中下方和左方的蝴蝶,按照同样的方法,将它们进行线性渐变填充;然后设置图层混合模式,得到如图 3-73 所示的效果。

图 3-73　3 只蝴蝶渐变填充效果

7 新建"图层 4";选择渐变工具,在其属性栏中设置渐变样式为"黄,紫,橙,蓝渐变",单击"径向渐变"按钮，在图像上以对角线的方式拖动鼠标,得到如图 3-74 所示的渐变填充效果。

8 将"图层 4"的混合模式设置为"柔光","不透明度"设置为85%,如图 3-75 所示,得到五彩蝶的最终效果。

图 3-74　渐变填充效果

图 3-75　五彩蝶最终效果

相关知识　**渐变类型按钮**

在渐变工具属性栏中有 5 个渐变类型按钮,分别为线性渐变、径向渐变、角度渐变、对称渐变以及菱形渐变。选择不同的渐变类型,得到的渐变效果也不同,如下所示。

线性渐变效果

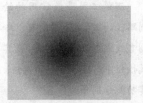

径向渐变效果

角度渐变效果

对称渐变效果

菱形渐变效果

71

实例3-12说明

- 知识点：
  - 钢笔工具
  - 路径
  - 横排文字工具
- 视频教程：
  光盘\教学\第 3 章 图像的绘制与修饰
- 效果文件：
  光盘\素材和效果\03\效果\3-12.psd
- 实例演示：
  光盘\实例\第 3 章\永恒的爱

相关知识 钢笔工具

钢笔工具是最常用的绘制路径的工具，利用它可以绘制直线或者贝塞尔曲线。在其属性栏中有 3 个重要的按钮，其功能分别介绍如下。

- “形状图层”按钮：单击此按钮，所绘制的图形将会成为一个形状而不是路径。
- “路径”按钮：单击此按钮，表示当前所绘制的是一条路径。
- “填充像素”按钮：单击此按钮后，绘制出的是填充了前景色的形状图形。

相关知识 什么是路径

所谓路径，是指由闭合的线条或曲线组成的图形。在 Photoshop 中，路径是指用钢笔工具和形状工具绘制的形状轮廓、直线或曲线。用这些工具绘制出的曲线也称为“贝塞尔曲线”，曲线上的点称为“锚点”，通过此点可以调整曲线的形状。

实例 3-12 永恒的爱

本实例通过创建路径，得到优美的弯曲文字效果。实例最终效果如图 3-76 所示。

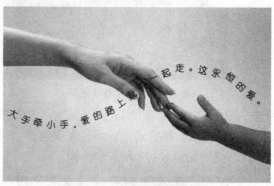

图 3-76　实例最终效果

操作步骤

1. 按 Ctrl+O 组合键，打开一幅素材图像（光盘\素材和效果\03\素材\3-13.jpg）。选择工具箱中的钢笔工具，在其属性栏中单击“路径”按钮，在图像中绘制一条曲线路径，如图 3-77 所示。

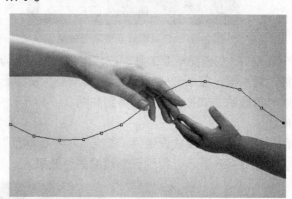

图 3-77　绘制一条曲线路径

2. 选择工具箱中的横排文字工具，在其属性栏中设置字体为“幼圆”、大小为“18 点”，如图 3-78 所示。

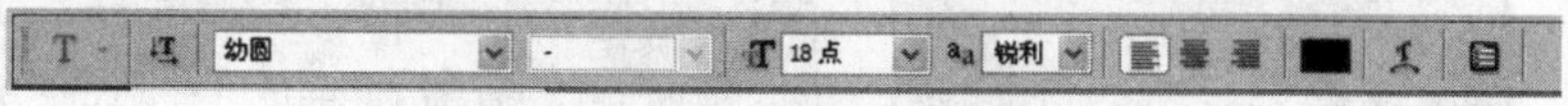

图 3-78　属性栏

3. 将鼠标置于曲线路径上，当其变为形状时单击鼠标，即可出现输入文字的光标。在此输入文字，直至曲线路径的末端，如图 3-79 所示。

图 3-79　在曲线路径上输入文字

4 选择工具箱中的其他工具，然后按 Ctrl+H 组合键，即可将路径隐藏，得到优美的曲线文字效果。

实例 3-13　数码广告

本实例将使用直线工具、自定形状工具以及横排文字工具制作数码相机广告宣传画。实例最终效果如图 3-80 所示。

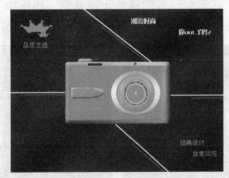

图 3-80　实例最终效果

操作步骤

1 按 Ctrl+O 组合键，打开一幅素材图像（光盘\素材和效果\03\素材\3-14.jpg）。在"图层"控制面板中新建一个"图层 1"，如图 3-81 所示。

图 3-81　新建一个"图层 1"

相关知识　**文字工具组**

右击工具箱中的"横排文字工具"按钮，打开如下所示的文字工具组。

运用这些工具可以很方便地制作出各种类型的文字。例如，利用横排文字工具 T 可以输入横向文字。

实例 3-13 **说明**

- **知识点：**
  - 直线工具
  - 自定形状工具
- **视频教程：**
  光盘\教学\第 3 章 图像的绘制与修饰
- **效果文件：**
  光盘\素材和效果\03\效果\3-13.psd
- **实例演示：**
  光盘\实例\第 3 章\数码广告

相关知识　**形状工具组**

在形状工具组中，Photoshop CS5 提供了矩形工具、圆角矩形工具、椭圆工具、多边形工具、直线工具以及自定形状工具，如下所示。通过它们可以绘制出各种形状的图形。

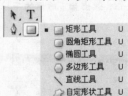

相关知识 **直线工具属性栏**

直线工具 \ 主要用于绘制直线和箭头，其属性栏中主要选项的含义介绍如下。

● 粗细：用来设置所绘制直线的宽度，单位为像素。

● 在属性栏中单击 按钮右侧的下拉按钮，弹出如下所示的下拉面板。

其中各项的含义介绍如下。

* 起点：为线段的起始点添加箭头。

* 终点：为线段的终点添加箭头。

* 宽度：输入箭头宽度与直线宽度的比例值。

* 长度：输入箭头长度与直线长度的比例值。

* 凹度：输入箭头凹陷度的比例值。

相关知识 **自定形状工具**

使用自定形状工具 可以创建一些不规则的图形。其属性栏中主要选项的含义介绍如下。

● 单击 按钮右侧的下拉按钮，弹出如下所示的下拉面板。

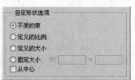

2 设置前景色为白色。选择工具箱中的直线工具 ，如图 3-82 所示。在其属性栏中单击"填充像素"按钮 ，设置"粗细"为 5。

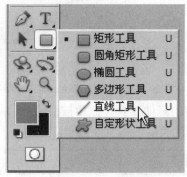

图 3-82 选择直线工具

3 完成设置后，在图像中不同的位置绘制 4 条直线，效果如图 3-83 所示。设置前景色为淡紫色、粗细为 2，在前面绘制的直线旁分别绘制一条更短的直线，效果如图 3-84 所示。

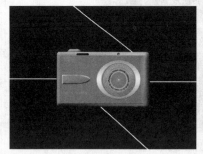 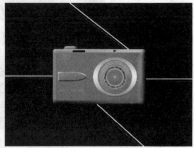

图 3-83 绘制 4 条直线　　图 3-84 绘制 4 条更短的直线

4 再新建一个"图层 2"。选择工具箱中的自定形状工具 ，在其属性栏中单击"填充像素"按钮 ，然后单击"点按可打开'自定形状'拾色器"按钮，在弹出的面板中选择"皇冠 1"，如图 3-85 所示。

图 3-85 选择"皇冠 1"

5 设置前景色为暗黄色，在图像的左上角分别绘制一大一小两个皇冠图案，如图 3-86 所示。

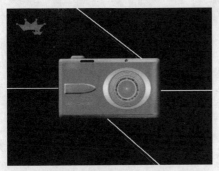

图 3-86　绘制皇冠图案

6 选择工具箱中的横排文字工具 ⊤，在其属性栏中设置合适的字体、大小以及颜色，在图像中输入广告宣传文字，得到数码相机广告宣传画整体效果，如图 3-87 所示。

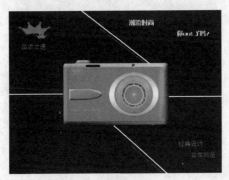

图 3-87　整体效果

其中各选项的含义如下。

* 不受约束：选中时，绘制出的矩形的比例和大小都不受限制。

* 定义的比例：选中时，可以绘制出固定比例的图形。

* 定义的大小：选中时，可以绘制出固定大小的图形。

* 固定大小：选中时，可以绘制出固定大小的图形（W 为宽度，H 为高度，在文本框中输入数值）。

* 从中心：选中时，将以图形的中心为起始点绘制图形。

● 单击"点按可打开'自定形状'拾色器"按钮，在打开的面板中单击其右上角的 ▶ 按钮，在弹出的菜单中可以执行"复位形状"、"载入形状"、"存储形状"以及"替换形状"等命令。如果需要添加形状，可以从中进行选择。例如，选择"动物"选项，在弹出的提示对话框中单击"追加"按钮，即可将这些图形添加到列表中。

第4章

Photoshop CS5 图像色彩与色调的调整

　　在 Photoshop CS5 中提供了丰富强大的色调和色彩调整功能，应用这些功能可以非常方便地调整图像的色相/饱和度、对比度、亮度等。本章将详细介绍 Photoshop CS5 中调整色彩的工具以及如何利用它们调整图像的颜色和色调，得到需要的效果。

　　本章讲解的实例及主要功能如下：

实　　例	主要功能	实　　例	主要功能	实　　例	主要功能
黑白画	颜色模式	海边落日	颜色取样器工具 信息面板	头花	快速选择工具 色阶
河岸	自动色调 曲线	牧牛图	色彩平衡 亮度/对比度	绿树青山	色相/饱和度
数码相机	照片滤镜 色阶	炭素画	渐变映射 阈值	红叶	通过拷贝的图层可选颜色
竹林	阴影/高光	棒棒糖	变化直排文字工具 创建文字变形	红心	匹配颜色 替换颜色

本章在讲解实例操作的过程中，将全面、系统地介绍 Photoshop CS5 图像色彩与色调调整的相关知识。其中包含的内容如下：

实例 4-1　黑白画

本实例将介绍画笔工具的使用，通过此工具绘制出形态丰富的图案。

操 作 步 骤

1 按 Ctrl+O 组合键，打开一幅颜色模式为 RGB 的素材图像（光盘\素材和效果\04\素材\4-1.jpg）。选择"图像"→"模式"→"灰度"命令，打开如图 4-1 所示的"信息"提示对话框。

2 单击"扔掉"按钮，即可将其颜色模式转换为灰度模式，效果如图 4-2 所示。

图 4-1　"信息"提示对话框　　　图 4-2　转换为灰度模式

3 选择"图像"→"模式"→"位图"命令，在弹出的"位图"对话框中将"输出"设置为"270 像素/英寸"，在"使用"下拉列表框中选择"图案仿色"选项，如图 4-3 所示。

图 4-3　"位图"对话框

4 单击"确定"按钮，弹出"进程"提示对话框（如图 4-4 所示），开始位图转换操作。

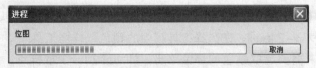

图 4-4　"进程"提示对话框

实例 4-1 说明

● 知识点：
　• 颜色模式
● 视频教程：
　光盘\教学\第 4 章　图像色彩与色调的调整
● 效果文件：
　光盘\素材和效果\04\效果\4-1.psd
● 实例演示：
　光盘\实例\第 4 章\黑白画

相关知识　颜色模式包括哪些

常见的颜色模式有 RGB 颜色模式、CMYK 颜色模式、HSB 颜色模式、Lab 颜色模式、索引颜色模式、灰度颜色模式以及位图颜色模式等。选择"图像"→"模式"命令，在弹出的子菜单中被选中的选项即为打开图像的颜色模式，可以从中选择需要转换成的颜色模式。

在"通道"面板中可以查看图像的颜色模式。选择"窗口"→"通道"命令，即可将此面板打开，其中列出了相应颜色模式包含的各个通道。

相关知识　RGB 颜色模式

RGB 颜色模式是 Photoshop 中最常用的模式，也被称为真彩色模式。在 RGB 模式下显示的图像质量最高，所以它也是 Photoshop 中的默认模式。

在 Photoshop 的 RGB 颜色模式中，可通过对红（R）、绿（G）、蓝（B）3 种颜色值的组合，来改变像素的颜色，并且可以组成红、绿、蓝 3 种颜色通道，每个颜色通道包含有 8 位颜色信息，每一个信息都用 0～255 的亮度值来表示，这样 3 个通道即可组合产生 1670 多万种不同的颜色。因此在打印图像时，将不能打印 RGB 模式的图像，需要将其改为 CMYK 模式图像。

实例 4-2 说明

● **知识点：**
 • 颜色取样器工具
 • 信息面板

● **视频教程：**
光盘\教学\第 4 章 图像色彩与色调的调整

● **效果文件：**
光盘\素材和效果\04\效果\4-2.psd

● **实例演示：**
光盘\实例\第 4 章\海边落日

颜色取样器工具 用于颜色的选取和采样，取样的结果将显示在"信息"面板中。

"信息"面板用于显示鼠标所在位置的坐标值、鼠标当前位置的像素值、图形的大小、RGB 和 CMYK 的色彩系数等相关信息。

5 稍候即可将灰度模式的图像转换为位图模式的图像，效果如图 4-5 所示。

6 如果想转换为其他模式的位图效果，可按 Ctrl+Z 组合键，返回至上步操作，然后选择"图像"→"模式"→"位图"命令，在弹出的"位图"对话框中重新进行设置即可。如图 4-6 所示即为转换为自定图案的位图模式效果。

图 4-5　转换为位图模式　　图 4-6　转换为自定图案的位图模式

实例 4-2　海边落日

本实例将使用颜色取样器工具将黑白图片变为彩色图片，得到海边落日效果。实例最终效果如图 4-7 所示。

图 4-7　实例最终效果

操作步骤

1 按 Ctrl+O 组合键，打开一幅素材图像（光盘\素材和效果\04\素材\4-2.jpg）。在选择工具箱中的颜色取样器工具 ，在图像中需要选取颜色的部位单击，即可添加一个取样点，如图 4-8 所示。

2 此时弹出"信息"面板，在其中显示出了当前取样点的 RGB 值，如图 4-9 所示。

图 4-8　添加一个取样点　　　　图 4-9　"信息"面板

3 在工具箱中单击"前景色工具"按钮，打开"拾色器（前景色）"对话框，在其中分别输入刚才取样的 R、G、B 值，如图 4-10 所示。

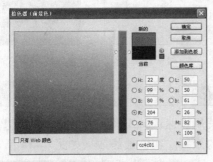

图 4-10　"拾色器（前景色）"对话框

4 再打开一幅素材图像（光盘\素材与效果\04\素材\3.jpg），在"图层"面板中新建一个"图层 1"，如图 4-11 所示。

图 4-11　新建　个"图层 1"

5 选择工具箱中的画笔工具按钮 ，设置画笔大小为 49，在图像上进行涂抹，直至涂抹完全，如图 4-12 所示。

重点提示　取样注意事项

在使用颜色取样器工具 进行颜色取样时，取样点不能超过 4 个。

相关知识　"颜色库"对话框

在"拾色器"对话框中单击"颜色库"按钮，将弹出如下所示的"颜色库"对话框。

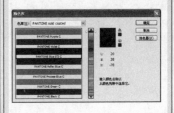

在此对话框的"色库"下拉列表框中是一些常用的印刷颜色体系。

重点提示　"颜色库"对话框注意事项

在"颜色库"对话框中应该注意以下几点。

● 单击颜色色相区域或拖动两侧的三角形滑动按钮，可以使颜色的色相发生改变。

- 在颜色选择区中选择带有编码的颜色，在右上方的颜色框中将显示此颜色，其下方会显示所选颜色的Lab值。
- 如果在"色库"下拉列表框中选择了印刷样式，则右侧将显示CMYK值。
- 如果当前颜色或所选颜色超出了CMYK色域，在色样的右侧将出现一个溢色警告标志 。

图 4-12　涂抹完全

6 在"图层"面板中，将"图层1"的混合模式设置为"叠加"，"不透明度"设置为87%，得到海边落日最终效果，如图4-13所示。

图 4-13　海边落日最终效果

实例 4-3 说明

- **知识点：**
  - 快速选择工具
  - "色阶"命令
- **视频教程：**
  光盘\教学\第4章 图像色彩与色调的调整
- **效果文件：**
  光盘\素材和效果\04\效果\4-3.psd
- **实例演示：**
  光盘\实例\第4章\头花

实例 4-3　头花

　　本实例将使用快速选择工具和"色阶"命令制作头花，得到突出人物配饰的效果。实例最终效果如图4-14所示。

图 4-14　实例最终效果

相关知识　快速选择工具

　　快速选择工具 和魔棒工具的使用方法基本相同，只要在需要选取的区域单击，即可迅速地创建选区。可通过在其属性栏中设置画笔大小来确定选取的范围。

操 作 步 骤

1 按 Ctrl+O 组合键，打开一幅素材图像（光盘\素材和效果\04\素材\4-4.jpg）。按 F7 键，打开"图层"面板。按 Ctrl+J 组合键，将背景图层复制到新图层中，得到"图层1"，如图4-15所示。

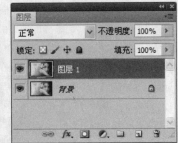

图 4-15　图层 1

2 选择工具箱中的快速选择工具 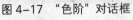，在人物的头花上单击，将其选中，如图 4-16 所示。

图 4-16　创建选区

3 选择"图像"→"调整"→"色阶"命令，打开"色阶"对话框，将"输入色阶"项中间的滑块拖到 0.16 的位置，如图 4-17 所示。

4 单击"确定"按钮，得到如图 4-18 所示的效果。

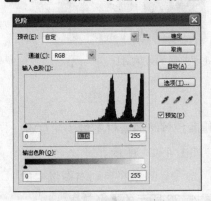

图 4-17　"色阶"对话框　　　　图 4-18　得到效果

5 选择"选择"→"反向"命令，反选选区，将图像中的其他部位选中，如图 4-19 所示。

相关知识　**"色阶"命令**

　　利用"色阶"命令可以调整图像的暗调、中间调以及高光的强度级别，从而校正图像的色调范围和色彩平衡。

对话框知识　**"色阶"对话框**

　　"色阶"对话框中主要选项的含义介绍如下。

- 预设：通过此下拉列表框，可以快速地调整图像的色阶，以达到需要的效果。

- 通道：在该下拉列表框中，可以为要调整色调的图像选择通道。如果图像是 RGB 图像，则通道的选择可以是 RGB、R、G、B 中的任一通道；如果是 CMYK 图像，则是 CMYK、C、M、Y、K 中的任一通道。

- 输入色阶：其中有 3 个数值框，分别表示 3 个区域，即暗调（取值范围为 0～255）、中间调（取值范围为 0.10～9.99）、亮部色调（取值范围为 0～255）。用户可以在这 3 个数值框中直接输入数值定义色阶，也可以拖动直方图下的 3 个滑块进行定义。

将滑块向左拖动，增加图像亮度

将滑块向右拖动，增加图像暗度

- 输出色阶：用于限定图像的色调范围。其中有两个数值框，左侧数值框用来调整暗部色调，右侧数值框用来调整亮部色调。既可以在这两个数值框中输入相应的数值，也可以利用滑动杆下的滑块来定义输出色阶。

- 自动：单击此按钮后，系统将自动按比例调整图像的明暗度。其中最亮的部分以白色显示，最暗的部分以黑色显示。一般情况下，系统会以 0.5% 的比例进行调整。

- 选项：单击此按钮，在弹出的"自动颜色校正选项"对话框中可以设置"算法"与"目标颜色和剪贴"。

实例 4-4 说明

- 知识点：
  - "自动色调"命令
  - "曲线"命令

- 视频教程：
  光盘\教学\第4章 图像色彩与色调的调整

- 效果文件：
  光盘\素材和效果\04\效果\4-4.psd

- 实例演示：
  光盘\实例\第4章\河岸

相关知识 "自动色调"命令

选择"自动色调"命令，系统将自动对图像中的明、暗度进行调整，其功能相当于"色阶"对话框中的"自动"按钮。

对话框知识 "曲线"对话框

"曲线"对话框中主要选项的含义介绍如下。

- 通道：用于选择要调整图像的通道，与"色阶"对话框中的"通道"下拉列表框功能相同。

图 4-19 反选选区

6 选择"图像"→"调整"→"去色"命令，将选区中的图像去色，得到最终效果。

实例 4-4 河岸

本实例将使用"自动色调"和"曲线"命令，将颜色偏暗的图像调亮。图像处理前后的效果对比如图 4-20 所示。

图 4-20 图像处理前后的效果对比

操作步骤

1 按 Ctrl+O 组合键，打开一幅颜色偏暗的素材图像（光盘\素材和效果\04\素材\4-5.jpg），如图 4-21 所示。

2 选择"图像"→"自动色调"命令，系统将自动对图像中的明、暗度进行调整，得到如图 4-22 所示的提亮效果。

3 如果对此效果还不满意，可选择"图像"→"调整"→"曲线"命令，打开"曲线"对话框，在其中单击几个控制点，然后调整每个点的位置，如图 4-23 所示。

图 4-21 颜色偏暗的素材图像

图 4-22 提亮效果

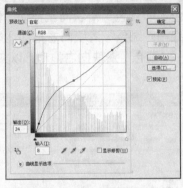

图 4-23 "曲线"对话框

4 单击"确定"按钮，即可得到颜色变得明亮的图像效果。

实例 4-5 牧牛图

本实例将利用"色彩平衡"命令和"亮度/对比度"命令，将偏色的图像修正为色彩平衡。图像处理前后的效果对比如图 4-24 所示。

图 4-24 图像处理前后的效果对比

操 作 步 骤

1 按 Ctrl+O 组合键，打开一幅偏色的素材图像（光盘\素材和效果\04\素材\4-6.jpg），如图 4-25 所示。

- 在"通道"下拉列表框的下面是图像调整的表格区。
  * 表格区中的横向线段代表了图像的原有色调。
  * 表格区中的纵向线段代表了图像调整后的色调。
  * 单击表格区中的对角曲线，将出现一个"+"字形的箭头，并且出现一个点，此点称为节点。
  * 拖动节点可以改变曲线的形状。如果节点向左上角移动可以增加图像的亮度；如果节点向右下角移动将减少图像的亮度；如果在曲线上设置多个节点，图像也会发生不同的改变。

实例 4-5 说明

- 知识点：
  - "色彩平衡"命令
  - "亮度/对比度"命令
- 视频教程：
  光盘\教学\第4章 图像色彩与色调的调整
- 效果文件：
  光盘\素材和效果\04\效果\4-5.psd
- 实例演示：
  光盘\实例\第4章\牧牛图

相关知识 "色彩平衡"命令

使用"色彩平衡"命令可调节图像的颜色，从而达到色彩平衡的效果。

对话框知识 "色彩平衡"对话框

"色彩平衡"对话框中主要选项的含义介绍如下。

- 色阶：用于设置每种颜色的暗调、中间调、高光值。可以在这3个数值框中输入值，也可以通过拖动 3 个滑竿下的滑块来设置色阶。
- "阴影"、"中间调"、"高光"单选按钮：用户可以选择是对图像的阴影部分、中间调部分还是高光部分进行调整。
- 保持明度：如果图像为 RGB 图像，选中此复选框可以防止在更改颜色时改变图像中的亮度值。默认情况下，此复选框处于选中状态。

相关知识 **"亮度/对比度"命令**

使用"亮度/对比度"命令可以调整图像的明暗度与对比度。亮度是指图像中明暗程度的平衡，对比度是指在不同颜色之间存在的差异性。

对话框知识 **"亮度/对比度"对话框**

在"亮度/对比度"对话框中拖动"亮度"与"对比度"滑块或输入相应的数值，数值为正表示增强图像的亮度和对比度，数值为负表示降低亮度和对比度。

- 颜色条：在此对话框的底部有两个颜色条，上面的颜色条是颜色的样本，下面的颜色条用来观察和设置颜色的变化范围。

图 4-25　偏色素材图像

2 选择"图像"→"调整"→"色彩平衡"命令，打开"色彩平衡"对话框。可以看到，此图像的整体色调是暖色系，所以可以将"青色——红色"滑块向左拖动，使整体色彩趋于青色；将"洋红——绿色"滑块向右拖动，以突出青山的绿色；将"黄色——蓝色"滑块向右拖动，以突出天空的蓝色，如图 4-26 所示。

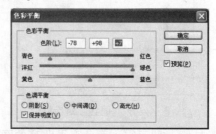

图 4-26　"色彩平衡"对话框

3 单击"确定"按钮，得到如图 4-27 所示的效果。

图 4-27　得到效果

4 此时图像还是偏暗，如果想提高图像的亮度，可选择"图像"→"调整"→"亮度/对比度"命令，打开"亮度/对比度"对话框，在其中进行如图 4-28 所示的设置，以增加图像的亮度。

图 4-28　"亮度/对比度"对话框

5 单击"确定"按钮，偏色的图像得以修正。

实例 4-6　绿树青山

本实例将使用"色相/饱和度"命令，将一幅秋天风景的图像改变为春天绿树青山的效果。图像处理前后的效果对比如图 4-29 所示。

图 4-29　图像处理前后的效果对比

操 作 步 骤

1 按 Ctrl+O 组合键，打开一幅秋天风景素材图像（光盘\素材和效果\04\素材\4-7.jpg），如图 4-30 所示。

图 4-30　秋天风景素材图像

2 选择"图像"→"调整"→"色相/饱和度"命令，打开"色相/饱和度"对话框。在其中的颜色下拉列表框中选择"黄色"，然后将"色相"设置为+67，"饱和度"设置为−30，"明度"设置为−17，如图 4-31 所示。

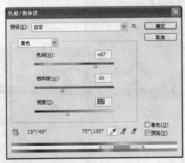

图 4-31　设置"色相/饱和度"对话框

实例 4-6 说明

● 知识点：

"色相/饱和度"命令

● 视频教程：

光盘\教学\第 4 章 图像色彩与色调的调整

● 效果文件：

光盘\素材和效果\04\效果\4-6.psd

● 实例演示：

光盘\实例\第 4 章\绿树青山

相关知识　"色相/饱和度"命令

使用"色相/饱和度"命令可以调整色彩的色相以及饱和程度。当用户需要将图像中的色相进行调整，但必须保持色调不变时，可以利用此命令来完成。

对话框知识　"色相/饱和度"对话框

"色相/饱和度"对话框中主要选项的含义介绍如下。

● 预设：在此下拉列表框中可以选择色相的模式，以达到满意的效果。

● 编辑下拉列表框：在此下拉列表框中，可以选择对图像中的所有颜色或图像中的某一个颜色进行"色相/饱和度"的调整。

● 色相：拖动滑块或输入色相值，可以调整图像中的色相。

● 饱和度：拖动滑块或输入饱和度值，可以调整图像中的饱和度。

● 明度：拖动滑块或输入明度值，可以调整图像中的明度。

- 着色：选中此复选框后，可以使彩色图像变成单一颜色的图像。图像处理前后的效果对比如下所示。

原图

选中"着色"复选框后
调整的效果

- 吸管工具：在编辑下拉列表框中选择图像的某一个颜色后，这 3 个吸管将呈可用状态。

  * 使用吸管工具可以在图像窗口中选择一种颜色作为色彩变化的基本范围。

  * 选中带加号的吸管工具，在图像窗口中选择一种颜色后，原有图像的色彩范围会加上当前单击的颜色范围。

  * 其作用与带加号的吸管工具正好相反。

- 知识点：
  - "照片滤镜"命令
  - "色阶"命令
- 视频教程：
  光盘\教学\第 4 章 图像色彩与色调的调整
- 效果文件：
  光盘\素材和效果\04\效果\4-7.psd
- 实例演示：
  光盘\实例\第 4 章\数码相机

3. 单击"确定"按钮，即可将图像中黄色叶子改变为绿色，如图 4-32 所示。

图 4-32 绿色叶子

4. 再次选择"图像"→"调整"→"色相/饱和度"命令，在弹出的"色相/饱和度"对话框的颜色下拉列表框中选择"青色"，然后将"色相"、"饱和度"以及"明度"分别设置为-92、-22 以及"+8"，如图 4-33 所示。

图 4-33 "色相/饱和度"对话框

5. 单击"确定"按钮，即可将图像中灰色的山改变为青山效果。此时得到绿树青山最终效果。

实例 4-7　数码相机

　　有些图像由于拍摄时的色温不符合要求，产生了色偏，即整体颜色偏黄，影响效果。本实例将使用"照片滤镜"命令来解决这个问题。图像处理前后的效果对比如图 4-34 所示。

图 4-34 图像处理前后的效果对比

操作步骤

1️⃣ 按 Ctrl+O 组合键，打开一幅色温不符的素材图像（光盘\素材和效果\04\素材\4-8.jpg），如图 4-35 所示。

2️⃣ 选择"图像"→"调整"→"照片滤镜"命令，打开"照片滤镜"对话框。在其中的"滤镜"下拉列表框中选择"冷却滤镜（82）"，将"浓度"设置为 69%，如图 4-36 所示。

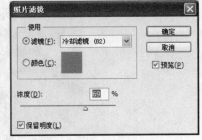

图 4-35 色温不符的素材图像 | 图 4-36 设置"照片滤镜"对话框

3️⃣ 单击"确定"按钮，得到如图 4-37 所示的效果。

图 4-37 得到效果

4️⃣ 如果想让图像达到更满意的效果，可选择"图像"→"调整"→"色阶"命令，在弹出的"色阶"对话框中按照图 4-38 所示进行设置。

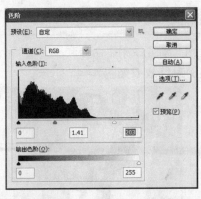

图 4-38 "色阶"对话框

相关知识 "照片滤镜"命令

传统相机的滤色镜通常是由有色光学或有色化学胶膜制成的。使用时将它装配在镜头前，可以用来调节景物的影调与反差。使用"照片滤镜"命令可以使图像产生拍摄照片时在镜头前添加颜色滤镜的效果。

对话框知识 "照片滤镜"对话框

"照片滤镜"对话框中主要选项的含义介绍如下。

• 滤镜：单击右侧的下拉按钮，在弹出的下拉列表框中可以选择滤镜的类型。

• 颜色：用于自定义滤镜的颜色。

• 浓度：拖动滑块可以控制着色的强度，数值越大滤色效果越明显。

• 保留明度：选中此复选框，可在滤色的同时保留原来图像的明暗分布层次。

相关知识 "自动对比度"命令

选择"图像"→"自动对比度"命令，系统会自动增加图像明、暗的对比度，使图像中的高光显得更亮，阴影显得更暗。因为"自动对比度"命令不会单独调整通道，所以不会引入或消除色痕。

实例 4-8 说明

💬 知识点：
"色调分离"命令

💬 视频教程：
光盘\教学\第 4 章 图像色彩与色调的调整

💬 效果文件：
光盘\素材和效果\04\效果\4-8.psd

💬 实例演示：
光盘\实例\第 4 章\水彩画

相关知识 **"色调分离"命令**

使用"色调分离"命令可以为图像的每个颜色通道指定亮度值。

相关知识 **"色调分离"对话框**

在"色调分离"对话框中，输入不同的色阶值，得到的效果也不同。色阶值可以决定图像变化的程度，数值越大，图像变化越不明显。下图所示即为设置不同的色阶值后得到的效果。

设置为 4　　　设置为 24

实例 4-9 说明

💬 知识点：
• "渐变映射"命令
• "阈值"命令

💬 视频教程：
光盘\教学\第 4 章 图像色彩与色调的调整

💬 效果文件：
光盘\素材和效果\04\效果\4-9.psd

💬 实例演示：
光盘\实例\第 4 章\炭素画

5 单击"确定"按钮，得到最终效果。

实例 4-8 水彩画

本实例将使用"色调分离"命令，制作近似水彩画效果的图像。

操作步骤

1 按 Ctrl+O 组合键，打开一幅素材图像（光盘\素材和效果\04\素材\4-9.jpg），如图 4-39 所示。

图 4-39　素材图像

2 选择"图像"→"调整"→"色调分离"命令，弹出"色调分离"对话框，分别将"色阶"的值设置为 3 和 8，得到的不同效果如图 4-40 所示。

图 4-40　色调分离的不同效果

实例 4-9 炭素画

本实例将使用"渐变映射"命令和"阈值"命令制作炭素画效果的图像。实例最终效果如图 4-41 所示。

图 4-41　实例最终效果

操作步骤

1️⃣ 按 Ctrl+O 组合键，打开一幅素材图像（光盘\素材和效果\04\素材\4-10.jpg）。使用魔棒工具 选取图像中的背景部位，如图 4-42 所示。

图 4-42　选取背景部位

2️⃣ 选择"图像"→"调整"→"渐变映射"命令，弹出"渐变映射"对话框，如图 4-43 所示。

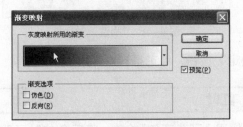

图 4-43　"渐变映射"对话框

3️⃣ 单击其中的渐变条，弹出"渐变编辑器"对话框，在其中选择"紫，橙渐变"预设，如图 4-44 所示。

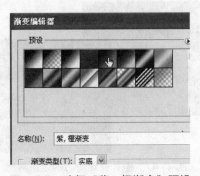

图 4-44　选择"紫，橙渐变"预设

4️⃣ 单击"确定"按钮，得到如图 4-45（左）所示的效果。

5️⃣ 选择"选择"→"反向"命令，反选选区，将中间部位的图像选中。按 Ctrl+J 组合键，将选区中的图像复制到新图层中，得到"图层 1"，如图 4-45（右）所示。

相关知识　**"渐变映射"命令**

使用"渐变映射"命令可以为图像增加渐变效果。

对话框知识　**"渐变映射"对话框**

"渐变映射"对话框中主要选项的含义介绍如下。

- 灰度映射所用的渐变：用于选择和自定义渐变的样式。单击右侧下拉按钮，在弹出的下拉列表框中可以根据需要选择不同的渐变，如下所示。

- 仿色：选中此复选框，表示对渐变色应用仿色来减少带宽。
- 反向：选中此复选框，表示将翻转渐变色的方向。

相关知识　**"反向"命令**

"反向"命令必须在图像中存在选区时才可使用。选择"选择"→"反向"命令，将自动反选没有选择的图形区域。在某些情况下使用"反向"命令，可以快速地选取目标图像。

相关知识　**"阈值"命令**

使用"阈值"命令可以将一个灰度或彩色图像转变为高对比度的黑白图像。

在"阈值"对话框中，显示亮度值的直方图的下方有一个滑块，向右拖动滑块，黑色像素将增多；向左拖动滑块，白色像素将增多。

"阈值"命令可以将色阶指定为阈值，亮度值比阈值小的像素将变为黑色，而亮度值比阈值大的像素将变为白色。

💬 **知识点：**
- 复制图层
- "可选颜色"命令

💬 **视频教程：**

光盘\教学\第 4 章 图像色彩与色调的调整

💬 **效果文件：**

光盘\素材和效果\04\效果\4-10.psd

💬 **实例演示：**

光盘\实例\第 4 章\红叶

"可选颜色"命令可以有针对性地对图像中的颜色进行调整，准确地校正颜色的平衡问题。这是校正高档扫描仪和分色程序使用的一项技术，其原理是在图像中的每个加色和减色的原色成分中增加和减少印刷颜色的量。

图 4-45 渐变效果与"图层 1"

6 选择"图像"→"调整"→"阈值"命令，打开"阈值"对话框，将"阈值色阶"的值设置为 169，如图 4-46 所示。

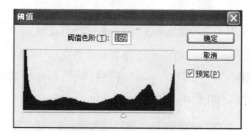

图 4-46 "阈值"对话框

7 单击"确定"按钮，即可得到最终效果。

实例 4-10 **红叶**

本实例使用"可选颜色"命令，将黄色的叶子改变为红色，然后将其背景的颜色更改为紫色。图像处理前后的效果对比如图 4-47 所示。

图 4-47 图片处理前后的效果对比

操作步骤

1 按 Ctrl+O 组合键，打开一幅素材图像（光盘\素材和效果\04\素材\4-11.jpg）。按 Ctrl+J 组合键，将"背景"图层复制到新图层中，得到"图层 1"，如图 4-48 所示。

图 4-48 图层 1

"可选颜色" 对话框

"可选颜色" 对话框中主要选项的含义介绍如下。

- 颜色：单击右侧的下拉按钮，在弹出的下拉列表框中可以选择要调整的颜色。

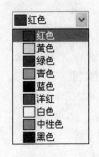

2 选择 "图像" → "调整" → "可选颜色" 命令，打开 "可选颜色" 对话框。在其中的 "颜色" 下拉列表框中选择 "黄色"，即叶子的颜色，然后通过拖动的方法分别设置 "青色" 为 -64%，"洋红" 为 +69%，"黄色" 为 -76%，"黑色" 为 +64%，如图 4-49 所示。

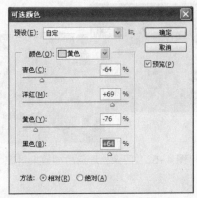

图 4-49 "可选颜色" 对话框

- 在 "青色"、"洋红"、"黄色"、"黑色" 4 种打印色的滑动杆上，分别拖动滑块，可以调整这些颜色在图像中的比例。

- 方法：选中 "相对" 单选按钮，将按总量的百分比更改当前 4 种打印色的量；选中 "绝对" 单选按钮，则将按绝对值调整颜色。

3 单击 "确定" 按钮，即可将黄叶变为红叶，效果如图 4-50 所示。

图 4-50 黄叶变为红叶

4 在 "可选颜色" 对话框的 "颜色" 下拉列表框中选择 "中性色"，即背景的颜色，然后分别将 "青色"、"洋红"、"黄色" 和 "黑色" 设置为 +33%、+23%、-17% 以及 -13%，单击 "确定" 按钮，即可得到紫色背景效果，如图 4-51 所示。

"反相" 命令

选择 "图像" → "调整" → "反相" 命令或者按 Ctrl+I 组合键，可以对图像进行色彩反相。此命令常用于制作胶片的效果。"反相" 命令是唯一一个不丢失颜色信息的命令，即用户可以再一次执行此命令来恢复原图像。

原图像与反相后图像效果的对比

实例 4-11 说明

💬 **知识点：**
"阴影/高光"命令

💬 **视频教程：**
光盘\教学\第 4 章 图像色彩与色调的调整

💬 **效果文件：**
光盘\素材和效果\04\效果\4-11.psd

💬 **实例演示：**
光盘\实例\第 4 章\竹林

相关知识 "阴影/高光"命令

使用"阴影/高光"命令可以对图像中的阴影或高光部位分别进行调整，使图像得到理想的光线效果。

对话框知识 "阴影/高光"对话框

"阴影/高光"对话框中主要选项的含义介绍如下。

● "阴影"选项组：在此选项组中，可以设置图像中阴影颜色的数量、色调宽度以及半径。

原图

将"数量"和"色调宽度"均设置为 94%后的效果

图 4-51 紫色背景效果

实例 4-11 竹林

本实例将使用"阴影/高光"命令修正一幅色调反差较大的竹林图像。图像处理前后的效果对比如图 4-52 所示。

图 4-52 图像处理前后的效果对比

操 作 步 骤

1 按 Ctrl+O 组合键，打开一幅色调反差较大的竹林素材图像（光盘\素材和效果\04\素材\4-12.jpg），如图 4-53 所示。

图 4-53 竹林图像

2 选择"图像"→"调整"→"阴影/高光"命令，打开"阴影/高光"对话框。在其中将"阴影"下方的"数量"滑块向右拖动一定距离，以增强暗部色调的数量比例；将"高光"下方的"数量"滑块向右拖动一定距离，以增强高光部分色调的数量比例，如图 4-54 所示。

3 单击"确定"按钮，即可得到如图 4-55 所示的效果。

图 4-54　"阴影/高光"对话框

图 4-55　得到效果

4 如果对修正后的效果还不满意，可在"阴影/高光"对话框中选中下方的"显示更多选项"复选框，打开其扩展内容，在其中可进行更加细致的修正设置。设置完成后，单击"确定"按钮，即可得到暗部与亮部均清晰的图像效果，如图 4-56 所示。

图 4-56　最终效果

实例 4-12　棒棒糖

　　本实例将使用"变化"命令和直排文字工具制作棒棒糖特效。实例最终效果如图 4-57 所示。

图 4-57　实例最终效果

- "亮光"选项组：在此选项组中，可以设置图像中高光颜色的数量、色调宽度以及半径。
- "调整"选项组：在此选项组中，可以设置图像的颜色校正、中间调对比度、修剪黑色以及修剪白色等参数。
- "存储为默认值"：单击此按钮，即可将当前设置存储为默认值，下次通过"阴影/高光"命令打开的对话框中将显示出存储的参数。

应用参数后的图像效果

存储为默认值后，应用此参数的其他图像

- "显示更多选项"复选框：选中此复选框，可将此对话框中所有的选项显示出来；如果取消选中此复选框，对话框将以简单方式打开。

实例 4-12 说明

知识点：
- "变化"命令
- 直排文字工具
- 创建文字变形

视频教程：
光盘\教学\第 4 章 图像色彩与色调的调整

效果文件：
光盘\素材和效果\04\效果\4-12.psd

实例演示：
光盘\实例\第 4 章\棒棒糖

相关知识 "变化" 命令

使用 "变化" 命令可以非常直观地调整图像的色彩平衡、对比度和饱和度。此命令适用于不需要精确调整某一种颜色，但是需要调整平均色调的图像。

对话框知识 "变化" 对话框

"变化" 对话框中主要选项的含义介绍如下。

- 阴影：选中此单选按钮后，将对图像中的阴影区域进行调整。

- 中间调：选中此单选按钮后，将对图像中的中间色调区域进行调整。

- 高光：选中此单选按钮后，将对图像中的高光部分进行调整。

- 饱和度：选中此单选按钮后，可以对图像的饱和度进行调整。

- 精细和粗糙：代表了图像调整的质量。拖动下方的滑块可以设置调整的程度，每移动一格调整程度增加 2 倍。

设置为 3 格处的调整效果

设置为 6 格处的调整效果

- 左侧的缩览图显示了调整后的图像和调整颜色的效果。

操 作 步 骤

1 按 Ctrl+O 组合键，打开一幅棒棒糖素材图像（光盘\素材和效果\04\素材\4-13.jpg）。使用磁性套索工具  将其中的棒棒糖选中，然后按下 Ctrl+J 组合键，将选区中的图像复制到新图层中，得到 "图层 1"，如图 4-58 所示。

图 4-58　图层 1

2 选中 "图层 1"。选择 "图像" → "调整" → "变化" 命令，打开 "变化" 对话框，选中其中的 "中间调" 单选按钮，然后多次单击 "加深蓝色" 缩览图，如图 4-59 所示。

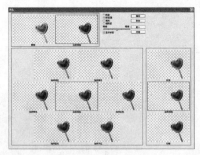

图 4-59　多次单击 "加深蓝色" 缩览图

3 单击 "确定" 按钮，即可得到图像颜色变蓝的效果，如图 4-60所示。

图 4-60　得到变蓝的效果

4 将 "背景" 图层拖到下方的 "创建新图层" 按钮 上，得到一个 "背景 副本" 图层，如图 4-61 所示。然后选择 "图像" → "调整" → "色彩平衡" 命令，打开 "色彩平衡" 对话框，在其中进行如图 4-62 所示的设置。

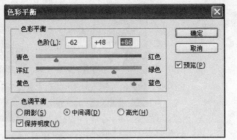

图 4-61　"背景 副本"图层　　　图 4-62　"色彩平衡"对话框

原图

加深红色后的效果

加深蓝色后的效果

5 单击"确定"按钮，即可得到如图 4-63 所示的背景效果。

6 选择工具箱中的直排文字工具，在其属性栏中根据实际需要进行相应的设置，然后输入文字，如图 4-64 所示。

图 4-63　得到背景效果　　　图 4-64　输入文字

7 在属性栏中单击"创建文字变形"按钮，打开"变形文字"对话框，在其中的"样式"下拉列表框中选择"花冠"选项，将"弯曲"值设置为+25%，"水平扭曲"值设置为+29%，单击"确定"按钮，得到文字效果，如图 4-65 所示。

- 右侧的 3 个缩览图用于显示调整后的图像和图像的明暗度，分别为较亮、当前挑选以及较暗。在较亮或较暗缩览图上单击，可增强图像的亮度或减弱图像的亮度。

原图效果

图 4-65　得到文字效果

较亮

实例 4-13　红心

本实例将使用"匹配颜色"和"替换颜色"命令改变图像中的颜色，得到特殊效果。图片处理前后的效果对比如图 4-66 所示。

较暗

实例 4-13 说明

● 知识点：
 • "匹配颜色"命令
 • "替换颜色"命令
● 视频教程：
 光盘\教学\第 4 章 图像色彩与色调
 的调整
● 效果文件：
 光盘\素材和效果\04\效果\4-13.psd
● 实例演示：
 光盘\实例\第 4 章\红心

相关知识 **"匹配颜色"命令**

　　使用"匹配颜色"命令可以调整图像的明度、饱和度以及颜色的平衡。此命令仅适用于 RGB 模式的图像文件。

对话框知识 **"匹配颜色"对话框**

　　"匹配颜色"对话框中主要选项的含义介绍如下。

● 图像选项：此选项组用于调整匹配颜色时的亮度、颜色强度以及渐隐效果。

* 明亮度：拖动下方的滑块，可以增强或减弱图像的亮度。

设置为 16 时的效果

设置为 166 时的效果

* 颜色强度：拖动下方的滑块，可以增强或减弱图像中的颜色像素值。

图 4-66　图片处理前后的对比

操 作 步 骤

1 按 Ctrl+O 组合键，打开两幅不同的素材图像（光盘\素材和效果\04\素材\4-14.jpg、4-15.jpg），如图 4-67 所示。

图 4-67　打开两幅素材图像

2 选择"图像"→"调整"→"匹配颜色"命令，打开"匹配颜色"对话框。在"源"下拉列表框中选择 15.jpg，也即选择第二幅图像；将"明亮度"设置为 137，"颜色强度"设置为 36，"渐隐"设置为 4，如图 4-68 所示。

3 单击"确定"按钮，即可对图像进行匹配颜色，效果如图 4-69 所示。

图 4-68　设置"匹配颜色"对话框　　图 4-69　匹配颜色后的效果

4 使用磁性套索工具 在图像中的心形边缘创建一个选区，按 Ctrl+J 组合键，将选区中的图像复制到新图层中，得到"图层 1"，如图 4-70 所示。

图 4-70　"图层 1"

设置为 10 时的效果

设置为 180 时的效果

5️⃣ 选择"图像"→"调整"→"替换颜色"命令，打开"替换颜色"对话框。将光标置于图像中需要替换颜色的部位，单击鼠标左键，此时"选区"选项组中的"颜色"框中会显示出吸取的颜色，然后分别设置"色相"、"饱和度"以及"明度"的值，如图 4-71 所示。

6️⃣ 单击"确定"按钮，得到替换后的效果，心形的颜色变为了红色，如图 4-72 所示。

* 渐隐：拖动下方的滑块，可以控制图像亮度的渐隐效果。

* 中和：选中此复选框，可以将两幅图像的中性色进行色调的中和。

● 图像统计：此选项组用于选择匹配颜色时图像的来源以及图像所在的图层。

原图

用于匹配颜色的图像

图 4-71　设置"替换颜色"对话框　　图 4-72　替换颜色后的效果

匹配颜色后的效果

99

第**5**章

Photoshop CS5 图层与路径工具的使用

图层在 Photoshop 中的作用非常强大,通过它可以很方便、灵活地修改图像,简化图像的编辑操作,更加灵活地编辑图像;利用图层蒙版功能,可以创建出图像融合的效果,并且还可以屏蔽图像中某些不需要的部分。本章将对图层、图层蒙版以及路径工具的应用等进行详细介绍。

本章讲解的实例及主要功能如下:

实 例	主要功能	实 例	主要功能	实 例	主要功能
昨天	添加调整图层 文字层	妩媚人生	斜面和浮雕 外发光 描边	眺望	新建文档 链接图层 创建图层组
投影字	图层样式 投影图层样式	亲爱·小·孩	渐变填充层 图层蒙版缩 览图	心的一页	背景层的操作 渐变叠加 内阴影
泡泡梦想	移动工具 图层蒙版 渐变工具			伞的记忆	创建新图层 去色 添加图层蒙版
花形边框	"路径"面板 盖印图层	新芽	渐变工具	印花 T 恤	颜色填充图层 图层混合模式

本章在讲解实例操作的过程中，将全面、系统地介绍 Photoshop CS5 图层与路径工具使用的相关知识。其中包含的内容如下：

实例 5-1　设置图层缩览图大小

在"图层"面板中，显示了图像的图层缩览图。为了满足用户的需要，其缩览图显示大小可以进行适当的调整。

操 作 步 骤

1 打开一幅素材图像（光盘\素材和效果\05\素材\5-1.psd），然后选择"窗口"→"图层"命令或按 F7 键，打开"图层"面板，如图 5-1 所示。

图 5-1　打开"图层"面板

2 在此面板中单击右上角的"扩展"按钮 ▼三，在弹出的下拉菜单中选择"面板选项"命令，打开如图 5-2 所示的"图层面板选项"对话框。

3 在此对话框中，可以对"图层"面板的显示方式进行设置。如果选中"缩览图大小"选项组中的第四项，单击"确定"按钮，即可将"图层"面板中的缩览图以最大状态显示，如图 5-3 所示。

图 5-2　"图层面板选项"对话框

图 5-3　缩览图以最大状态显示

实例 5-1 说明

● 知识点：
　设置图层缩览图

● 视频教程：
　光盘\教学\第 5 章 图层与路径工具的使用

● 实例演示：
　光盘\实例\第 5 章\设置图层缩览图大小

相关知识　图层的概念

在 Photoshop CS5 中，运用图层功能可以创建出许多特殊的效果。图层是来自于动画制作领域的一个概念，是指将不同的对象分别放置到不同的层次中。在 Photoshop CS5 中，许多图像效果都是通过创建和调整图层来实现的。

相关知识　图层的特点

可以把图层看做是一张张叠起来的透明纸，透过图层的透明区域可看到下面的图层。可以将每个图层简单地理解为一张纸，无论在这层纸上如何操作都不会影响到其他图层中的图像，即图层可以使用户在不影响图像中其他图像元素的情况下，单独处理其中的一个图像元素。

相关知识 **"图层"面板**

　　选择"窗口"→"图层"命令，或者按下 F7 键，都可以打开"图层"面板。"图层"面板是编辑图层必不可少的窗口，主要用来显示当前图像的图层编辑信息。

相关知识 **图层的类型**

　　在 Photoshop CS5 中，可以根据需要创建不同类型的图层。图层包括普通层、调节层、填充层、型层以及文本层等。

● 普通层：在"图层"面板中单击下方的"创建新图层"按钮 🔲，即可得到一个新图层"图层 1"。

● 调节层：单击"图层"面板下方的"创建新的填充或调整图层"按钮 ⬤，在弹出的菜单中选择"反相"命令，即可得到一个调节层"反相 1"。

实例 5-2　昨天

　　本例使用"图层"面板对图像进行简单的操作，以了解该面板的基本应用。

操 作 步 骤

1 打开一幅素材图像（光盘\素材和效果\05\素材\5-2.jpg），按 F7 键打开"图层"面板，单击其下方的"创建新的填充或调整图层"按钮 ⬤，在弹出的下拉菜单中选择"曲线"命令，如图 5-4 所示。

图 5-4　选择"曲线"命令

2 此时弹出曲线"调整"面板，在其中进行如图 5-5 所示的调整，单击"确定"按钮，得到如图 5-6 所示的效果。

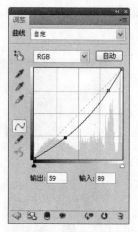

图 5-5　曲线"调整"面板　　　　图 5-6　得到的效果

3 可以看到，此时的"图层"面板中出现了一个调节层，如图 5-7 所示。

图 5-7 调节层

4 使用横排文字工具 T 在图像中输入文字，此时在"图层"面板中出现一个文字层(如图 5-8 所示)，在其中可以进行各种设置。

图 5-8 文字层

实例 5-3 亲爱小·孩

本实例将通过渐变填充层将一幅人物图像与背景图像合成为一幅精美的图像。实例最终效果如图 5-9 所示。

图 5-9 实例最终效果

操作步骤

1 打开一幅素材图像（光盘\素材和效果\05\素材\5-3. jpg），选择"图层"→"新建填充层"→"渐变"命令，打开如图 5-10 所示的"新建图层"对话框。

- 型层：选择工具箱中的自定形状工具 ，在图像中绘制一个形状，即可得到一个型层，即形状图层。

- 文本层：选择工具箱中的横排文字工具 T ，在图像中输入文字，即可在"图层"面板中得到一个文本层。

实例 5-3 说明

🔘 知识点：
- 渐变填充层
- 图层蒙版缩览图
- 图层混合模式

🔘 视频教程：
光盘\教学\第 5 章 图层与路径工具的使用

🔘 效果文件：
光盘\素材和效果\05\效果\5-3.psd

🔘 实例演示：
光盘\实例\第 5 章\亲爱小孩

相关知识 填充层
填充层实际上是带蒙版的图层，其中可填充实色、渐变色、图案等。

对话框知识 "渐变填充"对话框
"渐变填充"对话框中主要选项的含义介绍如下。

- 渐变：用来选择合适的渐变类型。

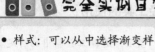

- **样式**：可以从中选择渐变样式，包括线性、径向、角度、对称的、菱形等八种。
- **角度**：设置渐变的方向。
- **缩放**：设置渐变的大小。

重点提示 **修改填充内容**

选择"图层"→"图层内容选项"命令，可以对"图层"面板中的填充内容进行修改（也可以通过双击"图层"面板中的填充图层的缩略图来完成）。如果选择"图层"→"栅格化"→"填充内容"命令，可以将填充层转换为带蒙版的普通层。

对话框知识 **"图层面板选项"对话框**

在"图层"面板上单击"扩展"按钮 ▾☰，在打开的下拉菜单中选择"面板选项"命令，可打开如下所示的"图层面板选项"对话框。

如果在此对话框中选中"在填充图层上使用默认蒙版"复选框，在图像中添加填充图层时，则会生成一个默认蒙版，如下图所示。

如果取消选中此复选框，在添加填充图层时，不会出现默认蒙版，如下所示。

图 5-10 "新建图层"对话框

☑ 在该对话框中进行相应设置后，单击"确定"按钮。打开"渐变填充"对话框，在其中设置适当的渐变方式、样式以及角度等，如图 5-11 所示。

图 5-11 "渐变填充"对话框

☑ 设置完成后，单击"确定"按钮，得到如图 5-12 所示的渐变填充效果。

☑ 再打开一幅素材图像（光盘\素材和效果\05\素材\5-4.jpg），如图 5-13 所示。按 Ctrl+A 组合键，将其全选，然后按 Ctrl+C 组合键将其复制。

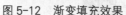

图 5-12 渐变填充效果　　　图 5-13 素材图像

☑ 选择第一幅图像，按住 Alt 键，在"图层"面板中单击填充图层的"图层蒙版缩览图"标志，如图 5-14 所示。

☑ 此时图像窗口将显示为空白，按下 Ctrl+V 组合键，即可将第二幅图像复制到填充图层的蒙版中，得到如图 5-15 所示的效果。此时可以看到，此图像以灰度显示。

☑ 按住 Alt 键，再次单击"图层"面板中的"图层蒙版缩览图"标志，即可显示出第一幅图像。将图层混合模式设置为"线性减淡（添加）"，得到最终效果，如图 5-16 所示。

图 5-14 单击"图层蒙版缩览图"标志

图 5-15 得到效果

图 5-16 得到最终效果

实例 5-4 眺望

本实例主要介绍如何链接图层和编组图层，从而使图像处理过程更加便捷。

操 作 步 骤

1 选择"文件"→"新建"命令，在打开的"新建"对话框中将"名称"设置为"眺望"，"高度"设置为"24 厘米"，"宽度"设置为"12 厘米"，"分辨率"设置为"72 像素/英寸"，"颜色模式"为"RGB 颜色"，"背景内容"为"背景色（黑色）"，如图 5-17 所示。

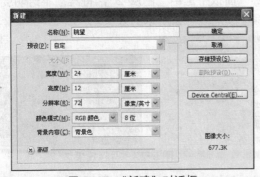

图 5-17 "新建"对话框

2 单击"确定"按钮，得到一个黑色背景的文档，如图 5-18 所示。

实例 5-4 说明

- 知识点：
  - 新建文档
  - 链接图层
  - 创建图层组
- 视频教程：

光盘\教学\第5章 图层与路径工具的使用

- 效果文件：

光盘\素材和效果\05\效果\5-4.psd

- 实例演示：

光盘\实例\第 5 章\眺望

对话框知识 **"新建"对话框**

新建文档是指创建一个新的图像窗口。选择"文件"→"新建"命令，将打开"新建"对话框。此对话框中主要选项的含义介绍如下。

- 名称：用于输入新建图像文件名称。
- 预设：在"预设"下拉列表框中可以选择固定格式文件的大小。
- 宽度和高度：用于设置图像文件的宽度和高度，其单位可以设定为"像素"或"厘米"等。
- 分辨率：用于设置图像的分辨率。数值越大，分辨率越高，图像也越清晰。
- 颜色模式：用于设置新建图像的颜色模式，其中包括"位图"、"灰度"、"RGB 颜色"、"CMYK 颜色"以及"Lab 颜色" 5 种。

- 背景内容: 用于设置新建文件的背景, 其中包括"白色"、"背景色"和"透明" 3种。
- "高级"选项组: 在此选项组中, 可以对图像文件的"颜色配置文件"和"像素长宽比"两个选项进行更专业的设置, 如下所示。

其中, "颜色配置文件"下拉列表框主要用于设置对新建文件的颜色。一般情况下, 系统默认没有颜色管理文件。"像素长宽比"下拉列表框用于设置在一定的单位空间内, 像素在横向与纵向之间所占的比例。默认情况下是方形, 表示像素在横向与纵向之间的数量是相等的。

相关知识 **链接功能**

利用图层的链接功能, 可以方便地移动多图层图像。当移动其中任何一个图层时, 链接的其他图层也会合同时移动。

重点提示 **取消链接**

如果需要取消图层间的链接, 可选中其中的一个图层, 然后单击"链接图层"按钮 即可。

相关知识 **图层组**

图层组是指多个图层的组合。使用图层组, 用户可以方便地对多个图层进行管理, 即对多个图层同时进行参数的设置。

重点提示 **新建图层组的其他方法**

选择"图层"→"新建"→"组"命令, 将打开"新建组"对话框, 如下所示。

图 5-18　黑色背景的文档

3 在"图层"面板中单击"创建新图层"按钮 , 得到"图层 1"。使用直线工具 在文档中绘制两条相交的直线, 如图 5-19 所示。

4 再新建一个"图层 2", 使用钢笔工具 绘制路径, 然后在路径上输入文字, 并调整文字大小和颜色, 得到如图 5-20 所示的效果。

图 5-19　绘制两条相交的直线　　　图 5-20　路径文字

5 打开一幅素材图像(光盘\素材和效果\05\素材\5-5.jpg), 按 Ctrl+A 组合键将其全选, 然后按 Ctrl+C 组合键复制; 选中第一幅图像, 按 Ctrl+V 组合键将其粘贴; 接着按 Ctrl+T 组合键, 调整其大小, 得到如图 5-21 所示的效果。

图 5-21　粘贴的图像

6 在"图层"面板中选中"图层 2", 将其"不透明度"设置为 49%, 得到如图 5-22 所示的效果。

图 5-22　得到效果

7 在"图层"面板选中"图层 1", 然后按住 Ctrl 键不放, 单击"图层 2", 即可将这两个图层同时选中。单击下方的"链接图层"按钮 , 即可将这两个链接起来, 如图 5-23 所示。

8 创建图层组。单击"图层"面板下方的"创建新组"按钮 □，即可在最上方创建一个"组 1"。按住 Shift 键不放，然后将"背景"图层上方的图层依次拖到"组 1"中，如图 5-24 所示。

单击"确定"按钮后，也可以创建一个新的图层组。

图 5-23 链接图层

图 5-24 创建图层组

实例 5-5 投影字

本实例将使用"投影"图层样式制作投影字，以丰富画面效果。实例最终效果如图 5-25 所示。

图 5-25 实例最终效果

操 作 步 骤

1 打开一幅素材图像（光盘\素材和效果\05\素材\5-6.jpg），如图 5-26 所示。

图 5-26 素材图像

实例 5-5 说明

知识点：
- 图层样式
- "投影"图层样式

视频教程：
光盘\教学\第 5 章 图层与路径工具的使用

效果文件：
光盘\素材和效果\05\效果\5-5.psd

实例演示：
光盘\实例\第 5 章\投影字

相关知识 图层样式

在 Photoshop CS5 中提供了多种图层样式，利用它们用户可以方便地对整个图层进行各种效果的设置，从而使图像或文字产生立体感，丰富图像的整体效果。

对话框知识 "投影"对话框

"投影"样式可以为图层增加在灯光的照射下所产生的影子效果。"投影"对话框中主要选项的含义介绍如下。

- 混合模式：用来选择图像与投影的色彩混合模式，默认情况下为黑色。单击右侧的颜色块，在弹出的拾色器中可以选择需要的颜色。
- 不透明度：用来设置图层效果的不透明度。用户可以拖动滑块或直接输入数值进行设置。
- 角度：用来设置样式效果应用于图层时所采用的光照角度。可以拖动指针旋转或者直接输入数值来设置角度值。

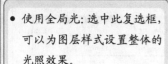
- 使用全局光：选中此复选框，可以为图层样式设置整体的光照效果。
- 距离：用于设置投影与图像或文本之间的距离。
- 扩展：用于设置投影的柔和度。其值越大，投影越模糊。
- 大小：用于设置高光的柔和度。其值越大，表示投影的边缘越模糊。
- 等高线：单击右侧的下拉按钮，在弹出的下拉列表框中可以选择一种阴影的轮廓形状。
- 消除锯齿：选中此复选框，可以消除投影边缘的锯齿。
- 杂色：设置投影的杂色，即设置阴影或发光效果中随机元素的数量。用户可以拖动滑块或直接输入数值进行设置。
- 图层挖空投影：设置图层的外部投影效果。

实例 5-6 说明

- 知识点：
  - 斜面和浮雕
  - 外发光
  - 描边
- 视频教程：
  光盘\教学\第5章 图层与路径工具的使用
- 效果文件：
  光盘\素材和效果\05\效果\5-6.psd
- 实例演示：
  光盘\实例\第5章\妩媚人生

相关知识 **"斜面和浮雕"样式**

利用"斜面和浮雕"样式，可以将原本平面的图像变为极具立体感的浮雕效果。它是图层样式中最常用的一种。

2 可以看到，在其"图层"面板中包含"背景"、"图层1"以及"文本层" 3 个图层，如图 5-27 所示。

图 5-27 "图层"面板

3 在"图层"面板中选中文本层，然后选择"图层"→"图层样式"→"投影"命令，打开"图层样式"对话框。在其中设置"不透明度"为 75%、"角度"为 30 度，"距离"为 31、"扩展"为 16%、"大小"为 4，如图 5-28 所示。

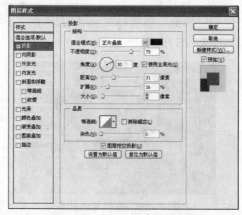

图 5-28 "图层样式"对话框

4 单击"确定"按钮，即可得到投影字效果。

实例 5-6 妩媚人生

本实例将使用"斜面和浮雕"命令以及"外发光"命令，制作宣传画的特殊效果。实例最终效果如图 5-29 所示。

图 5-29 实例最终效果

操作步骤

1 打开一幅素材图像（光盘\素材和效果\05\素材\5-7.psd），其中包含 3 个图层，如图 5-30 所示。

图 5-30　素材图像

2 在"图层 1"上双击，打开"图层样式"对话框，在左侧的"样式"列表框中选中"斜面和浮雕"复选框，设置"样式"为"内斜面"，"方法"为"雕刻清晰"，"深度"为 562%，"方向"为"上"，"大小"为 5，"软化"为 0，"角度"为 42，"高度"为 35，如图 5-31 所示。

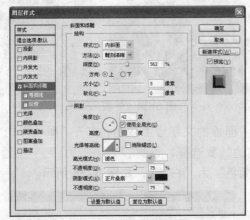

图 5-31　设置"斜面和浮雕"样式

3 单击"确定"按钮，得到如图 5-32 所示的斜面和浮雕效果。

图 5-32　斜面和浮雕效果

对话框知识　"样式"下拉列表框

　　在"斜面和浮雕"对话框中有一个"样式"下拉列表框，用于选择"斜面和浮雕"样式的类型。其中各选项的含义分别介绍如下。

- 外斜面：可以使图像的边缘向外侧出现斜面状的效果。
- 内斜面：可以使图像的边缘向内侧出现斜面状的效果。
- 浮雕效果：可以使图像产生凸出于图像平面的效果。
- 枕状浮雕：可以使图像产生凹陷于图像平面的效果。
- 描边浮雕：可将浮雕效果仅应用于图层的边界处。

对话框知识　"斜面和浮雕"对话框

　　"斜面和浮雕"对话框中其他主要选项的含义介绍如下。

- 方法：在该下拉列表框中可以选择斜面和浮雕的雕刻方式，其中包括"平滑"、"雕刻清晰"以及"雕刻柔和"3 种。
  * 平滑：可以少量模糊杂边的边缘，可用于所有类型的杂边。
  * 雕刻清晰：使用距离测量技术，可以用来消除锯齿形状（如文字）的硬边和杂边。
  * 雕刻柔和：使用经过修改的距离测量技术，它对较大范围的杂边作用明显。
- 深度：拖动滑块可以调整浮雕效果的深度。下面的"上"和"下"单选按钮表示深度

是向上还是向下。

- 大小：用来设置效果的范围。
- 软化：用来设置浮雕效果的柔和程度。
- 角度：用来设置明、暗部的方向。
- 高度：用来设置光源的高度。
- 光泽等高线：在该下拉列表框中可以选择光线的轮廓。
- 高光模式：在该下拉列表框中可以选择高光部分的模式。其下方的"不透明度"选项用于设置高光区域的不透明度。
- 阴影模式：在该下拉列表框中可以选择阴影部分的模式。其下方的"不透明度"选项用于设置阴影区域的不透明度。

相关知识 "外发光"、"内发光"样式

- 应用"外发光"样式，可以添加从图层外缘发光的效果，如下所示。

原图

应用"外发光"样式后的文字

- 应用"内发光"图层样式，可以在图层内容边缘的内部产生发光效果，如下所示。

4 再次在"图层 1"中双击，在打开的"图层样式"对话框中选中"外发光"复选框，设置"方法"为"柔和"，"扩展"为89%，"大小"为13，如图5-33所示。

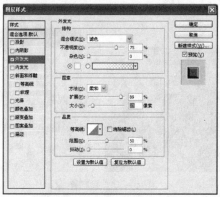
图5-33 设置"外发光"样式

5 单击"确定"按钮，得到外发光效果，如图5-34所示。

图5-34 外发光效果

6 在"图层"面板的文字层上双击，打开"图层样式"对话框，选中"描边"复选框，设置"大小"为 7，"不透明度"为60%，"颜色"为"白色"，如图5-35所示。

图5-35 设置"描边"样式

7 单击"确定"按钮，图像中的文字得到描边效果，如图 5-36 所示。

图 5-36　文字得到描边效果

实例 5-7　心的一页

本实例将使用"渐变叠加"以及"内阴影"等图层样式，制作特殊效果。实例最终效果如图 5-37 所示。

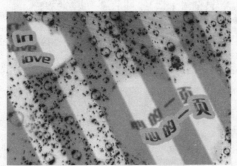

图 5-37　实例最终效果

操作步骤

1 打开一幅素材图像（光盘\素材和效果\05\素材\5-8.psd），如图 5-38 所示。

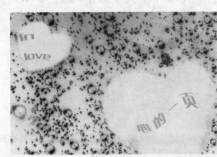

图 5-38　素材图像

2 在"图层"面板中双击"背景"图层，弹出"新建图层"对话框，如图 5-39 所示。

应用"内发光"样式后的文字

实例 5-7 说明

🔷 **知识点：**
- 背景层的操作
- 渐变叠加
- 内阴影

🔷 **视频教程：**
光盘\教学\第 5 章 图层与路径工具的使用

🔷 **效果文件：**
光盘\素材和效果\05\效果\5-7.psd

🔷 **实例演示：**
光盘\实例\第 5 章\心的一页

重点提示　**背景层解锁**

在 Photoshop CS5 中打开某些格式的图像文件时，"背景"图层将被自动锁定，这样就不能够对其进行任何操作了。如果要对该图层进行编辑，则需要将其解锁。

相关知识　**叠加样式**

叠加样式分为"颜色叠加"、"渐变叠加"以及"图案叠加" 3 种。

● 颜色叠加：选择"图层"→"图层样式"→"颜色叠加"命令，打开"图层样式"对话框。单击其中的颜色框，可以设置叠加的颜色；"不透明度"选项则用于设置颜色叠加的不透明程度。

打开一幅图像，执行"颜色叠加"命令后，在弹出的对话框

完全实例自学 **Photoshop CS5 图像处理**

中设置颜色为"深紫色",模式为"叠加",不透明度为82%,单击"确定"按钮,效果如下所示。

原图

应用"颜色叠加"样式后

- 渐变叠加:渐变叠加与颜色叠加相似,执行"渐变叠加"命令后,在弹出的对话框中选择渐变的样式以及渐变的种类即可。如在对话框中设置"渐变"为"色谱",不透明度为62%,模式为"叠加",单击"确定"按钮,即可得到如下所示效果。

应用"渐变叠加"样式后

- 图案叠加:打开一幅图像,选择"图层"→"图层样式"→"图案叠加"命令,打开"图层样式"对话框。在其中选择需要图案,然后设置不透明度,单击"确定"按钮,即可得到如下所示的效果。

图 5-39 "新建图层"对话框

3 单击"确定"按钮,得到一个解锁的"图层 0"。在"图层 0"上双击,打开"图层样式"对话框,在其中选择"渐变叠加"复选框,设置"渐变"为"透明条纹渐变"、"角度"为 23 度、"不透明度"为 38%,如图 5-40 所示。

图 5-40 设置"渐变叠加"样式

4 单击"确定"按钮,得到如图 5-41 所示的效果。

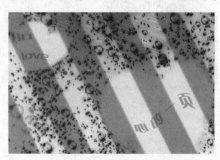

图 5-41 渐变叠加效果

5 选择工具箱中的魔棒工具,将图像中的文字选中,如图 5-42 所示。

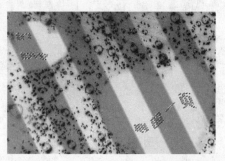

图 5-42 将图像中的文字选中

6 按下 Ctrl+J 组合键，将选区内文字复制为"图层 1"。在"图层 1"上双击，打开"图层样式"对话框，选中其中的"描边"复选框，然后进行适当的设置，得到文字描边效果，如图 5-43 所示。

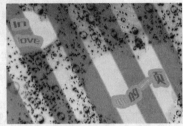

图 5-43　文字描边效果

7 在"图层样式"对话框中选中"内阴影"复选框，将"不透明度"设置为 75%，"距离"设置为 12，"大小"设置为 5，单击"确定"按钮，即可得到文字内阴影效果，如图 5-44 所示。

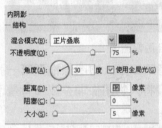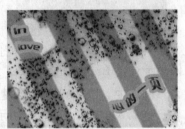

图 5-44　文字内阴影效果

8 如果想得到更为立体的文字效果，使图像更为生动，可继续为其添加图层样式，如图 5-45 所示即为添加了"投影"图层样式后的效果。

图 5-45　最终效果

实例 5-8　泡泡梦想

　　本实例将使用图层蒙版制作自然、活泼的合成照片。实例最终效果如图 5-46 所示。

应用"图案叠加"样式后

相关知识　**"内阴影"样式**

　　内阴影与投影的效果是相对的，它们可以为图层内容增加阴影效果。"投影"样式可以为图层增加在灯光的照射下所产生的影子效果；而"内阴影"样式将在图层内的图像边缘上增加投影的效果，从而使图像产生立体感。例如，将一个心形应用"内阴影"样式，得到更具立体感的效果，如下所示。

原图

应用"内阴影"样式后

实例 5-8 说明

🖝 知识点：

　　• 移动工具

　　• 图层蒙版

　　• 渐变工具

🖝 视频教程：

　　光盘\教学\第 5 章 图层与路径工具的使用

🖝 效果文件：

　　光盘\素材和效果\05\效果\5-8.psd

🖝 实例演示：

　　光盘\实例\第 5 章\泡泡梦想

图 5-46 实例最终效果

图层蒙版功能

利用 Photoshop CS5 中提供的图层蒙版功能，可以创建出图像融合的效果，还可以屏蔽图像中某些不需要的部分，大大增强了用户处理图像时的灵活性。

重点提示 **"图层蒙版"子菜单**

选择"图层"→"图层蒙版"命令，在弹出的子菜单中选择相应的命令也可以创建蒙版，如下所示。

重点提示 **打开图层蒙版**

蒙版实际上也是一幅图像，因此也可以像编辑其他图像一样对蒙版进行编辑。

编辑图层蒙版时，可按住 Alt 键的同时单击"图层"面板中的图层蒙版缩览图，此时在图像窗口中即会显示蒙版内容，如下所示。

单击缩览图

图像窗口中显示出蒙版内容

重点提示 **"模式"下拉列表框**

在"渐变工具"属性栏的"模式"下拉列表框中可以选择相

操作步骤

1 分别打开两幅素材图像（光盘\素材和效果\05\素材\5-9.jpg、5-10.jpg），如图 5-47 所示。

图 5-47 打开两幅图像

2 选择工具箱中的移动工具 ，将第二张人物图像拖到第一张背景图像中。按 Ctrl+T 组合键，将人物图像调整成和背景图像一样的大小，如图 5-48 所示。

3 按 Enter 键，取消调整控制框。选中"图层"面板中的"图层 1"面板，单击其下方的"添加图层蒙版"按钮 ，在"图层 1"上添加一个蒙版，如图 5-49 所示。

图 5-48 调整成一样的大小　　图 5-49 添加一个蒙版

4 将前景色设置为"黑色"，背景色设置为"白色"，然后选择工具箱中的渐变工具 ，在其属性栏中设置"渐变样式"为"从前景色到背景色渐变"，单击"线性渐变"按钮 ，在图像窗口左侧按住鼠标左键不放，拖至图像窗口的右侧，即可得到渐变效果，使这两幅图像更好地融合，如图 5-50 所示。

图 5-50　得到渐变效果

5 在"图层"面板中选中"背景"图层，将其拖到下方的"创建新图层"按钮上，得到"背景 副本"图层。将其拖至"图层 1"的上方，即拖至最顶层，然后单击下方的"添加图层蒙版"按钮 ◉，在"背景 副本"图层上添加一个蒙版，如图 5-51 所示。

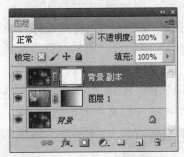

图 5-51　添加一个蒙版

6 选择工具箱中的画笔工具 ✐，在其属性栏中设置合适的参数，然后将前景色设置为"黑色"，背景色设置为"白色"，在图像窗口中的人物部位进行随意的涂抹，即可得到生动的合成图像效果，即得到最终效果。

实例 5-9　印花 T 恤

　　本实例将使用图层混合模式等功能将一件白色 T 恤变为印花 T 恤。实例最终效果如图 5-52 所示。

图 5-52　实例最终效果

应的模式，从而使渐变填充颜色与背景颜色以选择的模式相混合，得到不同的填充效果。

操作技巧　应用图层蒙版

　　选中含有图层蒙版的图层，选择"图层"→"图层蒙版"→"应用"命令或者右键单击"图层"面板中的图层蒙版缩览图，在弹出的快捷菜单中选择"应用图层蒙版"命令，即可将蒙版应用到图像中。应用蒙版后屏蔽的图像部分将被清除，如下所示。

实例 5-9 说明

● 知识点：
　　· 颜色填充图层
　　· 图层混合模式
　　· 创建图层组

● 视频教程：
　　光盘\教学\第5章 图层与路径工具的使用

● 效果文件：
　　光盘\素材和效果\05\效果\5-9.psd

● 实例演示：
　　光盘\实例\第5章\印花 T 恤

重点提示　修改填充内容

● 选择"图层"→"图层内容选项"命令，或者双击"图层"面板中的填充图层的缩略图，可以对"图层"面板中的填充内容进行修改。

原图

添加填充层后的效果

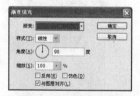

修改填充内容后的效果

- 如果选择"图层"→"栅格化"→"填充内容"命令，可以将填充层转换为带蒙版的普通层。

相关知识 编辑文字层

如果用户在图像窗口中输入了文字（不包括蒙版文字），

操作步骤

1 分别打开两幅素材图像（光盘\素材和效果\05\素材\5-11.jpg、5-12.jpg），如图 5-53 所示。

图 5-53　打开两幅图像

2 选择工具箱中的移动工具，将第二幅图像拖到第一幅图像中，然后按 Ctrl+T 组合键，将其调整为合适的大小，并放置在合适的位置，如图 5-54 所示。

3 在"图层"面板中将"图层 1"的"不透明度"设置为 89%，如图 5-55 所示，以得到更为融合的效果。

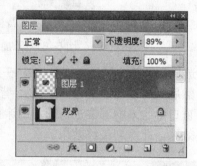

图 5-54　调整为合适的大小和位置　　图 5-55　设置"不透明度"

4 选中"背景"图层，选择工具箱中的魔棒工具，在图像中的白色 T 恤部位上单击，将其选中，如图 5-56 所示。

图 5-56　将白色 T 恤选中

5. 选择"图层"→"新建填充图层"→"纯色"命令，打开"新建图层"对话框，如图 5-57 所示。

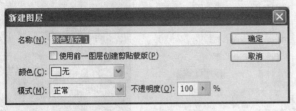

图 5-57　"新建图层"对话框

6. 单击"确定"按钮，弹出"拾取实色"对话框，在其中选择需要的颜色，这里选择"深蓝色"，单击"确定"按钮，即可将白色 T 恤填充为深蓝色，如图 5-58 所示。

图 5-58　白色 T 恤填充为深蓝色

7. 在"图层"面板中将"颜色填充"图层的混合模式设置为"正片叠底"，得到更为自然、真实的效果，如图 5-59 所示。

图 5-59　图层混合模式设置为"正片叠底"后的效果

8. 选择工具箱中的横排文字工具，在 T 恤的下方单击，输入英文"POWER"；将其选中，然后在"字符"面板中设置字体为 Blackoak Std，大小设置为"14 点"颜色为"黑色"，并依次单击下方的"仿粗体"和"仿斜体"按钮，得到如图 5-60 所示的效果。

在"图层"面板中就会增加一个文字层。可以单独对文字层效果进行修改，不会影响到其他图层，如下所示。

输入的文字

得到的文字层

为文字图层添加图层样式并设置旗帜变形后的效果

相关知识　颜色的设置

通常情况下，用户在进行图像处理时，都需要进行颜色的设置。可以通过工具箱中的画笔工具、油漆桶工具、渐变工具以及吸管工具对颜色进行设置。归根结底，这些颜色都是通过前景色与背景色显示出来的。

相关知识　CMYK 颜色模式

CMYK 颜色模式也是 Photoshop 中常用的一种颜色模式，主要应用于工业印刷方面。当用户需要将图像印刷时，就需要将其颜色模式转换为 CMYK 模式。选择"图像"→"模式"→"CMYK 颜色"命令即可。打开一幅 CMYK 颜色模式图像，其"通道"面板如下所示。

相关知识 CMYK 颜色模式详情

在 CMYK 模式下，Photoshop 的许多滤镜功能无法实现，所以只有在需要印刷时才将其转换为 CMYK 模式。转换后颜色可能会发生改变。

重点提示 "不透明度"的设置

在"图层"面板中有一个"不透明度"选项，用来设置当前图层的不透明度。其值越大，当前图层的清晰度越高；其值越小，当前图层越透明。如下所示即为设置为不同 "不透明度"值后得到的效果。

原图与"图层"面板

"不透明度"设置为 82%

"不透明度"设置为 32%

图 5-60 输入英文"POWER"

9 选择工具箱中的直排文字工具 ⊤ 在 T 恤中输入"2011"，然后将其大小设置为 12，如图 5-61 所示。

图 5-61 输入"2011"

10 如果想得到更活泼的文字效果，可选中文字，更改为白色；然后按 Ctrl+T 组合键，将其进行倾斜处理；接着在"图层"面板中设置此文字层的混合模式为"溶解"，"不透明度"为 85%，得到的文字效果如图 5-62 所示。

图 5-62 得到文字效果

11 新建一个"图层 2"，选择工具箱中的画笔工具 ，在其属性栏中设置合适的画笔属性，在 T 恤上绘制一条曲线，如图 5-63 所示。

12 选中"图层 2"，将其图层混合模式设置为"颜色"，"填充"设置为 88%，如图 5-64 所示。此时得到最终效果。

图 5-63　绘制一条曲线　　　图 5-64　设置"图层 2"图层

实例 5-10　伞的记忆

有时为了突出图像中的某个部分，可将其他部分的颜色淡化，而此部分的颜色不变。本实例将使用图层蒙版功能来实现这种效果。实例最终效果如图 5-65 所示。

图 5-65　实例最终效果

操 作 步 骤

1 打开一幅素材图像（光盘\素材和效果\05\素材\5-13.jpg），如图 5-66 所示。

2 在"图层"面板中将"背景"图层拖到下方的"创建新图层"按钮 ▣ 上，得到"背景 副本"图层，如图 5-67 所示。

图 5-66　素材图像　　　图 5-67　得到"背景 副本"图层

3 选择"图像"→"调整"→"去色"命令，将"背景 副本"图层中的图像去色，效果如图 5-68 所示。

实例 5-10 说明

知识点：
- 创建新图层
- "去色"命令
- 添加图层蒙版

视频教程：
光盘\教学\第5章 图层与路径工具的使用

效果文件：
光盘\素材和效果\05\效果\5-10.psd

实例演示：
光盘\实例\第5章\伞的记忆

操作技巧　**新建图层的方法**

新建图层是 Photoshop CS5 中最基本的操作，一般新建的图层均为普通图层。

可以通过以下几种方法来新建图层。

- 单击图层控制面板中的"创建新图层"按钮 ▣，建立一个新图层。

- 选择"图层"→"新建"→"图层"命令，打开如下图所示的"新建图层"对话框：

在此对话框中设置图层的名称、颜色、模式以及不透明度等，然后单击"确定"按钮，即可新建一个图层。

- 按 Ctrl+Alt+Shift+N 组合键，即可在当前图层的上面新建一个图层。

- 单击"图层"面板右上角的三角形按钮，在弹出的菜单中选择"新建图层"命令，也会弹出"新建图层"对话框，从而创建一个新的图层。

- 如果当前图层中有选区,则可在当前图层的上面新建一个图层。选择"图层"→"新建"→"通过拷贝的图层"命令,可以复制当前选择的图像,然后将其粘贴为新的图层,如下所示。

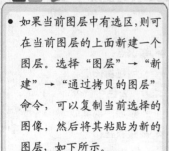

将 3 朵花创建为选区

通过拷贝的图层

相关知识 "去色"命令

使用"去色"命令可以去掉图像中的所有颜色信息,将图像变为灰度图,但其原有的亮度值以及色彩模式将会保留下来。

实例 5-11 说明

- 知识点:
  - 添加图层蒙版
  - "路径"面板
  - 盖印图层
- 视频教程:
光盘\教学\第5章 图层与路径工具的使用
- 效果文件:
光盘\素材和效果\05\效果\5-11.psd
- 实例演示:
光盘\实例\第5章\花形边框

相关知识 路径工具的功能

使用路径工具可以绘制矢量形状和线条;利用其编辑功能,更是可以创建精确的形状

图 5-68　图像去色

4 单击"图层"面板下方的"添加图层蒙版"按钮 ◙ ,为"背景 副本"图层添加一个图层蒙版,如图 5-69 所示。

5 选择工具箱中的磁性套索工具 ◙ ,在图像中蓝色的伞边缘创建一个选区,如图 5-70 所示。

图 5-69　添加一个图层蒙版　　图 5-70　创建一个选区

6 选择工具箱中的画笔工具 ◙ ,在其属性栏中设置适当的画笔大小,将不透明度设置为 100%,然后在图像的选区上进行涂抹,可以看到选区内的图像恢复到了原来的颜色,如图5-71所示。

7 将选区内的图像完全涂抹后,按 Ctrl+D 组合键取消选区,得到最终效果,如图 5-72 所示。

图 5-71　涂抹　　图 5-72　最终效果

实例 5-11 花形边框

本实例将利用快速选择工具以及图层蒙版等功能为图像添加花形边框效果,使其变得更为活泼、生动。实例最终效果如图 5-73 所示。

图 5-73　实例最终效果

操作步骤

1. 打开一幅素材图像（光盘\素材和效果\05\素材\5-14.jpg），如图 5-74 所示。在 "图层" 面板中将 "背景" 图层拖至下方的 "创建新图层" 按钮 ，复制此图层，得到 "背景 副本" 图层。

2. 选中 "背景" 图层，选择工具箱中的快速选择工具 ，单击图像中的背景部位，选取图像中的背景。如果有多余的选区，可在属性栏中单击 "从选区减去" 按钮 ，然后设置合适的画笔大小，在需要减去的部位单击即可，效果如图 5-75 所示。

图 5-74　打开一幅素材图像

图 5-75　得到的效果

3. 选择 "选择" → "反向" 命令，反选选区，将图像中的人物选中，如图 5-76 所示。

图 5-76　反选选区

或选区，大大增强了 Photoshop 的图像编辑功能。

相关知识　"路径"面板

选择 "窗口" → "路径" 命令，即可打开 "路径" 面板。单击右上角的 按钮，在弹出的下拉菜单中可以根据需要选择相应的命令，如下所示。

在 "路径" 面板中，各个按钮的含义介绍如下。

- ：使用前景色填充路径。
- ：使用当前画笔对路径进行描边。
- ：将路径作为选区载入。
- ：从选区生成工作路径。
- ：创建新路径。
- ：删除当前路径。

重点提示　什么是盖印图层

盖印图层就是将原有效果复制成一个图层。"图层" 面板中通常包括各种不同类型的图层，我们所看到的图像效果便是由这些图层共同作用的结果。如果不想影响各个图层，可将这些图层盖印为一个图层，然后在此图层上进行修改即可，而其他各个图层不会受到影响。如果不满意修改，只需将此盖印图层删除即可。盖印图层的快捷键是 Shift+Ctrl+Alt+E。

操作技巧　选中路径的方法

在创建一条路径后，如果对该路径不是很满意，可以使用路径编辑工具对其进行修改和编辑。

在对路径进行修改前，必须先选中路径。使用路径选择工具和直接选择工具就可以选中路径，如下所示。

> ▶ ▶ 路径选择工具 A
> 　▶ 直接选择工具 A

- 路径选择工具：在工具箱中单击"路径选择工具"按钮 ▶，在路径的任一位置单击，即可选中路径。如果有多个路径，可按住 Shift 键，将其他的路径选中；如果要取消路径，在路径以外的区域单击即可。
- 直接选择工具：利用直接选择工具可以随时对路径进行调整。在工具箱中单击"直接选择工具"按钮 ▶，在路径任一位置上单击，即可将路径选中。

重点提示　**直接选择工具的使用**

利用直接选择工具拖动锚点，可以改变路径的形状，如下所示。

选中路径

改变路径的形状

如果按住 Shift 键，利用直接选择工具拖动锚点时只限制在水平、垂直以及 45°角的范围内移动。

重点提示　**选中部分锚点**

如果需要选中路径中的部分锚点，可在按下 Shift 键的同时逐个单击需要选取的锚点，

4 在"图层"面板中单击下方的"添加图层蒙版"按钮 ▢，为"背景 副本"添加图层蒙版，如图 5-77 所示。

5 打开一幅素材图像（光盘\素材和效果\05\素材\5-15.jpg），使用移动工具 ▸+ 将其拖至文档中，并放置在合适的位置，此时得到"图层 1"。按住 Ctrl 键不放，单击"图层"面板中的图层蒙版，将其载入选区，然后将选区反选，得到如图 5-78 所示的效果。

图 5-77　添加图层蒙版　　　图 5-78　将选区反选

6 打开"路径"面板，单击下方的"从选区生成工作路径"按钮 ◠，得到一个工作路径，如图 5-79 所示。然后选择"图层"→"矢量蒙版"→"当前路径"命令，创建以当前路径为边界的矢量蒙版，如图 5-80 所示。

图 5-79　得到一个工作路径　　　图 5-80　创建矢量蒙版

7 选中"图层 1"，按 Shift+Ctrl+Alt+E 组合键，将所有的图层盖印到新图层中，得到"图层 2"。

8 新建"图层 3"，选择工具箱中的自定形状工具 ▨，在其属性栏中单击"填充像素"按钮 ▢，在"形状"下拉列表框中选择"封印"图形，然后在文档中拖出此图形，如图 5-81 所示。

9 将"图层 3"拖至"图层 2"的下方，然后单击除这两个图层以外的图层左侧的"眼睛"图标 ◉，将这些图层隐藏。此时的"图层"面板如图 5-82 所示。

10 在"图层 2"上单击鼠标右键，在弹出的快捷菜单中选择"创建剪贴蒙版"命令，即可创建剪贴蒙版。此时得到花形边框效果，如图 5-83 所示。

图 5-81　在文档中拖出"封印"图形　　图 5-82　"图层"面板

图 5-83　创建剪贴蒙版后得到花形边框效果

实例 5-12　新芽

本实例将使用图层蒙版功能以及渐变工具等制作简单合成效果。实例最终效果如图 5-84 所示。

图 5-84　实例最终效果

还可以在路径外按下鼠标左键并拖动，在需要选取的锚点外创建一个矩形框，即可将需要的锚点选中，如下所示。

创建一个矩形框

将需要的锚点选中

实例 5-12 说明

- **知识点：**
  - 添加图层蒙版
  - 渐变工具
- **视频教程：**

  光盘\教学\第 5 章 图层与路径工具的使用
- **效果文件：**

  光盘\素材和效果\05\效果\5-12.psd
- **实例演示：**

  光盘\实例\第 5 章\新芽

操作技巧　停用图层蒙版

建立了图层蒙版后，可以根据需要将其停用。操作方法如下。

（1）选中含有图层蒙版的图层。

（2）选择"图层"→"图层蒙版"→"停用"命令或在蒙版缩览图上单击鼠标右键，在弹出的快捷菜单中选择"停用图层蒙版"命令，此时在图层蒙版中将出现一个红色的"×"号，表明蒙版已被停用，如下所示。

停用图层蒙版

操作技巧 **再次启用图层蒙版**

如果需要将停用的图层蒙版再次启用，可单击蒙版缩览图上的停用标记或右击蒙版缩览图，在弹出的快捷菜单中选择"启用图层蒙版"命令即可。

操作技巧 **删除图层蒙版**

如果需要删除图层蒙版，可右击蒙版缩览图，在弹出的快捷菜单中选择"删除图层蒙版"命令即可，如下所示。

删除图层蒙版

操 作 步 骤

1 打开一幅素材图像（光盘\素材和效果\05\素材\5-16.jpg），如图 5-85 所示。再打开一幅人物素材图像（光盘\素材和效果\05\素材\5-17.jpg），选择工具箱中的磁性套索工具，沿着图像中人物的边缘创建一个选区，如图 5-86 所示。

图 5-85 打开一幅素材图像　　图 5-86 创建一个选区

2 使用移动工具将选区中的图像拖到第一幅图像中，然后调整为和其一样的大小，如图 5-87 所示。

3 在"图层"面板中选中"图层 1"，单击下方的"添加图层蒙版"按钮，为此图层添加图层蒙版，如图 5-88 所示。

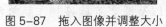

图 5-87 拖入图像并调整大小　　图 5-88 添加图层蒙版

4 选择工具箱中的渐变工具，将前景色设置为"白色"，背景色设置为"黑色"，在其属性栏中设置"渐变方式"为"前景色到背景色渐变"，然后单击"菱形渐变"按钮，其余参数保持默认设置，如图 5-89 所示。

图 5-89 渐变工具属性栏

5 在文档中人物的脸部位置拖出一条短竖线，即可得到朦胧合成效果，即得到最终效果。

第 **6** 章
Photoshop CS5 通道与滤镜的使用

通道是 Photoshop 处理图像时的高级编辑功能，是生成特殊图像效果的基础；滤镜是 Photoshop 的特色之一，具有非常强大的功能。Photoshop CS5 提供了近百种滤镜，可以快速地制作出一些特殊的效果。本章将介绍通道的使用方法以及使用滤镜功能制作出各种特殊的效果。

本章讲解的实例及主要功能如下：

实 例	主要功能	实 例	主要功能	实 例	主要功能
 聆听	"通道"面板	游戏	编辑"通道"面板	炫彩背景	将选区存储为通道载入 Alpha 通道
雨窗	高斯模糊滤镜 玻璃滤镜 波纹滤镜	木质相框	油漆桶工具 动感模糊滤镜	江南美景	炭笔滤镜 水彩滤镜
似水流年	云彩滤镜 水波滤镜 切变滤镜	T 台秀	龟裂缝滤镜 风滤镜 光照效果滤镜	背影	镜头光晕滤镜 填充不透明度
色彩性格	分层云彩 半调图案 旋转扭曲滤镜	环球旅游	球面化滤镜 羽化 填充		

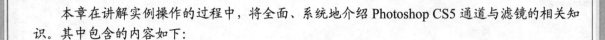

本章在讲解实例操作的过程中，将全面、系统地介绍 Photoshop CS5 通道与滤镜的相关知识。其中包含的内容如下：

实例 6-1　聆听

本实例将使用通道快速地对图像中的某种颜色进行调整，得到与原图像不一样的效果。

操作步骤

1 选择"文件"→"打开"命令，打开一幅素材图像（光盘\素材与效果\06\素材\6-1.jpg）。选择"窗口"→"通道"命令，打开"通道"面板，如图 6-1 所示。

图 6-1　打开"通道"面板

2 在"通道"面板中选择"绿"通道，如图 6-2（左）所示。然后选择"图像"→"调整"→"曲线"命令，打开"曲线"对话框，在其中对通道中的颜色进行调整，如图 6-2（右）所示。

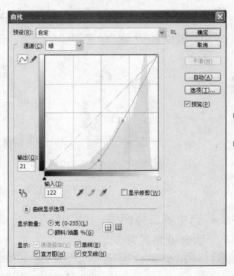

图 6-2　调整"绿"通道颜色

3 调整完成后，单击"确定"按钮。在"通道"面板中单击 RGB 通道，得到如图 6-3 所示的效果。

实例 6-1 说明

- **知识点：**
  "通道"面板
- **视频教程：**
  光盘\教学\第 6 章 通道与滤镜的使用
- **效果文件：**
  光盘\素材和效果\06\效果\6-1.jpg
- **实例演示：**
  光盘\实例\第 6 章\聆听

相关知识　关于通道

打开一幅 RGB 图像，选择"窗口"→"通道"命令，打开"通道"面板，在其中可以看到包含有 4 个通道，即 RGB、"红"、"绿"和"蓝"。默认情况下，RGB 通道是主通道。

- 通过改变通道的显示可以改变图像的整体色调，如下所示。

原图

"红+绿"通道和"绿+蓝"通道下的效果

- 当用户对图像的色彩内容进行处理时，在通道中可以对各原色通道进行亮度/对比度、曲线等调整，也可以对每一个通道运用滤镜制作出特殊的图像效果。

通道中的内容取决于当前图像的颜色模式。在 Photoshop CS5 中，通道包括颜色信息通道、Alpha 通道和专色通道 3 种类型。颜色信息通道根据色彩模式的不同，可以分为 RGB 通道、CMYK 通道以及 Lab 通道 3 种类型。

实例 6-2 说明

● 知识点：
- "通道"面板

● 视频教程：
光盘\教学\第 6 章 通道与滤镜的使用

● 效果文件：
光盘\素材和效果\06\效果\6-2.psd

● 实例演示：
光盘\实例\第 6 章\游戏

相关知识 **RGB 模式图像的通道**

RGB 模式的图像文件由红（R）、绿（G）、蓝（B）3 种单色通道组成，它们各为一个通道，如下所示。

其中，暗色调表示没有此种颜色，亮色调表示存在此种颜色。
- 红：用于存储红色信息
- 绿：用于存储绿色信息。
- 蓝：用于存储蓝色信息。

图 6-3 调整"绿"通道后的效果

实例 6-2 游戏

本实例通过对通道的编辑，将一幅人物图像与背景图像合成，得到特殊效果。实例最终效果如图 6-4 所示。

图 6-4 实例最终效果

操作步骤

1 选择"文件"→"打开"命令，分别打开两幅素材图像（光盘\素材和效果\06\素材\6-2.jpg、6-3.jpg），如图 6-5 所示。

图 6-5 打开两幅图像

2 选中第二幅图像，按 Ctrl+A 组合键将其全选，然后按 Ctrl+C 组合键将其复制。

3 选中第一幅图像，在其"通道"面板中选择"红"通道，然后按 Ctrl+V 组合键将第二幅图像置入"红"通道中，如图 6-6 所示。

图 6-6 将第二幅图像置入"红"通道中

4 在第一幅图像的"通道"面板中单击 RGB 通道，得到最终效果。

实例 6-3 炫彩背景

本实例通过创建 Alpha 通道和载入 Alpha 通道选区功能，将图像的背景变得更加可爱。实例最终效果如图 6-7 所示。

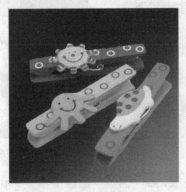

图 6-7 实例最终效果

操 作 步 骤

1 选择"文件"→"打开"命令，打开一幅素材图像（光盘\素材和效果\06\素材\6-4.jpg），使用磁性套索工具 将其中的 3 个夹子图案选中，如图 6-8 所示。

图 6-8 创建选区

重点提示 各个通道的关系

"通道"面板由一个复合通道与多个原色通道组成。复合通道位于面板的最上方，其中包含图像中所有的颜色信息。选择复合通道后，则所有通道均被选中。如果需要选择多个原色通道，可按住 Shift 的同时单击需要选择的通道。

实例 6-3 说明

- 知识点：
  - 将选区存储为通道
  - 载入 Alpha 通道
- 视频教程：
  光盘 A\第 6 章 通道与滤镜的使用
- 效果文件：
  光盘\素材和效果\06\效果\6-3.psd
- 实例演示：
  光盘\实例\第 6 章\炫彩背景

操作技巧 新建 Alpha 通道

在"通道"面板中新建 Alpha 通道的作用是存储图像选区，以方便随时载入使用。新建 Alpha 通道的方法有以下两种。

（1）单击"通道"面板下方的"创建新通道"按钮 ，在"通道"面板中会自动出现一个 Alpha 通道，并且在图像窗口中会以黑屏显示。

（2）单击通道面板右上角的 按钮，在弹出的菜单中选择"新建通道"命令，会出现如下所示的"新通道"对话框。

此对话框中主要选项的含义介绍如下。

- 名称：输入新通道的名称。
- 被蒙版区域：选中此单选按钮，颜色的显示将只针对被蒙版区。
- 所选区域：选中此单选按钮，颜色的显示只针对选区。
- 颜色：单击左侧的颜色框，可以设置通道的颜色；"不透明度"用来设置颜色的透明程度。

操作技巧 将选区存储为通道

如果用户在图像中创建了多个选区并且需要对这些选区进行不同的编辑，可以将选区存储为通道。将不同的选区分别存储于通道中，以后就可以直接调用这些通道。

方法是：使用磁性套索工具在图像中创建一个选区。在"通道"面板中，单击下方的"将选区存储为通道"按钮，将自动生成一个 Alpha 通道，并将选区存储在此通道中。选中存储选区的 Alpha 通道，图像窗口中将以黑白效果显示，如下所示。

将图像中的主体选取

2️⃣ 选择"窗口"→"通道"命令，打开"通道"面板。单击其下方的"将选区存储为通道"按钮 ，新建 Alpha1 通道，如图 6-9 所示。

图 6-9　新建 Alpha1 通道

3️⃣ 选中 Alpha1 通道，此时图像中显示出通道存储的对象，如图 6-10 所示。

图 6-10　显示出通道存储的对象

4️⃣ 按住 Ctrl 键不放，在"通道"面板中单击 Alpha1 通道，将通道中的选区载入到图像中。单击 RGB 通道，显示出所有通道的效果。按 Ctrl+J 组合键，将选区中的对象复制到新图层中，得到"图层 1"，如图 6-11 所示。

图 6-11　得到"图层 1"

5 在"图层"面板中单击"背景"图层，将其选中。选择工具箱中的渐变工具 ，单击其属性栏中的渐变条，在弹出的"渐变编辑器"对话框中选择"紫，绿，橙渐变"，如图 6-12 所示。

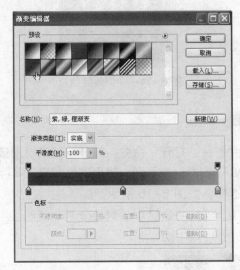

图 6-12　选择"紫，绿，橙渐变"

6 单击"线性渐变"按钮 ，在图像上以对角方式拖出一条直线，图像背景即可得到渐变效果，如图 6-13 所示。

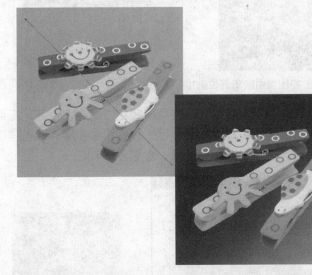

图 6-13　背景得到渐变效果

实例 6 4　雨窗

本实例将使用高斯模糊、玻璃以及波纹滤镜制作正在下雨的窗户特效。实例最终效果如图 6-14 所示。

选中存储选区的 Alpha 通道

以黑白效果显示

操作技巧　载入 Alpha 通道

当用户需要对存储选区的 Alpha 通道进行编辑时，可以利用"载入通道选区"命令将选区载入到当前图像窗口中的不同图层中。

方法有两种：在"通道"面板中选择存储的通道选区，然后单击"将通道作为选区载入"按钮 即可；按住 Ctrl 键不放，在"通道"面板中单击存储的通道选区，也可将通道中的选区载入到图像中。效果如下所示。

载入 Alpha 通道

实例 6-4 说明

🔹 **知识点：**
 • 高斯模糊滤镜
 • 玻璃滤镜
 • 波纹滤镜

🔹 **视频教程：**
光盘\教学\第 6 章 通道与滤镜的使用

🔹 **效果文件：**
光盘\素材和效果\06\效果\6-4.psd

🔹 **实例演示：**
光盘\实例\第 6 章\雨窗

相关知识 **关于滤镜**

在 Photoshop 中，滤镜可以分为两部分，即 Photoshop 内置滤镜以及第三方开发的外挂滤镜。

Photoshop 内置滤镜是指程序自带的滤镜，其中包括独立滤镜、校正性滤镜、变形滤镜、效果滤镜以及其他滤镜等；第三方开发的外挂滤镜是指由第三方厂商所生产的 Photoshop 滤镜。

相关知识 **滤镜的作用**

滤镜大大增强了 Photoshop 的功能，其作用主要体现在以下 5 个方面。
• 优化印刷图像。
• 优化 Web 图像。
• 增强创建效果。
• 提高工作效率。
• 创建三维效果。

相关知识 **滤镜共有的特点**

滤镜共有的特点如下。
• 滤镜只能应用于当前可视图层，并且可以反复应用和连续使用，但是一次只能应用在一个图层上。

图 6-14　实例最终效果

操作步骤

1️⃣ 选择"文件"→"打开"命令，打开一幅素材图像（光盘\素材和效果\06\素材\6-5.jpg），使用磁性套索工具 将图像中玻璃部位选中，如图 6-15 所示。

2️⃣ 按 Ctrl+J 组合键，将选区中的对象复制到新图层中，得到"图层 1"，如图 6-16 所示。

图 6-15　将图像中玻璃部位选中　　图 6-16　得到"图层 1"

3️⃣ 选择"滤镜"→"模糊"→"高斯模糊"命令，打开"高斯模糊"对话框。在其中将"半径"设置为 6 像素，单击"确定"按钮，得到高斯模糊效果，如图 6-17 所示。

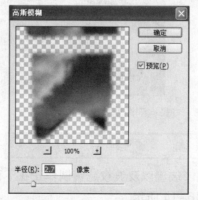

图 6-17　得到高斯模糊效果

4️⃣ 按住 Ctrl 键不放，在"图层"面板中单击"图层 1"的缩览图，即可将此图层中的选区载入到图像中，如图 6-18 所示。

图 6-18　选区载入到图像中

5️⃣ 选择"滤镜"→"扭曲"→"玻璃"命令，打开"玻璃"对话框。在其中将"扭曲度"设置为 6，"平滑度"设置为 2，"纹理"设置为"磨砂"，"缩放"设置为 68%，单击"确定"按钮，即可得到玻璃滤镜效果，如图 6-19 所示。

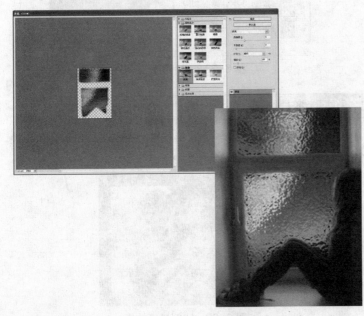

图 6-19　得到玻璃滤镜效果

6️⃣ 按住 Ctrl 键不放，单击"图层 1"，将选区载入图像中。选中"背景"图层，按下 Ctrl+J 组合键，将选区中的对象复制到新图层中，得到"图层 2"，然后将其拖曳到最上层，如图 6-20 所示。

7️⃣ 选择"滤镜"→"扭曲"→"波纹"命令，打开"波纹"对话框，在其中将"数量"设置为 93%，在"大小"下拉列表框中选择"中"，如图 6-21 所示。

- 滤镜不能应用于位图模式、索引颜色以及 16 位/通道图像。有些滤镜功能只能应用于 RGB 图像模式，而不能用于 CMYK 图像模式，此时可以通过"模式"菜单将其他模式转换成 RGB 模式。

- 滤镜是以像素为单位对图像进行处理的，所以在对不同像素的图像应用相同参数的滤镜时，所得到的效果也是不同的。

- 图像中如果没有选区，滤镜会对整个图像进行滤镜效果处理；如果存在选区，则会针对选区进行滤镜效果处理；如果当前选择的是某一个图层或通道，则只对当前图层或通道起作用。

- 当对图像的某一部分应用滤镜效果时，可以先将选区的边缘进行羽化处理，使选区图像与源图像较好地融合。

相关知识　**高斯模糊滤镜的特点**

　　高斯模糊滤镜应用了高斯曲线的分布模式，可有针对性地模糊图像。因为高斯曲线是中间高、两边低，呈尖峰状的曲线，所以应用模糊时为不均匀状态，从而产生一种朦胧的效果，使图像更具真实感。

对话框知识　**"高斯模糊"对话框**

　　在"高斯模糊"对话框中，"半径"文本框用来控制模糊的程度，其值越小，模糊效果越不明显；其值越大，模糊效果越明显。

对话框知识　**"玻璃"对话框**

　　"玻璃"对话框中主要选项的含义介绍如下。

- 扭曲度：用来设置玻璃的扭曲程度。

- 平滑度：用来设置玻璃质感的柔和度。
- 纹理：用来设置应用玻璃效果的类型，其中包括磨砂、块状、画布以及小镜头4种类型。
- 缩放：用来设置纹理的大小。
- 反向：选中此复选框，可以将纹理的效果反转。

相关知识 **油漆桶工具的使用**

使用油漆桶工具 可以填充图像或填充选区中颜色接近的区域，但是此工具只能选择使用前景色或者图案来进行填充。其属性栏中主要选项的含义介绍如下：

- 前景 ：在该下拉列表框中可以选择是用前景色还是用图案进行填充。
- 模式：用于选择填充时颜色的混合模式，与图层混合模式的设置相同。
- 不透明度：用于设置填充时颜色的不透明度。
- 容差：用于设置填充颜色的范围。

实例 6-5 说明

- **知识点：**
  - 油漆桶工具
  - 添加杂色滤镜
  - 动感模糊滤镜
  - 移动图层
- **视频教程：**
  光盘\教学\第6章 通道与滤镜的使用
- **效果文件：**
  光盘\素材和效果\06\效果\6-5.psd
- **实例演示：**
  光盘\实例\第6章\木质相框

 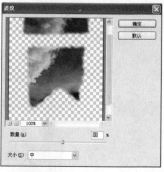

图 6-20　得到"图层 2"　　图 6-21　"波纹"对话框

8 单击"确定"按钮，得到雨窗效果。如果想要雨窗效果更逼真，可在"图层"面板中将"图层 2"的"不透明度"设置为 65%，得到最终效果，如图 6-22 所示。

图 6-22　得到雨窗效果

实例 6-5 **木质相框**

本实例将使用添加杂色、动感模糊滤镜制作木质相框效果。实例最终效果如图 6-23 所示。

图 6-23　实例最终效果

操 作 步 骤

1 选择"文件"→"打开"命令，打开一幅素材图像（光盘\素材和效果\06\素材\6-6.jpg）。将"图层"面板中的"背景"图层拖到下方的"创建新图层"按钮 上，创建"背景 副本"图层，如图 6-24 所示。

图 6-24　创建"背景 副本"图层

2️⃣ 选择"图像"→"画布大小"命令，在弹出的"画布大小"对话框中将"宽度"和"高度"的值均加大 2 厘米，"定位"项设置为向四周扩散，单击"确定"按钮，得到扩展效果，如图 6-25 所示。

图 6-25　得到扩展效果

3️⃣ 在"图层"面板中单击下方的"创建新图层"按钮，得到"图层 1"。选择工具箱中的油漆桶工具，将前景色设置为木质色，在"图层 1"上单击，将此图层填充为木质色，如图 6-26 所示。

图 6-26　填充为木质色

4️⃣ 选中"图层 1"，选择"滤镜"→"杂色"→"添加杂色"命令，打开"添加杂色"对话框。在其中将"数量"设置为 40.09%，选中"平均分布"单选按钮和"单色"复选框，单击"确定"按钮，效果如图 6-27 所示。

- 消除锯齿：用于设置是否消除填充边缘的锯齿。
- 连续的：选中此复选框后，油漆桶工具只填充与鼠标起点处颜色相同或相近的图像区域。
- 所有图层：用于具有多图层的图像文件。选中此复选框后，油漆桶工具将对图像中的所有图层起作用。

对话框知识　"添加杂色"对话框

添加杂色滤镜可以将颗粒状的随机像素应用于图像中，得到类似在高速胶片上捕捉动画的效果。

"添加杂色"对话框中主要选项的含义介绍如下：

- 数量：用来控制添加杂色的百分比。取值范围为 0.10%～400%。其值越大，添加的杂色效果越明显。
- 平均公布：选中此单选按钮，可以随机分布产生的杂色。
- 高斯分布：选中此单选按钮，可以根据高斯钟摆曲线对杂色进行分布，得到的杂色效果更加明显。
- 单色：选中此复选框，添加的杂色将是单一颜色。

对话框知识　"动感模糊"对话框

动感模糊滤镜可以使图像产生动感效果。

"动感模糊"对话框中主要选项的含义介绍如下。

- 角度：用来调整动感模糊的方向。
- 距离：用来设置像素移动的距离，其值越大，模糊程度越明显。

相关知识　"滤镜"下拉菜单

在 Photoshop CS5 中，各种滤镜功能都被放置在"滤镜"菜单中。在菜单栏中单击"滤镜"菜单项，即打开如下所示的下拉菜单。

图 6-27　添加杂色效果

可以看到，"滤镜"下拉菜单主要分为如下 4 个部分。

- 最上面的部分用来记录上次执行的滤镜操作。如果没有进行任何操作，会显示"上次滤镜操作"，并且呈不可用状态；如果执行了某一操作，则在此会显示此命令的名称。

- 第二部分用来制作滤镜的一些特殊效果，包括抽出、滤镜库等。

- 第三部分为 Photoshop 的内置滤镜，是最常用的滤镜。

- 最后是外挂滤镜，当用户安装了外挂滤镜后才可以使用这些选项。

5 选择"滤镜"→"模糊"→"动感模糊"命令，打开"动感模糊"对话框。在其中将"角度"设置为 0，"距离"设置为 893 像素，单击"确定"按钮，效果如图 6-28 所示。

图 6-28　动感模糊效果

6 选择"图层"→"图层样式"→"斜面和浮雕"命令，在弹出的对话框中进行适当的设置，然后单击"确定"按钮，显示出相框的棱角，如图 6-29 所示。

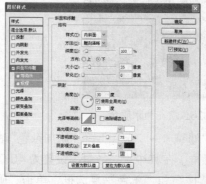

图 6-29　显示出相框的棱角

7 在 "图层" 面板中将 "背景 副本" 图层移至最上层，将图像嵌入木质相框中，得到最终效果，如图 6-30 所示。

图 6-30 木质相框最终效果

实例 6-6 江南美景

如果想将图像制作成水彩画，以达到不一样的艺术视觉效果，通过本例的学习即可实现。实例最终效果如图 6-31 所示。

图 6-31 实例最终效果

操 作 步 骤

1 选择 "文件" → "打开" 命令，打开一幅素材图像（光盘\素材和效果\06\素材\6-7.jpg）。将 "图层" 面板中的 "背景" 图层拖到下方的 "创建新图层" 按钮 🔳 上，创建 "背景 副本" 图层，如图 6-32 所示。

图 6-32 创建 "背景 副本" 图层

2 在工具箱中单击 "前景色工具" 按钮，在打开的 "拾色器（前景色）" 对话框中将 RGB 的值设置为 "67, 89, 45"，单击 "确定" 按钮，如图 6-33 所示。

操作技巧　移动图层中的内容

如果需要移动图层中的内容，应该先选取需要移动的图层，然后选择工具箱中的移动工具进行移动，也可以按住 Ctrl 键后对图像进行移动。

如果只移动图像中的部分内容，应该先创建选区，然后按住 Ctrl 键拖动鼠标即可。

实例 6-6 说明

🔹 **知识点：**
- 炭笔滤镜
- 水彩滤镜

🔹 **视频教程：**
光盘\教学\第6章 通道与滤镜的使用

🔹 **效果文件：**
光盘\素材和效果\06\效果\6-6.psd

🔹 **实例演示：**
光盘\实例\第6章\江南美景

对话框知识　"炭笔" 对话框

炭笔滤镜可以产生色调分离的素描涂抹效果，边缘使用粗线条绘制，中间色调用对角线勾画。

"炭笔" 对话框主要选项的含义介绍如下。

- 炭笔粗细：用于调整炭笔笔触的大小。
- 细节：用于调整绘画细节范围。
- 明/暗平衡：用于调整得到效果的明、暗对比度。

完全实例自学 Photoshop CS5 **图像处理**

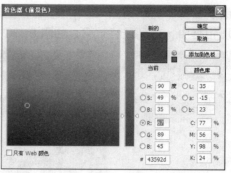

图 6-33　"拾色器（前景色）"对话框

重点提示　**炭笔滤镜的特点**

　　炭笔滤镜使用设置的"前景色"填充图像的暗部，使用"背景色"填充图像的亮部，得到炭笔效果。

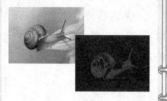

　　将前景色设置为"紫红"，背景色设置为"深蓝"后得到的效果

相关知识　**艺术效果滤镜组**

　　艺术效果滤镜组可以模拟出多种手绘效果，从而增加了图像的艺术感。艺术效果滤镜组如下所示。

相关知识　**水彩滤镜**

　　使用水彩滤镜可以得到水彩笔绘制的图像效果，类似于蘸了水和颜料的中号笔绘制的效果，起到了简化细节的目的。

相关知识　**壁画滤镜**

　　壁画滤镜可以使用小块的颜料来粗糙地绘制图像，得到粗糙的绘画效果。

　　在"壁画"对话框中对画笔大小和细节等参数进行设置后，单击"确定"按钮，即可得到壁画效果，如下所示。

3 在工具箱中单击"背景色工具"按钮，在打开的"拾色器（背景色）"对话框中将 RGB 的值设置为"175，142，174"，单击"确定"按钮，如图 6-34 所示。

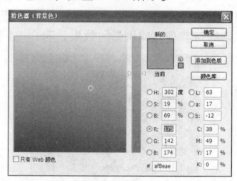

图 6-34　"拾色器（背景色）"对话框

4 选择"滤镜"→"素描"→"炭笔"命令，打开"炭笔"对话框，在其中将"炭笔粗细"设置为 5，"细节"设置为 5，"明/暗平衡"设置为 48，如图 6-35 所示。

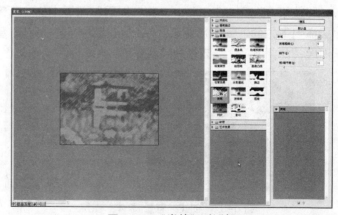

图 6-35　"炭笔"对话框

5 设置完成后，单击"确定"按钮，得到如图 6-36 所示的效果。

图 6-36　得到炭笔画效果

6 在"图层"面板中将"背景 副本"的"不透明度"设置为 64%，得到更为清晰的效果，如图 6-37 所示。

图 6-37　更为清晰的效果

7 选中"背景"图层，然后选择"滤镜"→"艺术效果"→"水彩"命令，打开"水彩"对话框，在其中进行适当的设置，然后单击"确定"按钮，得到最终效果，如图 6-38 所示。

图 6-38　水彩画最终效果

实例 6-7　似水流年

本实例将使用云彩、水波以及切变滤镜得到似水流年的特效。实例最终效果如图 6-39 所示。

原图

壁画滤镜效果

对话框知识　"粗糙蜡笔"对话框

利用粗糙蜡笔滤镜，可以得到模拟用彩色蜡笔在带纹理的图像上绘画时的描边效果。

选择"滤镜"→"艺术效果"→"粗糙蜡笔"命令，打开"粗糙蜡笔"对话框，其中各选项的含义介绍如下。

- 描边长度：用来设置勾画线条的长度。
- 描边细节：用来调节勾画线条的对比度。
- 纹理：在该下拉列表框中可以选择画布的纹理类型。
- 缩放：用来调整纹理的缩放比例。
- 凸现：用来调节纹理的凸起程度。
- 光照：在该下拉列表框中可以选择光线照射方向。
- 反相：选中此复选框后，可以反转纹理表面的亮、暗色。

相关知识 渲染滤镜组

使用渲染滤镜组可以在图像中创建云彩图案、光晕图案，以及模拟光线反射效果和场景中的光照效果。渲染滤镜组如下所示。

其中几个滤镜的效果如下所示。

原图

分层云彩滤镜

光照效果滤镜

图 6-39　实例最终效果

操作步骤

1 选择"文件"→"新建"命令，打开"新建"对话框。在其中的"名称"文本框中输入"似水流年"，将"宽度"设置为"17 厘米"，"高度"设置为"13 厘米"，"背景内容"设置为"背景色（深绿色）"，如图 6-40 所示。

图 6-40　"新建"对话框

2 单击"确定"按钮，得到名为"似水流年"的文档，如图 6-41 所示。

3 设置合适的前景色和背景色，选择"滤镜"→"渲染"→"云彩"命令，为"背景"图层添加云彩效果，如图 6-42 所示。

图 6-41　"似水流年"文档

图 6-42　添加云彩效果

4. 选择"滤镜"→"扭曲"→"水波"命令，打开"水波"对话框。在其中将"数量"设置为45，"起伏"设置为8，"样式"设置为"水池波纹"，单击"确定"按钮，效果如图6-43所示。

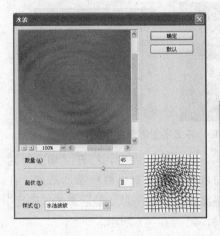

图6-43 得到水波效果

5. 打开一幅素材图像（光盘\素材和效果\06\素材\6-8.jpg），使用移动工具 ▶┿ 将其拖入到"似水流年"文档中，然后将"图层1"的混合模式设置为"叠加"，"不透明度"设置为60%，效果如图6-44所示。

图6-44 拖入素材后的调整效果

6. 按照同样的方法，再拖入一幅素材图像（光盘\素材和效果\06\素材\6-9.jpg）至"似水流年"文档中，设置"图层2"的混合模式为"深色"，效果如图6-45所示。

图6-45 再次拖入素材后的调整效果

镜头光晕滤镜

相关知识 云彩滤镜

云彩滤镜可以使图像在当前"前景色"和"背景色"间随机生成柔和的云彩图案效果。打开一幅图像，然后选择"滤镜"→"渲染"→"云彩"命令，即可得到云彩效果。此滤镜没有参数设置对话框。

对话框知识 "水波"对话框

水波滤镜可以使图像产生波纹的效果，即模拟水面上起伏旋转的波纹效果。

"水波"对话框中主要选项的含义介绍如下。

- 数量：用来设置产生的波纹的数量。
- 起伏：用来设置波纹起伏度的大小。
- 样式：在该下拉列表框中可以选择产生的波纹类型，包括"水池波纹"、"围绕中心"以及"从中心向外"3个选项，选择不同的选项会产生不同的效果。

水池波纹

从中心向外

围绕中心

"切变"对话框

切变滤镜可以将图像进行变形，从而得到各种弯曲效果。其对话框中主要选项的含义介绍如下。

- 左上角矩形窗口：在此窗口中的垂直线上单击鼠标即可添加节点，在节点上拖动鼠标可以调整线条的弯曲形状。

- 未定义区域：用来设置扭曲后图像空白区域的填充方式，包括"折回"和"重复边缘像素"两种。

  ＊折回：以图像另一边的内容来填充未定义空间的图像。

  ＊重复边缘像素：以指定的方向沿图像边缘扩展像素的颜色来填充。

- 对话框下部：用来显示应用切变滤镜得到的效果。

实例 6-8 说明

💬 **知识点：**
- 龟裂缝滤镜
- 风滤镜
- 光照效果滤镜

💬 **视频教程：**
光盘\教学\第 6 章 通道与滤镜的使用

💬 **效果文件：**
光盘\素材和效果\06\效果\6-8.psd

💬 **实例演示：**
光盘\实例\第 6 章\T 台秀

7 选择工具箱中的横排文字工具 T，在其属性栏中设置合适的属性，在文档中输入文字"似水流年"。然后在"图层"面板的文字图层上单击鼠标右键，在弹出的快捷菜单中选择"栅格化文字"命令，将文字图层栅格化，如图 6-46 所示。

图 6-46 将文字图层栅格化

8 选择"滤镜"→"扭曲"→"切变"命令，打开"切变"对话框。在左上角矩形窗口的垂直线上单击鼠标添加节点，在节点上拖动鼠标即可调整线条的弯曲形状。最后单击"确定"按钮，得到浪漫文字效果，如图 6-47 所示。

图 6-47 得到浪漫文字效果

实例 6-8 T 台秀

本实例将使用龟裂缝、风以及光照效果滤镜制作一张 T 台秀宣传海报。实例最终效果如图 6-48 所示。

图 6-48 实例最终效果

操作步骤

1. 选择"文件"→"新建"命令，打开"新建"对话框。在其中的"名称"文本框中输入"T 台秀"，将"宽度"设置为"17厘米"，"高度"设置为"13厘米"，"背景内容"设置为"背景色（暗黄色）"，如图 6-49 所示。

2. 单击"确定"按钮，得到名为"T 台秀"的文档，如图 6-50所示。

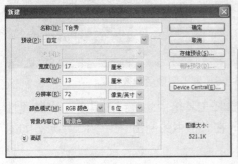 

图 6-49　"新建"对话框　　　　图 6-50　"T 台秀"文档

3. 选择"滤镜"→"纹理"→"龟裂缝"命令，打开"龟裂缝"对话框，在其中进行适当的设置，如图 6-51 所示。

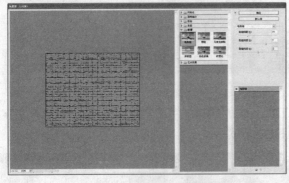

图 6-51　"龟裂缝"对话框

4. 单击"确定"按钮，得到龟裂缝效果，如图 6-52 所示。

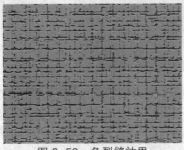

图 6-52　龟裂缝效果

相关知识　纹理滤镜组

纹理滤镜组可以使图像得到各种纹理材质的效果。

其中各个滤镜的效果如下。

原图

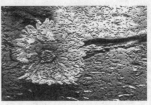

龟裂缝滤镜

颗粒滤镜

拼缀图滤镜

染色玻璃滤镜

马赛克拼贴滤镜

纹理化滤镜

　　风滤镜可以使图像产生被风吹的效果，但是只能在水平位置上产生起风的效果，所以如果需要产生垂直效果，应该先对图像进行翻转操作。

对话框知识 **"风"对话框**

　　"风"对话框中主要选项的含义介绍如下。

- **方法**：用户可以根据需要选择风的类型，包括"风"、"大风"以及"飓风"3 种类型。
- **方向**：因为只能设置水平位置上的风，所以风的方向只有"从右"和"从左"两个选项。

相关知识 **光照效果滤镜的效果**

　　光照效果滤镜的功能很强，可以产生光照的效果。在其对话框的"样式"下拉列表框中提供了 17 种样式，其中部分选项所对应的效果如下。

原图

两点钟方向点光

5 打开一幅素材图像（光盘\素材和效果\06\素材\6-10.jpg），使用移动工具 ▶ 将其拖入"T 台秀"文档中；按 Ctrl+T 组合键，调整为合适的大小，并置于合适的位置；然后将"图层 1"的"不透明度"设置为 82%，效果如图 6-53 所示。

图 6-53　置于图像后的效果

6 新建一个"图层 2"，选择工具箱中的直线工具 ╱，在其属性栏中设置合适的属性，在文档中绘制出一个"T"字形，如图 6-54 所示。

图 6-54　绘制出一个"T"字形

7 选择工具箱中的横排文字工具 T，在文档中输入文字"席卷欧洲 T 台"，然后置于合适的位置，如图 6-55 所示。

图 6-55　输入文字

8 选中文字图层，然后按住 Ctrl 键不放，单击"图层 2"，将它们同时选中。在其上单击鼠标右键，在弹出的快捷菜单中选择"合并图层"命令，将它们合并。此时的"图层"面板如图 6-56 所示。

图 6-56　"图层"面板

9️⃣ 选择"滤镜"→"风格化"→"风"命令,打开"风"对话框。在其中将"方法"设置为"风",将"方向"设置为"从右",单击"确定"按钮,T 字形和文字均得到风效果,如图 6-57 所示。

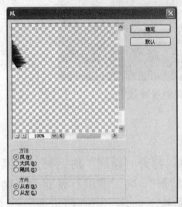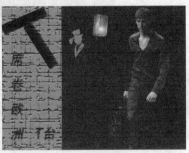

图 6-57　得到风效果

🔟 选中"图层 1",选择"滤镜"→"渲染"→"光照效果"命令,打开"光照效果"对话框。在左侧的预览窗口中可以设置光照效果作用到的位置,然后将其他参数设置为合适的数值,单击"确定"按钮,即可得到突出图像主题的效果,如图 6-58 所示。

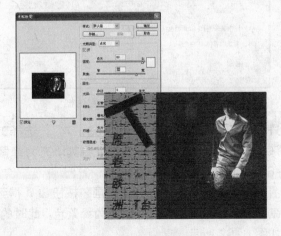

图 6-58　T 台秀最终效果

蓝色全光源

圆形光

默认值

五处下射光

RGD 光

147

相关知识 **镜头光晕滤镜**

镜头光晕滤镜可以生成摄像机镜头光晕效果，并且光晕镜头的位置可以任意调整。

对话框知识 **"镜头光晕"对话框**

"镜头光晕"对话框中主要选项的含义介绍如下。

- **光晕中心：** 在预览框中显示的十字形为光晕的中心，在十字形上单击鼠标并拖动可以改变光晕中心的位置。

- **亮度：** 用于设置光线的反光程度，其值越大，反光越明显。

设置为 100%

设置为 160%

- **镜头类型：** 镜头类型包括"50～300毫米变焦"、"35毫米聚焦"、"105毫米聚焦"以及"电影镜头"4种，其中"105毫米聚焦"类型产生的光芒最多。

实例 6-9 背影

温暖的阳光照耀着一对父子，给人一种柔和的爱的感觉。在本实例的制作中，主要应用了镜头光晕滤镜等功能。实例最终效果如图 6-59 所示。

图 6-59 实例最终效果

操作步骤

1. 选择"文件"→"新建"命令，打开"新建"对话框。在其中的"名称"文本框中输入"背影"，将"宽度"设置为"14厘米"，"高度"设置为"12厘米"，如图 6-60 所示。

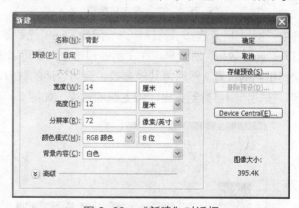

图 6-60 "新建"对话框

2. 将前景色的 RGB 值设置为"79，53，74"，选择工具箱中的油漆桶工具 🪣，在文档中单击，将其填充为绛紫色，如图 6-61 所示。

3. 在"图层"面板中单击"创建新图层"按钮 🔲，得到"图层1"。在此图层中单击，也将其填充为绛紫色。此时的"图层"面板如图 6-62 所示。

选择不同镜头类型后得到
的效果分别如下。

图 6-61　填充为绛紫色　　　图 6-62　"图层"面板

原图

④ 选择"滤镜"→"渲染"→"镜头光晕"命令，打开"镜头光晕"对话框。在左侧的预览框中调整效果的作用位置，将"亮度"设置为 100%，单击"确定"按钮，得到镜头光晕效果，如图 6-63 所示。

50～300 毫米变焦

35 毫米聚焦

图 6-63　得到镜头光晕效果

⑤ 打开一幅素材图像（光盘\素材和效果\06\素材\6-11.jpg），使用移动工具 ⊕ 将其拖入到文档中。按 Ctrl+T 组合键，调整图像的大小和位置。在"图层"面板中，将"图层 2"的混合模式设置为"叠加"，"不透明度"设置为 90%，"填充"设置为 93%，得到最终效果，如图 6-64 所示。

105 毫米聚焦

电影镜头

图 6-64　最终效果

相关知识 分层云彩滤镜

　　分层云彩滤镜可以将"前景色"和"背景色"随机组合生成云彩效果，并且通过混合模式与原图像合成。此滤镜没有参数设置对话框。

应用分层云彩滤镜效果

相关知识 半调图案滤镜

　　使用半调图案滤镜，可以模拟半调网屏的图像效果，并且还能保持连续的色调范围。

相关知识 素描滤镜组

　　素描滤镜组可以通过前景色和背景色重绘，为图像添加纹理，从而得到手工素描和速写等艺术效果。素描滤镜组如下图所示：

```
半调图案...
便条纸...
粉笔和炭笔...
铬黄...
绘图笔...
基底凸现...
石膏效果...
水彩画纸...
撕边...
炭笔...
炭精笔...
图章...
网状...
影印...
```

其中部分滤镜的效果如下。

实例 6-10 色彩性格

　　本实例主要应用分层云彩、半调图案以及风滤镜，制作一幅富有创意的图像。实例最终效果如图 6-65 所示。

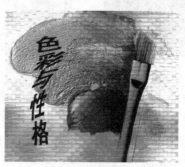

图 6-65　实例最终效果

操作步骤

1 选择"文件"→"新建"命令，打开"新建"对话框，在其中的"名称"文本框中输入"色彩性格"，将"宽度"设置为"14 厘米"，"高度"设置为"12 厘米"，如图 6-66 所示。单击"确定"按钮，得到一个空白文档。

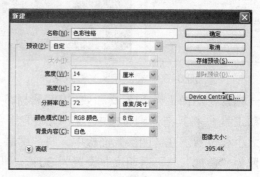

图 6-66　"新建"对话框

2 设置前景色为蓝色，背景色为白色。选择"滤镜"→"渲染"→"分层云彩"命令，得到如图 6-67 所示的分层云彩效果。

图 6-67　分层云彩效果

3 选择"滤镜"→"素描"→"半调图案"命令，打开"半调图案"对话框，在其中设置合适的参数，然后单击"确定"按钮，效果如图 6-68 所示。

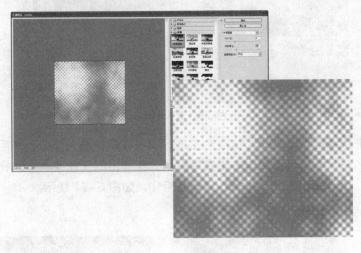

图 6-68　半调图案效果

4 选择"滤镜"→"风格化"→"风"命令，打开"风"对话框。在其中设置"方法"为"大风"，"方向"为"从右"，单击"确定"按钮，效果如图 6-69 所示。

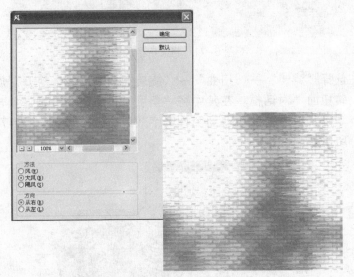

图 6-69　风效果

5 打开一幅素材图像（光盘\素材和效果\06\素材\6-12.jpg），使用移动工具 将其拖入到"性格色彩"文档中。按 Ctrl+T 组合键，将其调整为合适的大小。在"图层"面板中将"图层 1"的混合模式设置为"正片叠底"，"不透明度"设置为 93%，效果如图 6-70 所示。

原图

● 便条纸滤镜可以创建用前景色和背景色混合而产生的凹凸不平的草纸画效果。

便条纸滤镜效果

● 基底凸现滤镜可以通过变换使图像得到浮雕和突出光照共同作用下的效果。

基底凸现滤镜效果

● 撕边滤镜可以使图像产生撕纸的边缘效果。

撕边滤镜效果

相关知识　**旋转扭曲滤镜**

旋转扭曲滤镜可以产生漩涡的图像效果。

在"旋转扭曲"对话框中，"角度"选项的取值范围为 −999～999。当此值为正数时，表示图像将按顺时针方向旋转；当此值为负数时，表示图像将按逆时针旋转。

操作技巧 将选区进行旋转

旋转扭曲滤镜还可以对选区进行旋转，当指定角度时还可以得到旋转扭曲的图案，如下所示。

在图像中的花部位创建矩形选区

将选区进行"旋转扭曲"

相关知识 变形类滤镜

变形类滤镜包括扭曲滤镜组、消失点滤镜以及液化滤镜等，这些滤镜都可以对图像进行不同程度的变形与校正。

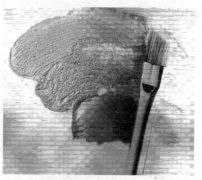

图 6-70 置入图像后的效果

6 选择工具箱中的直排文字工具 **T**，在文档中输入文字，然后在"图层"面板中右击文字图层，在弹出的快捷菜单中选择"栅格化文字"命令，将其栅格化，如图 6-71 所示。

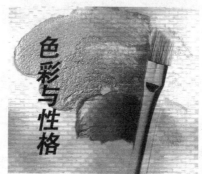

图 6-71 将文字图层栅格化

7 选择"滤镜"→"扭曲"→"旋转扭曲"命令，打开"旋转扭曲"对话框。在其中将"角度"设置为 93 度，单击"确定"按钮，即可得到个性文字效果。最终效果如图 6-72 所示。

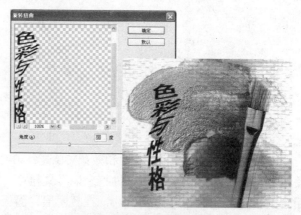

图 6-72 最终效果

实例 6-11　环球旅游

本实例将利用球面化滤镜以及"羽化选区"、"填充"命令等功能制作环球旅游特效。实例最终效果如图 6-73 所示。

图 6-73　实例最终效果

操作步骤

1. 选择"文件"→"新建"命令，打开"新建"对话框。在其中的"名称"文本框中输入"环球旅游"，将"宽度"设置为"24 厘米"，"高度"设置为"17 厘米"，"背景内容"选择"背景色（黑色）"，单击"确定"按钮，得到一个黑色背景的文档，如图 6-74 所示。

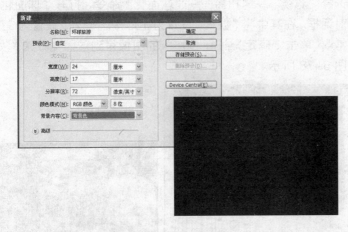

图 6-74　得到一个黑色背景的文档

2. 打开 5 幅风景素材图像（光盘\素材和效果\06\素材\6-13.jpg、14.jpg、15.jpg、16.jpg、17.jpg），通过"图像大小"命令分别将它们的"宽度"设置为"7 厘米"，"高度"设置为"5 厘米"。使用移动工具分别将它们拖入到文档中，然后排列成如图 6-75 所示的效果。

实例 6-11 说明

💬 **知识点：**
- 球面化滤镜
- "羽化"命令
- "填充"命令

💬 **视频教程：**

光盘\教学\第 6 章　通道与滤镜的使用

💬 **效果文件：**

光盘\素材和效果\06\效果\6-11.psd

💬 **实例演示：**

光盘\实例\第 6 章\环球旅游

相关知识　球面化滤镜

球面化滤镜可以使选区中心的图像产生凸出或凹陷的球体效果，通过扭曲、伸展图像得到类似 3D 的图像效果。此滤镜的功能与"挤压"命令相似。

相关知识　"球面化"对话框

"球面化"对话框中主要选项的含义介绍如下。

- **数量：**用来设置图像变形的强度，其取值范围为-100～100。此值为正数时，将产生凸出效果；此值为负数时，将产生凹陷效果。
- **模式：**单击右侧下拉按钮，在弹出的下拉列表框中可以选择产生球面化效果的模式。
  - ＊ 正常：表示在水平和垂直方向上共同变形。
  - ＊ 水平优先：表示只在水平方向上变形。
  - ＊ 垂直优先：表示只在垂直方向上变形。

操作技巧　人物瘦脸

球面化滤镜还可以将选区转变为球形，将图像进行扭曲，并配以伸展变形，使图像得到一种 3D 效果。如下所示即为将图像中的人物脸型变瘦的例子。

选取图像中人物的脸

应用"球面化"滤镜后的瘦脸效果

什么是羽化选区

羽化选区是通过建立选区和选区周围像素之间的转换来模糊边缘，因此此操作将丢失选区边缘的一些细节。在定义选区时设置羽化参数，可获得渐变开晕的柔和效果。

羽化抠图

在图像中需要抠取的部位创建选区，并对其进行羽化操作，然后再将其进行抠取，可以得到边缘柔和朦胧的合成效果，如下所示。

将珍珠选取

图 6-75　拖入图像并排列

3️⃣ 将这些图像图层合并为一个图层，得到"图层 5"。选择工具箱中的椭圆选框工具 ⬭，按住 Shift 键不放，在文档中拖出一个正圆形选区，如图 6-76 所示。

4️⃣ 新建"图层 6"，选择工具箱中的油漆桶工具，将选区填充为"黄色"，取消选区后得到如图 6-77 所示的效果。

图 6-76　拖出一个正圆形选区

图 6-77　填充选区

5️⃣ 将"图层 6"移至"图层 5"的下方，然后选中"图层 5"，选择"滤镜"→"扭曲"→"球面化"命令，打开"球面化"对话框。在其中将"数量"设置为 100%，"模式"设置为"正常"，单击"确定"按钮，拖入的图像得到球面化效果，如图 6-78 所示。

图 6-78　拖入的图像得到球面化效果

6️⃣ 按 Ctrl+T 组合键，出现调整控制框，调整图像的大小，使其正好与下方的圆形相贴，如图 6-79 所示。

图 6-79　调整大小使其与圆形相贴

7 选择工具箱中的横排文字工具 T ，在圆形的空白区域分别输入文字"环球旅游"，效果如图 6-80 所示。

图 6-80　输入文字"环球旅游"

8 将"图层 6"拖至下方的"创建新图层"按钮 ⬜ 上，得到"图层 6 副本"，然后将其拖至"图层 6"的下方，如图 6-81 所示。

9 选中"图层 6 副本"，按住 Ctrl 键不放，单击此图层的缩览图，将其载入选区。选择"选择"→"修改"→"羽化"命令，打开"羽化选区"对话框，在其中将"羽化半径"设置为 34 像素，如图 6-82 所示。

图 6-81　"图层"面板

图 6-82　"羽化选区"对话框

将选区羽化后的效果

将羽化后的选区拖入新图层中
得到柔和、朦胧效果

操作技巧　平滑选区的方法

"平滑"命令可以用来平滑选区的尖角以及消除选区中的锯齿。其使用方法如下：

（1）选择"选择"→"修改"→"平滑"命令，弹出"平滑选区"对话框，如下所示。

（2）在"取样半径"文本框中输入合适的数值，单击"确定"按钮，可以发现选区变得连续而平滑。如下所示即为将"取样半径"设置为9后得到的效果。

在花边缘创建选区

平滑选区后的效果

10 单击"确定"按钮，选区得到羽化效果。选择"编辑"→"填充"命令，打开"填充"对话框，在其中进行如图 6-83（左）所示的设置。单击"确定"按钮，即可得到外发光效果，如图 6-83（右）所示。

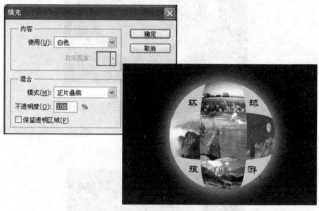

图 6-83　得到外发光效果

第 **7** 章

Photoshop CS5 文字与按钮特效艺术

本章将利用前面所学的基础知识，制作富有艺术气息的文字与按钮特效，其中包括光芒字、五彩字、描边字、掉漆字、背景浮雕字、火焰字、水晶按钮、指示按钮、放大镜按钮、眼睛按钮以及环绕圆形按钮。通过这些特效，可增强图像的表现力，丰富图像效果。

本章讲解的实例及主要功能如下：

实　例	主要功能	实　例	主要功能	实　例	主要功能
光芒字	横排文字工具 极坐标滤镜 图像旋转	五彩字	创建文字变形 渐变叠加样式	描边字	纹理化滤镜 描边 隐藏图层
掉漆字	钢笔工具 点状化滤镜 阈值	背景浮雕字	高斯模糊滤镜 浮雕效果滤镜 反相	火焰字	风滤镜 液化滤镜
水晶按钮	椭圆工具 合并图层 可选颜色	指示按钮	"路径"面板 "样式"面板 扩展	放大镜按钮	自定形状工具 复制与粘贴图层样式
		眼睛按钮	椭圆选框工具 油漆桶工具 图层样式	环绕圆形按钮	载入与反选选区 对齐图层

本章在讲解实例操作的过程中，将全面、系统地介绍 Photoshop CS5 文字与按钮特效的相关知识。其中包含的内容如下：

实例 7-1 说明

◆ 知识点：
- 横排文字工具
- 极坐标滤镜
- 图像旋转

◆ 视频教程：
光盘\教学\第 7 章 文字与按钮特效艺术

◆ 效果文件：
光盘\素材和效果\07\效果\7-1.psd

◆ 实例演示：
光盘\实例\第 7 章\光芒字

实例 7-1　光芒字

想要得到光芒四射的文字效果，可使用极坐标以及风滤镜等功能来实现。本实例最终效果如图 7-1 所示。

图 7-1　实例最终效果

操 作 步 骤

1️⃣ 选择"文件"→"新建"命令，在打开的"新建"对话框中将"名称"设置为"光芒字"，"宽度"设置为"14 厘米"，"高度"设置为"11 厘米"，"背景内容"设置为背景色（黑色），单击"确定"按钮，如图 7-2 所示。

2️⃣ 选择工具箱中的横排文字工具 T，在文档中输入文字"音乐地带"，如图 7-3 所示。

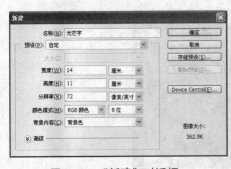

图 7-2　"新建"对话框

图 7-3　输入文字

3️⃣ 在"图层"面板中单击"音乐地带"文字图层并将其拖到"创建新图层"按钮 🔲 上，得到"音乐地带 副本"图层，如图 7-4（左）所示。单击原文字图层左侧的 👁 图标，将此图层隐藏；然后单击面板右上角的 ≡ 按钮，在弹出的下拉菜单中选择"合并可见图层"命令，将复制图层与背景图层合并。此时的"图层"面板如图 7-4（右）所示。

相关知识　横排文字工具属性栏

选择工具箱中的横排文字工具 T，在图像中需要输入文字的位置单击，即可输入文字。在其属性栏中可以按需要对文字进行设置，其中各个选项的含义如下。

- T 按钮：用于更改文字的方向，即在文字的水平排列和垂直排列之间进行切换。

原文字效果

切换为垂直排列效果

- 宋体 ▽：在该下拉列表框中可以选择文字的字体。

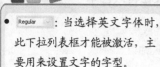 **Regular** ：当选择英文字体时，此下拉列表框才能被激活，主要用来设置文字的字型。

- **T 12点** ：在该下拉列表框中可以选择文字的大小，最大值为"72"。如果想自行设置字体大小，在输入框中直接输入即可。

- **aa 浑厚** ：在此下拉列表框中可以选择消除锯齿的方法，其中包括"无"、"锐利"、"犀利"、"浑厚"以及"平滑"5个选项。这些参数对于尺寸较大的文字会产生较明显的作用。

- ▉▉▉：用于设置文本的对齐方式，依次为左对齐文本、居中对齐文本、右对齐文本。

- ▉：颜色块。单击它可弹出拾色器，可以从中设置文本的颜色。

- ▉按钮：单击此按钮，可打开"变形文字"对话框，可以从中选择变形类型。

- ▉按钮：单击此按钮，可打开"字符和段落"对话框，从中可以选择段落文本的格式。

图 7-4　"图层"面板

4️⃣ 选择"滤镜"→"扭曲"→"极坐标"命令，在打开的"极坐标"对话框中选中"极坐标到平面坐标"单选按钮，单击"确定"按钮，即可得到文字沿中心被展开的效果，如图 7-5 所示。

图 7-5　文字沿中心被展开

5️⃣ 选择"图像"→"图像旋转"→"90 度（顺时针）"命令，将画布进行旋转，效果如图 7-6 所示。

图 7-6　90°（顺时针）旋转

6️⃣ 选择"滤镜"→"风格化"→"风"命令，在打开的"风"对话框中选中"大风"和"从右"两个单选按钮，如图 7-7（左）所示。单击"确定"按钮，即可得到风效果。如果效果不是特别明显，可以再执行一次此滤镜命令，得到的效果如图 7-7（右）所示。

第 7 章　Photoshop CS5 文字与按钮特效艺术

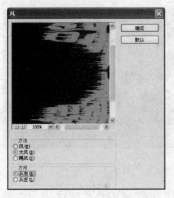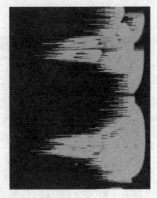

图 7-7　风效果

7 选择"图像"→"图像旋转"→"90 度（逆时针）"命令，将画布进行旋转，使其回到原来的状态，如图 7-8 所示。

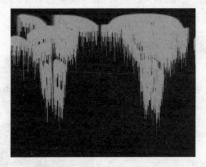

图 7-8　90 度（逆时针）旋转

8 选择"滤镜"→"扭曲"→"极坐标"命令，在打开的"极坐标"对话框中选中"平面坐标到极坐标"单选按钮，单击"确定"按钮，即可将展开的文字还原，如图 7-9 所示。

图 7-9　将展开的文字还原

9 在"图层"面板中单击原文字图层左侧的▉图标，将此图层显示。选中图层，选择"窗口"→"样式"命令，打开"样式"面板，在其中选择一种需要的样式，这里选择"条纹的锥形"，得到如图 7-10 所示的文字效果。

操作技巧　**得到对称的图像效果**

对图像执行过一次"平面坐标到极坐标"效果后，再继续进行一次此操作，可得到一个对称的图像效果，如下所示。

原图

执行一次"平面坐标到极坐标"后的效果

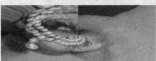

再次执行"平面坐标到极坐标"后的效果

对话框知识　**"极坐标"对话框**

"极坐标"对话框中主要选项的含义介绍如下。

● 平面坐标到极坐标：选中此单选按钮，可以将图像从平面坐标转换为极坐标。

● 极坐标到平面坐标：选中此单选按钮，可以将图像从极坐标转换为平面坐标。

相关知识　**"图像旋转"命令**

选择"图像"→"图像旋转"命令，将弹出如下所示的子菜单。

```
180 度(1)
90 度(顺时针)(9)
90 度(逆时针)(0)
任意角度(A)...

水平翻转画布(H)
垂直翻转画布(V)
```

在其中选择需要的旋转方式，可以得到不同的旋转效果。

相关知识 极坐标滤镜

极坐标滤镜可以将图像坐标从直角坐标转换为极坐标，也可以将极坐标转换为直角坐标，如下所示。

原图

"平面坐标到极坐标"效果

"极坐标到平面坐标"效果

实例 7-2 说明

● 知识点：
• 创建文字变形
• "渐变叠加"样式
● 视频教程：
光盘\教学\第7章 文字与按钮特效艺术
● 效果文件：
光盘\素材和效果 07\效果\7-2.psd
● 实例演示：
光盘\实例\第7章\五彩字

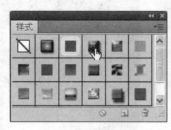

图 7-10　得到文字效果

10 打开一幅素材图像（光盘\素材和效果\07\素材\7-1.jpg），使用选取工具 将其拖入到文档中。按 Ctrl+T 组合键，将其调整成和文档一样的大小。将"图层 1"的混合模式设置为"点光"，"不透明度"设置为 24%，得到光芒字的最终效果，如图 7-11 所示。

图 7-11　光芒字的最终效果

实例 7-2 五彩字

本实例主要应用"渐变叠加"命令和变形功能来制作五彩字效果。实例最终效果如图 7-12 所示。

图 7-12　实例最终效果

操作步骤

1 打开一幅素材图像（光盘\素材和效果\07\素材\7-2.jpg），在其中输入英文 "To Just Out"，如图 7-13 所示。

图 7-13　输入英文 "To Just Out"

2 在横排文字工具 T 属性栏中单击 "创建文字变形" 按钮 ，打开 "变形文字" 对话框，在其中的 "样式" 下拉列表框中选择 "旗帜"，单击 "确定" 按钮，得到变形文字效果，如图 7-14 所示。

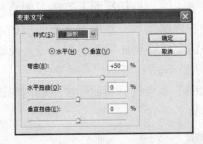

图 7-14　得到变形文字效果

3 选择 "图层" → "图层样式" → "斜面和浮雕" 命令，打开 "图层样式" 对话框，在其中将 "样式" 设置为 "外斜面"，"大小" 设置为 8 像素，单击 "确定" 按钮，效果如图 7-15 所示。

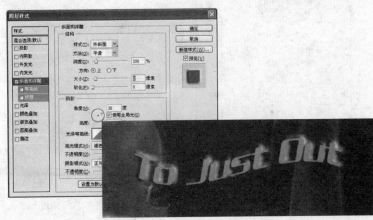

图 7-15　斜面和浮雕效果

操作技巧　**如何创建文字变形**

在图像中输入文字后，可以根据需要为文字创建文字变形，如缩放、旋转、斜切以及翻转等。

- 利用 "编辑" 菜单命令：选择 "编辑" → "自由变换" 或者 "编辑" → "变换" 命令，在弹出的子菜单中可以实现对文本的变形操作。

- 利用 "变形文字" 对话框：单击文字工具属性栏中的 "创建文字变形" 按钮 ，在弹出的 "变形文字" 对话框中即可对文字设置变形效果。

对话框知识　**"变形文字" 对话框**

"变形文字" 对话框中主要选项的含义介绍如下。

- 样式：在此下拉列表框中可以选择变形样式，共有 15 种样式可供选择。当选择一种变形样式后，下面的选项以及滑动杆将呈可用状态。

- "水平" 与 "垂直"：这两个单选按钮用来设置字体变形的方向。

- 弯曲：在文本框中输入数值或拖动下面的滑动杆可以设置文字的弯曲程度，数值越大，弯曲程度就越明显。

- 水平扭曲：在文本框中输入数值或拖动下面的滑动杆可以设置水平方向的透视扭曲变形程度。

- 垂直扭曲: 在文本框中输入数值或拖动下面的滑动杆可以设置垂直方向的透视扭曲变形程度。

相关知识 **"样式"下拉列表框**

在"渐变叠加"对话框中有一个"样式"下拉列表框, 用于选择渐变方式。将"不透明度"设置为69%, "渐变"设置为"蓝, 黄, 蓝渐变"后, 各种渐变方式的效果分别如下所示。

原图

"线性"渐变

"径向"渐变

4 选择"图层"→"图层样式"→"渐变叠加"命令, 打开"图层样式"对话框, 在其中设置"渐变"为"黄, 紫, 橙, 蓝渐变", 单击"确定"按钮, 得到渐变叠加效果, 如图 7-16 所示。

图 7-16　得到渐变叠加效果

5 在"图层"面板中选中文字图层, 将其拖到下方的"创建新图层"按钮🔲上, 得到文字图层副本; 然后将文字图层副本再拖到"创建新图层"按钮上, 得到文字图层副本 2。此时的"图层"面板如图 7-17 所示。

6 选中文字图层副本, 按 Ctrl+T 组合键, 将此图层中的内容进行大小与角度的调整, 如图 7-18 所示。

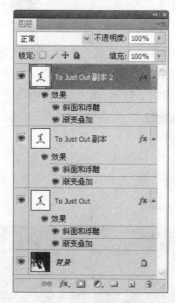

图 7-17　"图层"面板

图 7-18　调整大小与角度

7 完成调整后, 按 Enter 键, 得到如图 7-19 所示的效果。

图7-19 得到效果

8 选中文字图层副本2，按照同样的方法将此图层中的内容进行大小与角度的调整（如图7-20所示），得到五彩字的最终效果。

图7-20 调整大小与角度

实例 7-3 描边字

本实例将使用纹理化滤镜以及描边、斜面和浮雕图层样式来制作描边字。实例最终效果如图7-21所示。

图7-21 实例最终效果

"角度"渐变

"对称"渐变

"菱形"渐变

实例 7-3 说明

● 知识点：
  • 纹理化滤镜
  • "描边"命令
  • 隐藏图层
● 视频教程：
  光盘\教学\第 7 章 文字与按钮特效艺术
● 效果文件：
  光盘\素材和效果\07\效果\7-3.psd
● 实例演示：
  光盘\实例\第 7 章\描边字

相关知识 **纹理化滤镜**

纹理化滤镜可以对图像直接应用系统提供各种纹理效果，也可以根据图像中的亮度值给图像添加纹理效果。

对话框知识 **"纹理化"对话框**

"纹理化"对话框中主要选项的含义介绍如下。

- 纹理：在此下拉列表框中可以选择纹理类型，也可以载入其他的纹理。
- 缩放：用来设置纹理的尺寸。
- 凸现：用来设置纹理图像的深度。
- 光照：在此下拉列表框中可以选择得到效果的光线照射方向。
- 反相：选中此复选框后，可以反转纹理表面的亮、暗色。

对话框知识 **"描边"对话框**

对图像执行"描边"命令后，可以使图像中的选区部分更加明显、便于观察。

"描边"对话框中主要选项的含义介绍如下。

- 宽度：对描边区域进行宽度的设置。
- 颜色：单击颜色框后，将弹出拾色器，用户可以从中选择描边所需要的颜色。
- 位置：用于设置描边的位置，包括"内部"、"居中"以及"居外"3个单选按钮，分别表示描边的位置处于选区边缘的内侧、正中间、外侧。

操 作 步 骤

1. 打开一幅素材图像（光盘\素材和效果\07\素材\7-3.jpg），选择"滤镜"→"纹理"→"纹理化"命令，打开"纹理化"对话框。在其中设置合适的参数，单击"确定"按钮，得到纹理化效果，如图 7-22 所示。

图 7-22 得到纹理化效果

2. 选择工具箱中的横排文字工具 T，在其属性栏中设置"字体"为"华文隶书"，"大小"为"170 点"，"字体颜色"为"白色"，输入文字"一叶知秋"，如图 7-23 所示。

图 7-23 输入文字

3. 按住 Ctrl 键不放，在"图层"面板中单击文字图层左侧的 T 图标，将文字图层载入选区，如图 7-24 所示。

图 7-24 将文字图层载入选区

4. 新建一个"图层 1"，选择"编辑"→"描边"命令，在打开的"描边"对话框中设置"宽度"为 7px，"颜色"设置为"白色"，"位置"设置为"居外"，单击"确定"按钮，得到描边效果，如图 7-25 所示。

图 7-25　得到描边效果

5　取消选择，单击"图层"面板中文字图层左侧的 ◉ 图标，将其隐藏，得到描边字效果，如图 7-26 所示。

图 7-26　得到描边字效果

6　为了使效果更加美观，选择"图层"→"图层样式"→"斜面和浮雕"命令，在打开的"图层样式"对话框中将"样式"设置为"外斜面"，"方法"设置为"雕刻清晰"，"大小"设置为 29 像素，单击"确定"按钮，得到描边字最终效果，如图 7-27 所示。

图 7-27　描边字最终效果

- 混合：与"填充"对话框中的含义相同，包括"模式"（用于设置描边区域的混合模式，与图层混合模式相同）和"不透明度"（用于设置描边区域的不透明度值）两个设置选项。

相关知识　隐藏图层

在对图像进行处理时，有时为了便于观察当前图像的效果，可以将部分图层进行隐藏。在"图层"面板中，单击图层左边的"指示图层可视性"按钮 ◉ ，即可将此图层隐藏。隐藏图层后，在图像窗口中将不会显示此图层的内容，如下所示。

原效果

将"背景"图层上方的图层隐藏

隐藏后的效果

实例 7-4 说明

● 知识点：
  - 钢笔工具
  - 点状化滤镜
  - 阈值命令
● 视频教程：
  光盘\教学\第 7 章文 字与按钮特效艺术
● 效果文件：
  光盘\素材和效果\07\效果\7-4.psd
● 实例演示：
  光盘\实例\第 7 章\掉漆字

相关知识 路径工具

可以使用两种方法来创建路径，即使用路径工具和使用形状工具。

在工具箱中右击"钢笔工具"按钮，打开路径工具组，从中可以选择路径工具，如钢笔工具、自由钢笔工具，如下所示。

◆	钢笔工具	P
◆	自由钢笔工具	P
◆+	添加锚点工具	
◆-	删除锚点工具	
↖	转换点工具	

操作技巧 绘制直线路径的诀窍

绘制直线路径的诀窍有以下几点。

● 在绘制直线路径时，按住 Shift 键，再单击新的锚点，系统会以 45 度或其倍数绘制路径，如下所示。

实例 7-4 掉漆字

本实例将使用钢笔工具以及点状化滤镜等功能制作掉漆文字效果，使人感受到一种怀旧情怀。实例最终效果如图 7-28 所示。

图 7-28 实例最终效果

操作步骤

1 打开一幅素材图像（光盘\素材和效果\07\素材\7-4.jpg），使用钢笔工具 ◢ 在图像上绘制一条路径，如图 7-29 所示。

图 7-29 绘制一条路径

2 使用横排文字工具 T 在路径上输入文字"褪色的回忆"，效果如图 7-30 所示。

图 7-30 输入文字"褪色的回忆"

3 选择工具箱中的任意一种工具，然后按 Ctrl+H 组合键取消路径。在此文字图层上双击，打开"图层样式"对话框，在其中选中"斜面和浮雕"复选框，然后设置合适的参数，单击"确定"按钮，效果如图 7-31 所示。

图 7-31　得到斜面和浮雕效果

4 选择"滤镜"→"像素化"→"点状化"命令，打开"点状化"对话框，在其中将"单元格大小"设置为 14，单击"确定"按钮，效果如图 7-32 所示。

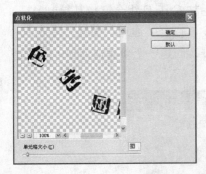

图 7-32　得到点状化效果

5 选择"图像"→"调整"→"阈值"命令，打开"阈值"对话框，在其中将"阈值色阶"设置为 69，如图 7-33 所示。

图 7-33　"阈值"对话框

- 将光标移到锚点位置时，按住 Alt 键，光标将转换为转换锚点工具；如果按住 Ctrl 键，钢笔工具会切换成直接选择工具。

- 按一次 Delete 键可以删除当前锚点，按两次 Delete 键可删除当前路径，按三次 Delete 键可删除图像窗口中所有未保存的路径。

相关知识　点状化滤镜

点状化滤镜可以将图像中的颜色分散为随机分布的网点，然后使用背景色填充网点之间的空白区域。其对话框中的"单元格大小"选项用来设置网点的大小。

如下所示即为应用点状化滤镜前后的效果对比。

原图

应用点状化滤镜后的效果

相关知识 **"通道"面板**

"通道"面板下方各按钮的含义介绍如下。

- :"将通道作为选区载入"按钮。单击此按钮,可将当前通道中的内容转换为选区。

- :"将选区存储为通道"按钮。在图像中创建一个选区,然后单击此按钮,"通道"面板中会自动创建一个 Alpha 通道来保存选区,如下所示。

创建一个选区

将选区存储为通道

---

⑥ 单击"确定"按钮,即可得到掉漆文字效果。

实例 7-5 背景浮雕字

本实例主要应用"通道"面板、高斯模糊以及浮雕效果滤镜等功能制作与图像背景相融的浮雕字效果。实例最终效果如图 7-34 所示。

图 7-34 实例最终效果

操作步骤

① 打开一幅素材图像(光盘\素材和效果\07\素材\7-5.jpg),按 Ctrl+A 组合键将其全选,然后按 Ctrl+C 组合键将其复制。

② 选择"窗口"→"通道"命令,打开"通道"面板,单击其下方的"创建新通道"按钮 ,创建一个新通道 Alpha1,如图 7-35 所示。

图 7-35 创建一个新通道 Alpha1

③ 选择工具箱中的横排文字工具 T,在其属性栏中设置字体为"方正粗倩简体",然后分别设置不同的字号大小,输入文字"夜未央"。

④ 单击属性栏中的"创建文字变形"按钮 ,在打开的"变形文字"对话框中将"样式"设置为"增加",如图 7-36 所示。

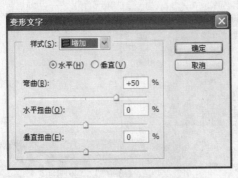

图 7-36　"变形文字"对话框

5 单击"确定"按钮，得到变形文字效果。选择工具箱中的任意工具，完成文字的输入。按 Ctrl+D 组合键取消文字选区，得到如图 7-37 所示的效果。

图 7-37　得到的文字效果

6 在"通道"面板中将 Alpha1 通道拖到下方的"创建新通道"按钮上，得到一个"Alpha1 副本"通道。将此通道选中，选择"滤镜"→"模糊"→"高斯模糊"命令，打开"高斯模糊"对话框，在其中将"半径"设置为 2.4 像素，单击"确定"按钮，效果如图 7-38 所示。

图 7-38　高斯模糊效果

7 选择"滤镜"→"风格化"→"浮雕效果"命令，在打开的"浮雕效果"对话框中进行适当的设置，然后单击"确定"按钮，得到如图 7-39 所示的效果。

- ☐："创建新通道"按钮。单击此按钮后，可以创建一个新的通道，并且此新通道总是位于其他通道的下面。
- ☐："删除当前通道"按钮。单击此按钮后，当前通道将被删除。

相关知识　**风格化滤镜组**

风格化滤镜组通过移动和置换图像的像素以及增加图像像素的对比度，为图像创建多种不同的风格，如为图像添加绘画或印象派的艺术风格效果。风格化滤镜组如下所示。

> 查找边缘
> 等高线…
> 风…
> 浮雕效果…
> 扩散…
> 拼贴…
> 曝光过度
> 凸出…
> 照亮边缘…

其中，各滤镜的效果分别如下。

原图

查找边缘滤镜

等高线滤镜

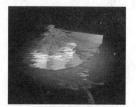

风滤镜

浮雕效果滤镜

扩散滤镜

拼贴滤镜

曝光过度滤镜

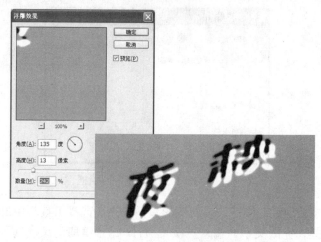

图 7-39　得到浮雕效果

8 将"Alpha1 副本"通道拖到下方的"创建新通道"按钮上，得到一个"Alpha1 副本 2"通道。将其选中，选择"图像"→"调整"→"反相"命令，效果如图 7-40 所示。

图 7-40　反相效果

9 选择"图像"→"调整"→"色阶"命令，在打开的"色阶"对话框中单击"在图像中取样以设置黑场"按钮 ✐，然后在"Alpha1 副本 2"中的灰色部位单击，此时图像窗口呈现为黑色，如图 7-41 所示。

图 7-41　图像窗口呈现为黑色

10 对"Alpha1 副本"通道按照同样的方法进行操作，得到如图 7-42 所示的效果。

图 7-42　图像窗口呈现黑色

11 在"通道"面板中单击 RGB 通道，然后按住 Ctrl 键不放，单击"Alpha1 副本"通道将其载入选区。选择"图像"→"调整"→"亮度/对比度"命令，在弹出的对话框中将"亮度"值设置为最大，如图 7-43 所示。

图 7-43　将"亮度"值设置为最大

12 单击"确定"按钮，得到亮度调整效果。按住 Ctrl 键不放，单击"Alpha1 副本 2"通道将其载入选区。选择"图像"→"调整"→"亮度/对比度"命令，在打开的"亮度/对比度"对话框中将"亮度"值设置为最小，如图 7-44 所示。

13 按住 Ctrl 键不放，单击"Alpha1"通道将其载入选区。选择"编辑"→"选择性粘贴"→"贴入"命令，将最开始复制的图像贴入选区中，得到与背景图像颜色相融合的浮雕字效果，如图 7-45 所示。

图 7-44　将"亮度"值设置为最小

图 7-45　背景浮雕字效果

凸出滤镜

照亮边缘滤镜

相关知识　"反相"命令

　　使用"反相"命令可以对图像进行色彩反相，常用于制作胶片的效果。"反相"命令是唯一一个不丢失颜色信息的命令，即用户可以再一次执行此命令来恢复源图像。

　　选择"图像"→"调整"→"反相"命令或者按 Ctrl+I 组合键，即可将图像进行反相处理，如下所示。

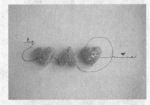

原图

反相处理后的效果

实例 7-6 说明

🔖 知识点：
- 风滤镜
- 高斯模糊滤镜
- 液化滤镜

🔖 视频教程：
光盘\教学\第 7 章 文字与按钮特效艺术

🔖 效果文件：
光盘\素材和效果\07\效果\7-6.psd

🔖 实例演示：
光盘\实例\第 7 章\火焰字

相关知识 **模糊效果的不同**

在选区上应用动感模糊以及径向模糊等模糊滤镜效果后，有时会在选区的边缘处产生生硬的效果。这是因为模糊滤镜是根据选区之外的图像数据在选区内部创建新的模糊像素，即模糊的背景区域边缘会带有前景中的颜色，如下所示。

将图像中的背景选中

背景应用动感模糊滤镜后

实例 7-6　火焰字

本实例将使用风、高斯模糊滤镜以及"色相/饱和度"命令等制作火焰字。实例最终效果如图 7-46 所示。

图 7-46　实例最终效果

操作步骤

1️⃣ 选择"文件"→"新建"命令，新建一个"宽度"为"20 厘米"，"高度"为"17 厘米"，"背景内容"为"背景色（黑色）"的文档。在其中输入文字"逝去的昨天"，如图 7-47 所示。

2️⃣ 按 Shift+Alt+Ctrl+E 组合键，盖印可见图层。此时的"图层"面板如图 7-48 所示。

图 7-47　输入文字

图 7-48　盖印可见图层

3️⃣ 选择"图像"→"图像旋转"→"90 度（逆时针）"命令，得到如图 7-49 所示的效果。选择"滤镜"→"风格化"→"风"命令，打开"风"对话框，分别选中"风"和"从右"单选按钮，单击"确定"按钮。总共设置 3 次风滤镜，得到如图 7-50 所示的效果。

 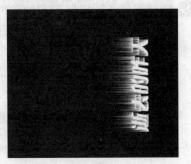

图 7-49　90 度（逆时针）旋转　　图 7-50　应用 3 次风滤镜效果

4️⃣ 选择"图像"→"图像旋转"→"90 度（顺时针）"命令，将
其恢复为原来的状态。选择"滤镜"→"模糊"→"高斯模糊"
命令，在打开的"高斯模糊"对话框中设置"半径"为 4.2 像
素，单击"确定"按钮，效果如图 7-51 所示。

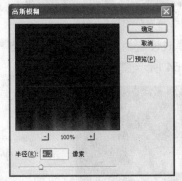 

图 7-51　高斯模糊效果

5️⃣ 选择"图像"→"调整"→"色相/饱和度"命令，在打开的"色
相/饱和度"对话框中选中"着色"复选框，将"色相"设置
为 43，"饱和度"设置为 94，单击"确定"按钮，得到黄色
火焰效果，如图 7-52 所示。

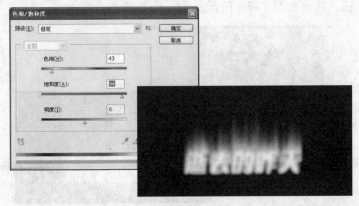

图 7-52　得到黄色火焰效果

背景应用径向模糊滤镜后

如果想解决这一问题，即
不出现这种带有前景色的模糊
效果，可使用特殊模糊或镜头
模糊滤镜来完成。如下所示即
为在背景上应用镜头模糊滤镜
后得到的效果。

背景应用镜头模糊滤镜后

相关知识　向前变形工具

使用液化滤镜可以对图像
进行任意扭曲操作，但不能应
用于索引模式、位图模式以及
多通道模式的图像。

在"液化"对话框左侧的
工具箱中有一个向前变形工具
，选中此工具后，在图像上
单击并拖动可以使图像产生像
素变形效果，即得到一种扭曲
变形效果，如下所示。

原图

175

使用向前变形工具变形效果

顺时针旋转扭曲工具

在"液化"对话框的工具箱中选择"顺时针旋转扭曲工具" 后，单击鼠标或拖动可顺时针旋转像素，默认为顺时针旋转。按下 Alt 键单击鼠标或拖动可变成逆时针旋转。如下所示即为旋转扭曲图像效果。

原图

旋转扭曲图像效果

褶皱工具

在"液化"对话框的工具箱中选择褶皱工具 后，单击鼠标或来回拖动鼠标，可以以画笔区域的中心向外移动像素，从而使图像得到褶皱的效果，如下所示。

6 将"图层 1"拖到下方的"创建新图层"按钮上，得到"图层 1 副本"图层。选择"图像"→"调整"→"色相/饱和度"命令，在打开的"色相/饱和度"对话框中将"色相"设置为–37，单击"确定"按钮，得到红色火焰效果，如图 7–53所示。

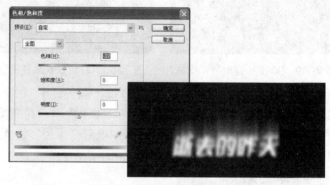

图 7–53　得到红色火焰效果

7 将"图层 1 副本"图层的混合模式设置为"颜色减淡"，得到非常逼真的火焰效果，如图 7–54 所示。

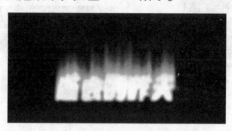

图 7–54　得到逼真火焰效果

8 将"图层 1"与"图层 1 副本"合并。选择"滤镜"→"液化"命令，打开"液化"对话框。在其中使用各种变形工具调整火焰的形状，使其形成火焰燃烧时的效果。单击"确定"按钮，效果如图 7–55 所示。

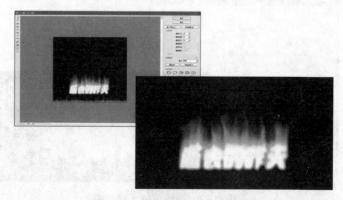

图 7–55　得到火焰燃烧时的效果

9 将文字图层复制，然后将文字图层副本拖到最上方。在横排文字工具 T 属性栏中将文字颜色设置为"棕褐色"，即可得到棕褐色文字效果，如图 7-56 所示。

图 7-56　棕褐色文字效果

10 单击"创建新图层"按钮，得到"图层 1"。按 Shift+Alt+Ctrl+E 组合键，盖印可见图层，将其"不透明度"设置为 27%。选择"编辑"→"变换"→"垂直翻转"命令，将此图层中的对象垂直翻转，然后将其置于文字的下方，得到倒影效果，如图 7-57 所示。

图 7-57　得到倒影效果

11 为了丰富图像效果，打开一幅素材图像（光盘\素材和效果\07\素材\7-6.jpg），将其拖入文档中，得到"图层 2"；将其调整为和文档一样的大小；将"图层 2"的混合模式设置为"滤色"，"不透明度"设置为 33%，得到最终效果，如图 7-58 所示。

原图

得到褶皱效果

相关知识　膨胀工具 ◇

　　在"液化"对话框的工具箱中选中膨胀工具 ◇ 后，单击鼠标或拖动，能够以画笔区域的中心向外移动像素，从而得到一种膨胀的效果。如下所示即为应用此工具将人物眼睛变大的例子。

原图

人物眼睛变大效果

在"液化"对话框的工具箱中选择"湍流工具" ≋，单击鼠标或来回拖动，可以平滑地移动像素，从而制作出云朵、波浪等特效。如下所示即为应用此工具的例子。

原图

应用湍流工具后的效果

图 7-58　最终效果

实例 7-7　水晶按钮

本实例将使用油漆桶工具以及羽化、合并图层功能制作水晶按钮效果。实例最终效果如图 7-59 所示。

图 7-59　实例最终效果

- **知识点：**
  - 椭圆工具
  - 合并图层
  - "可选颜色"命令
- **视频教程：**
  光盘\教学\第 7 章 文字与按钮特效艺术
- **效果文件：**
  光盘\素材和效果\07\效果\7-7.psd
- **实例演示：**
  光盘\实例\第 7 章\水晶按钮

在图像中创建选区后，有时还需要对其进行调整，如增加、删减选区等。

操作步骤

1 选择"文件"→"新建"命令，新建一个"宽度"为"17厘米"，"高度"为"13厘米"，"背景内容"为"背景色（黑色）"的文档。创建一个新图层"图层 1"，选择工具箱中的椭圆选框工具 ◯，在其属性栏中将"羽化"值设置为 2，在文档中拖出一个椭圆选区，如图 7-60 所示。

2 将前景色设置为深蓝色，背景色设置为白色。选择工具箱中的油漆桶工具 ◖，在椭圆选区内单击，将其填充，效果如图 7-61 所示。

图 7-60 拖出一个椭圆选区　　　　图 7-61 填充椭圆选区

3 创建一个新图层"图层 2"，选择椭圆工具 ，将其"羽化"值设置为 3，在刚才绘制的椭圆图案上绘制一个小椭圆选区，如图 7-62（左）所示。选择工具箱中的油漆桶工具 ，将前景色设置为"白色"，在小椭圆选区内单击，将其填充，效果如图 7-62（右）所示。

图 7-62 绘制小椭圆

4 在"图层"面板中将"图层 2"的"不透明度"设置为 53%，然后按 Ctrl+T 组合键将其调整为合适的大小和位置，得到反光效果，如图 7-63 所示。

图 7-63 反光效果

5 分别创建"图层 3"和"图层 4"，按照刚才的方法分别再创建两个反光效果，以得到真实的水晶效果，如图 7-64 所示。

图 7-64 分别创建两个反光效果

增加选区的操作方法如下：

（1）在图像中创建一个选区，如下所示。

在左下角的苹果边缘创建选区

（2）按住 Shift 键不放，拖动鼠标，创建第二个选区。松开鼠标，可以看到在原有选区的基础上叠加了一个新的相交选区，效果如下。

叠加一个新的相交选区

操作技巧 **删减选区的方法**

删减选区的操作方法如下：

（1）在图像中创建一个选区，如下所示。

（2）按住 Alt 键不放，拖动鼠标框选多余的选区，如下所示。

（3）松开鼠标，可以看到多余的选区已经被删除了，如下所示。

操作技巧 **复制选区中的图像**

　　创建选区后，不仅可以使用移动工具 ▶ 移动选区中的图像，还可以复制选区中的图像。方法是：按住 Alt 键不放，当光标变为一黑一白的双箭头时，拖动鼠标至合适的位置，即可将此选区中的图像复制到指定的位置，如下所示。

将图像中的人物选取

选区中的图像被
复制到指定位置

6 将"图层 1"、"图层 2"、"图层 3"以及"图层 4"合并，如图 7-65（左）所示。选中合并后的图层"图层 4"，在其上单击鼠标右键，在弹出的快捷菜单中选择"复制图层"命令，得到"图层 4 副本"；然后再复制一次，得到"图层 4 副本 2"。此时的"图层"面板如图 7-65（右）所示。

图 7-65　"图层"面板

7 选择工具箱中的移动工具 ▶ ，将复制得到的两图层中的内容分别移动到合适的位置，如图 7-66 所示。

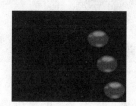

图 7-66　移动到合适的位置

8 选中"图层"面板中的"图层 4 副本"，选择"图像"→"调整"→"可选颜色"命令，打开"可选颜色"对话框。在其中将"颜色"设置为"蓝色"，将"青色"的值设置为-59%，单击"确定"按钮，即可得到紫色按钮效果，如图 7-67 所示。

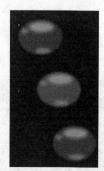

图 7-67　得到紫色按钮效果

9 将"图层 4 副本 2"选中，按照同样的方法，得到绿色按钮效果，如图 7-68（左）所示。使用横排文字工具 T 分别在 3 个按钮上输入英文，得到如图 7-68（右）所示的效果。

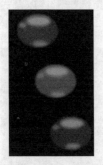

图 7-68　按钮效果

10 将得到的文字图层合并，在合并后的图层上双击，在打开的"图层样式"对话框中选中"外发光"复选框，然后设置合适的参数，单击"确定"按钮，文字产生朦胧的美感，如图 7-69 所示。

图 7-69　得到文字效果

11 打开一幅素材图像（光盘\素材和效果\07\素材\7-7.jpg），将其拖入文档中，得到"图层 5"。将其图层混合模式设置为"变亮"，"不透明度"设置为 66%，得到最终效果，如图 7-70 所示。

图 7-70　水晶按钮最终效果

相关知识　合并图层

如果用户创建的图层很多，而且这些图层建立之后不需要再进行单独的操作，为了减小磁盘空间，可以将这些图层进行合并。

合并图层的方法如下：

在"图层"面板中，单击右上角的 ▶ 按钮，弹出如下所示的下拉菜单。

从中选择相应的命令，可以进行不同类型的合并图层操作。其中主要命令的功能介绍如下。

● 向下合并：选择此命令后，当前图层会与下一层图层合并为一个图层。

● 合并可见图层：选择此命令后，可以将当前显示的所有图层合并，隐藏的图层将保持不变。

● 拼合图像：选择此命令后，可以将"图层"面板中所有的图层进行合并。如果此时图层中有隐藏图层，选择此命令，会弹出如下所示的提示对话框。

单击"确定"按钮，会在合并可见图层的同时删除隐藏的图层；单击"取消"按钮，则会取消图层的合并操作。

实例 7-8 说明

🔖 **知识点：**
- 自定形状工具
- "路径"面板
- "样式"面板
- "扩展"命令

🔖 **视频教程：**
光盘\教学\第7章 文字与按钮特效艺术

🔖 **效果文件：**
光盘\素材和效果\07\效果\7-8.psd

🔖 **实例演示：**
光盘\实例\第7章\指示按钮

相关知识 **"形状图层"按钮**

在自定形状工具属性栏中有一个"形状图层"按钮，单击此按钮后，将光标移到图像中，按住鼠标左键不放并拖动即可绘制一个选定的形状，并且绘制出的形状将生成一个单独的形状图层，如下所示。

绘制3个叶子形状

分别生成3个单独的形状图层

实例 7-8 指示按钮

本实例将使用自定形状工具、椭圆选框工具以及路径功能等制作指示按钮。实例最终效果如图 7-71 所示。

图 7-71 实例最终效果

操作步骤

1 选择"文件"→"新建"命令，新建一个"宽度"为"14 厘米"，"高度"为"10 厘米"，"背景内容"为"背景色（黑色）"的文档。选择工具箱中的自定形状工具，在其属性栏的"形状"下拉列表框中选择"星爆"，并单击"路径"按钮，在文档中拖出路径，如图 7-72 所示。

图 7-72 在文档中拖出路径

2 选择"窗口"→"路径"命令，打开"路径"面板。在其中单击"将路径作为选区载入"按钮，将路径转换为选区，如图 7-73 所示。

3 在"图层"面板中创建一个新图层"图层 1"。选择工具箱中的渐变工具，在其属性栏中设置渐变方式为"紫，橙渐变"，单击"线性"按钮，然后在选区内拖曳，得到如图 7-74 所示的填充效果。

图 7-73　将路径转换为选区　　　　　图 7-74　填充效果

4 选择"图层"→"图层样式"→"斜面和浮雕"命令，在打开的对话框中将"样式"设置为"外斜面"，"大小"设置为 7 像素，单击"确定"按钮，效果如图 7-75 所示。

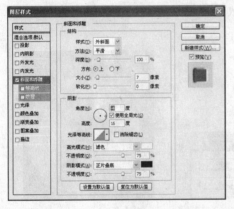

图 7-75　得到斜面和浮雕效果

5 选择工具箱中的椭圆选框工具，按住 Shift 键，在刚才绘制的图案外围绘制一个正圆，如图 7-76 所示。

图 7-76　绘制　个正圆

6 新建一个图层"图层 2"，将其拖至"图层 1"的下方，将正圆填充为白色。选择"窗口"→"样式"命令，打开"样式"面板，在其中选择"橙色玻璃"样式，效果如图 7-77 所示。

相关知识　"路径"按钮

在自定形状工具属性栏中有一个"路径"按钮，单击此按钮后，将以路径的方式绘制图形，如下所示。

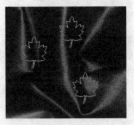

绘制的路径形状

相关知识　"填充像素"按钮

在自定形状工具属性栏中有一个"填充像素"按钮，单击此按钮后，绘制出的是填充了前景色的形状图形，如下所示。

绘制出填充了前景色的图形

相关知识　"自定形状选项"下拉面板

单击　按钮右侧的下拉按钮，弹出"自定形状选项"下拉面板，如下所示。

如果在其中选中"定义的比例"单选按钮,可以绘制出按比例显示的图形,如下所示。

绘制出按比例显示的图形

相关知识 **将路径转换为选区**

为了方便操作,可以将路径与选区进行互换。将路径转换为选区的方法如下:

单击"路径"面板下方的"将路径作为选区载入"按钮 ◯,或者单击右上角的 ≡ 按钮,在弹出的下拉菜单中选择"建立选区"命令,在弹出的"建立选区"对话框中进行设置,单击"确定"按钮即可。

如下所示即为将路径转换为选区后,对其进行"渐变映射"调整的例子。

绘制一个手形路径

将路径转换为选区

图 7-77 "橙色玻璃"样式填充效果

7 按住 Ctrl 键不放,单击"图层 2"的缩览图,将其载入选区。创建一个新图层"图层 3",将其拖入"图层 2"的下方。选择"选择"→"修改"→"扩展"命令,在打开的"扩展选区"对话框中将"扩展量"设置为 7 像素,单击"确定"按钮,得到扩展效果。将扩展后的选区填充为橙色,如图 7-78 所示。

图 7-78 将扩展后的选区填充为橙色

8 在"图层 3"上双击,打开"图层样式"对话框,在其中选中"渐变叠加"复选框,然后将"不透明度"设置为 100%,其余参数保持默认设置,单击"确定"按钮,得到质感十足的按钮边缘效果,如图 7-79 所示。

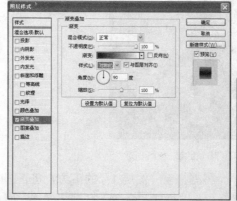

图 7-79 得到按钮边缘效果

9 将"图层 1"、"图层 2"以及"图层 3"合并,如图 7-80 所示。
按 Ctrl+T 组合键,将按钮调整为需要的大小。

图 7-80 合并图层

10 使用工具箱中的直排文字工具 T 在按钮旁输入文字,然后在其属性栏中单击"创建文字变形"按钮 ，在打开的"变形文字"对话框中将"样式"设置为"扇形",并调整"弯曲"值和"垂直扭曲"值,得到如图 7-81 所示的变形文字效果。

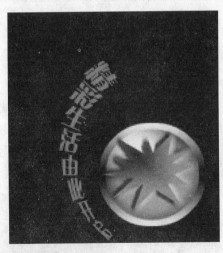

图 7-81 得到变形文字效果

11 打开一幅素材图像(光盘\素材和效果\07\素材\7-8.jpg),将其拖入文档中,并调整为和文档一样的大小。在"图层"面板中将"图层 2"的混合模式设置为"排除","不透明度"设置为 35%,得到指示按钮的最终效果,如图 7-82 所示。

将选区填充图案后得到的效果

相关知识 **将选区转换为路径**

如果需要将选区转换为路径,可以在"路径"面板中单击右上角的 按钮,在弹出的下拉菜单中选择"建立工作路径"命令,在弹出的"建立工作路径"对话框中将"容差"设置为 5 像素,单击"确定"按钮,即可将选区转换为路径,如下所示。

将图像中的两个人物选中

将"容差"值设置为 5 像素

选区转换为路径

相关知识 **"样式"面板**

在"样式"面板中可以快速定义图形的各种属性,可载入经常使用的按钮形态或者图案等,并将预设效果应用到图像中。

在需要应用样式的图层上双击，在弹出的"图层样式"对话框中单击左侧的"样式"选项，打开"样式"对话框，在其中按需要进行相应的设置即可。

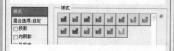

图 7-82　指示按钮的最终效果

实例 7-9　放大镜按钮

本实例将使用自定形状工具以及图层样式等功能制作可爱的放大镜按钮。实例最终效果如图 7-83 所示。

图 7-83　实例最终效果

操作步骤

1 选择"文件"→"新建"命令，新建一个"宽度"为"14 厘米"，"高度"为"10 厘米"，"背景内容"为"背景色（橙色）"的文档。选择工具箱中的自定形状工具，在其属性栏的"形状"下拉列表框中选择"搜索"，然后单击"路径"按钮，在文档中拖出路径，如图 7-84 所示。

图 7-84　在文档中拖出路径

实例 7-9 说明

● 知识点：
• 自定形状工具
• 渐变工具
• 复制与粘贴图层样式

● 视频教程：
光盘\教学\第 7 章 文字与按钮特效艺术

● 效果文件：
光盘\素材和效果\07\效果\7-9.psd

● 实例演示：
光盘\实例\第 7 章\放大镜按钮

相关知识　"形状"下拉列表框

在自定形状工具属性栏中单击"形状"右侧的下拉按钮，在弹出的下拉列表框中可以选择、加载、复位一些较常用的形状。

单击此下拉列表框右上角的 ▶ 按钮，在弹出的子菜单中可以执行"复位形状"、"载入形状"、"存储形状"以及"替换形状"等命令，如下所示。

2 选择"窗口"→"路径"命令，打开"路径"面板。在其中单击"将路径作为选区载入"按钮 ⃝，将路径转换为选区，如图 7-85 所示。

图 7-85　将路径转换为选区

3 在"图层"面板中创建一个新图层"图层 1"。选择工具箱中的渐变工具 ▥，在其属性栏中设置渐变方式为"透明彩虹渐变"，单击"线性"按钮，然后在选区内拖曳，得到如图 7-86 所示的填充效果。

图 7-86　得到填充效果

4 在"图层 1"上双击，打开"图层样式"对话框。在其中选中"斜面和浮雕"复选框，设置合适的参数；然后选中"外发光"复选框，设置合适的参数；单击"确定"按钮，即可得到浮雕以及外发光效果，如图 7-87 所示。

图 7-87　得到浮雕以及外发光效果

如果需要添加形状，可以从中进行选择，如选择"画框"选项，将弹出如下所示的提示对话框。

单击"追加"按钮后，即可将这些图形添加到列表中，如下所示。

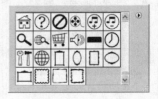

相关知识　渐变工具属性栏

使用渐变工具 ▥ 可以为图像填充层次连续变化的颜色，从而达到一种色彩渐变的图像效果。

渐变工具属性栏中主要选项的含义介绍如下。

● ▭▾ 单击右侧的下拉按钮，在弹出的渐变样式下拉列表框中，可以选择需要的渐变样式，如下所示。

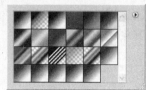

单击 ▭▭▭▭ 按钮，将弹出"渐变编辑器"对话框。

- ▭▭◪▭▭◪：渐变类型。其中，▭表示线性渐变；◪表示径向渐变；◪表示角度渐变；▭表示对称渐变；◪表示菱形渐变。

- 模式：在此下拉列表框中可以选择当前要设置的渐变与当前图像的混合模式。

- 不透明度：用来设置当前渐变的透明程度。其值越大，填充渐变的效果越明显；其值越小，填充渐变的效果则不明显。如下所示即为设置不同的"不透明度"值得到的效果。

"不透明度"设置为 87%

"不透明度"设置为 24%

- 反向：选中此复选框，可以产生反向的渐变效果。

- 仿色：选中此复选框，可以增加渐变色的中间色调，使渐变效果更加平缓。

- 透明区域：用于关闭或打开渐变图案的透明度设置。

5 选择工具箱中的自定形状工具▨，在其属性栏的"样式"下拉列表框中选择"爪印（猫）"，单击"形状图层"按钮▭，在放大镜内拖出一个形状，如图 7-88 所示。

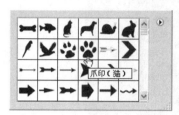

图 7-88　在放大镜内拖出一个形状

6 选中"图层 1"，在其上单击鼠标右键，在弹出的快捷菜单中选择"拷贝图层样式"命令，然后在"形状"图层上单击鼠标右键，在弹出的快捷菜单中选择"粘贴图层样式"命令，将"图层 1"的效果复制到"形状"图层上，效果如图 7-89 所示。

图 7-89　将"图层 1"的效果复制到"形状"图层上

7 使用前面介绍过的路径功能输入文字，然后拖入几幅素材图像（光盘\素材和效果\07\素材\7-9.jpg、7-10.jpg、7-11.jpg），并调整为合适的大小和位置，从而得到活泼、生动的放大镜按钮效果，如图 7-90 所示。

图 7-90　放大镜按钮效果

实例 7-10 眼睛按钮

本实例将使用椭圆选框工具以及"斜面和浮雕"图层样式等功能制作眼睛按钮。实例最终效果如图 7-91 所示。

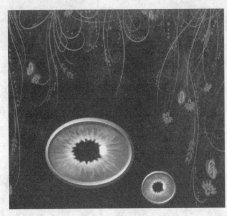

图 7-91　实例最终效果

操作步骤

① 打开一幅素材图像（光盘\素材和效果\07\素材\7-12.jpg），选择工具箱中的椭圆选框工具 ⬭，在图像中拖出一个椭圆选区，如图 7-92 所示。

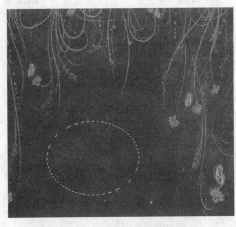

图 7-92　拖出一个椭圆选区

② 单击工具箱中的"前景色工具"按钮，打开"拾色器（前景色）"对话框，在其中设置 RGB 的值为"192，94，32"，如图 7-93 所示。

③ 新建"图层 1"，使用油漆桶工具 🪣 将椭圆选区填充为前景色，效果如图 7-94 所示。

● 知识点：
　　● 椭圆选框工具
　　● 油漆桶工具
　　● 图层样式

● 视频教程：
光盘\教学\第 7 章 文字与按钮特效艺术

● 效果文件：
光盘\素材和效果\07\效果\7-10.psd

● 实例演示：
光盘\实例\第 7 章\眼睛按钮

相关知识　椭圆选框工具

选择工具箱中的椭圆选框工具 ⬭，在图像上按下鼠标并拖动，即可创建椭圆形选区。

重点提示　套索工具组快捷键

如果需要使用套索工具组，按下 L 键即可；如果需要在套索工具组的各工具之间进行切换，可先选中其中的任一工具，然后按一次或多次 Shift+L 组合键即可。

操作技巧　填充选区的其他方法

在工具箱中设置好前景色后，按下 Alt+Delete 组合键可将前景色填充到当前选区中；按下 Ctrl+D 组合键可取消选区。如下所示即为使用这些快捷键的例子。

使用魔棒工具选取两朵荷花

将"背景"图层拖至下方的"创建新图层"按钮上,得到"背景-副本"图层

将前景色设置为"紫红色",按下 Alt+Delete 组合键将前景色填充到选区中

将"背景-副本"图层的混合模式设置为"亮光","不透明度"设置为69%

按下 Ctrl+D 组合键取消选区,得到最终效果

图 7-93 "拾色器(前景色)"对话框

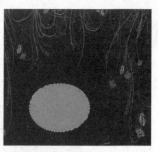

图 7-94 填充为前景色

4. 按 Ctrl+D 组合键,取消选区。使用椭圆选框工具 再拖出一个椭圆选区,然后放置于第一个椭圆的上方,效果如图 7-95(左)所示。按 Delete 键清除选区中的内容,得到如图 7-95(右)所示的效果。

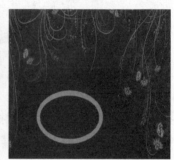

图 7-95 拖出一个选区并清除其中的内容

5. 在"图层 1"上双击,打开"图层样式"对话框,在其中选中"斜面和浮雕"复选框,然后将"深度"设置为 745%,"大小"设置为 9 像素,"角度"设置为 127° ,单击"确定"按钮,效果如图 7-96 所示。

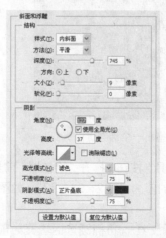

图 7-96 得到斜面和浮雕效果

6 打开一幅眼球素材图像（光盘\素材和效果\07\素材\7-13.psd），如图 7-97 所示。使用移动工具 将其拖至文档中，然后调整为和椭圆形内部一样的大小，效果如图 7-98 所示。

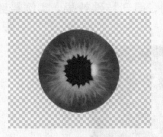 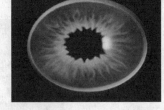

图 7-97　打开一幅眼球素材　　图 7-98　拖入素材并调整

7 将"图层 2"拖至"图层 1"的下方，此时的"图层"面板和效果如图 7-99 所示。

 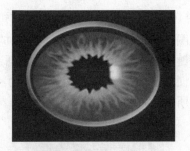

图 7-99　"图层"面板和效果

8 将"图层 1"和"图层 2"合并为一个图层，得到"图层 1"。将"图层 1"拖至下方的"创建新图层"按钮 上，得到"图层 1 副本"，如图 7-100 所示。按 Ctrl+T 组合键，出现调整控制框，将此图层中的对象调整为合适的位置、大小以及形状，效果如图 7-101 所示。

 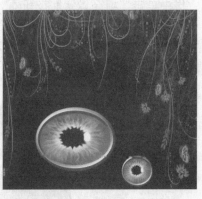

图 7-100　得到"图层 1 副本"　　图 7-101　调整后的效果

相关知识　"等高线"选项

在"图层样式"对话框中选中"斜面和浮雕"下的"等高线"选项，在右侧"图素"选项组中可对当前图层所应用的等高线效果进行适当的设置，如设置等高线类型以及等高线范围等，如下所示。

如下所示即为将图像中的选区进行不同等高线效果设置得到的结果。

将图像中的花选取

新建一个"图层 1"，然后将选区复制到此图层中

在"图层 1"上应用"线性"等高线效果

分别为"锥形"和"滚动斜坡"等高线效果

相关知识 **"反选"命令**

　　"反选"命令必须在图像中存在选区时才可使用。选择"选择"→"反向"命令,将自动反选没有选择的图形区域,如下所示。

将图像中的巧克力全部选取

应用"反选"命令后将图像的
背景选取

　　在某些情况下使用"反向"命令,可以快速地选取目标图像,如下所示。

实例 7-11 环绕圆形按钮

　　本实例将使用渐变工具以及极坐标滤镜等功能制作圆形按钮,然后将这些按钮环绕排列,得到特殊效果。实例最终效果如图 7-102 所示。

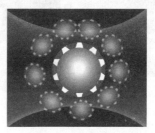

图 7-102　实例最终效果

操作步骤

1 打开一幅素材图像(光盘\素材和效果\07\素材\7-14.jpg),如图 7-103 所示。选择工具箱中的椭圆选框工具 ⬭,按住 Shift 键不放,在图像上拖出一个正圆选区;然后新建一个"图层 1",使用油漆桶工具 🪣 将其填充为"深绿色",效果如图 7-104 所示。

图 7-103　打开一幅素材图像　　　图 7-104　拖出选区并填充

2 新建"图层 2",选择工具箱中的自定形状工具 🎨,在其属性栏中单击"填充像素"按钮 ▢,在"形状"下拉列表框中选择"十角星"形状,将前景色设置为"白色",然后在文档中拖出此形状。按住 Ctrl 键不放,单击"图层 1"的缩览图,将其载入选区;然后反选,按 Delete 键清除,得到如图 7-105 所示的效果。

图 7-105　反选后清除的效果

3 使用椭圆选框工具  在文档中再拖出一个正圆形，然后放置到合适的位置，如图 7-106（左）所示。按 Delete 键清除选区中的内容，得到如图 7-106（右）所示的效果。

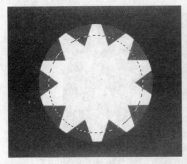 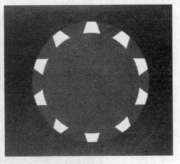

图 7-106　拖出正圆选区并清除

4 选择工具箱中的渐变工具 ，在工具箱中将前景色设置为"白色"，背景色设置为"深蓝色"，接着在此工具的属性栏中单击"径向渐变"按钮 ，在正圆形选区内的中心位置至右下角位置拖出一条直线，得到如图 7-107 所示的渐变效果。

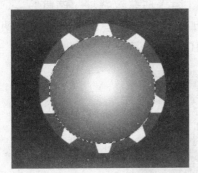

图 7-107　得到渐变效果

5 将"图层 1"和"图层 2"合并为一个图层，得到"图层 2"。将此图层拖至下方的"创建新图层"按钮上，复制此图层，得到"图层 2 副本"。将此图层中的对象调整为合适的大小和位置，效果如图 7-108 所示。

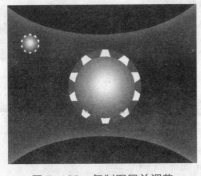

图 7-108　复制图层并调整

原图

使用魔棒工具选取图像背景

应用"反向"命令后将图像中的主体选中

操作技巧 **排列图层**

　　图层是自上而下叠放的，下面的图层有可能被上面的图层覆盖或遮挡住。通过调整图层的排列顺序，就可以将下面图层中的内容显示出来。

　　选择"图层"→"排列"命令，将弹出如下所示的子菜单。

置为顶层(F)	Shift+Ctrl+]
前移一层(W)	Ctrl+]
后移一层(K)	Ctrl+[
置为底层(B)	Shift+Ctrl+[
反向(R)	

　　其中主要命令的含义介绍如下。

● 置为顶层：选择此命令，可以将当前图层放置到所有图层的最上面。

- 前移一层：选择此命令，可以将当前图层向上移动一层。
- 后移一层：选择此命令，可以将当前图层向下移动一层。
- 置为底层：选择此命令，可以将当前图层放置到所有图层的最下面。

如下所示即为将原图像效果的"图层 0"前移一层的例子。

原图像效果

选中"图层 0"

应用"前移一层"命令后得到的效果

操作技巧 **对齐**

对齐图层是指对齐不同图层上的对象。使用此命令时，先指定一个图层作为其他图层的参考层，然后选择"图层"→"对齐"命令，弹出如下子菜单。

6 将"图层 2 副本"拖至下方的"创建新图层"按钮上 8 次，即复制 8 次此图层，然后分别将它们放置到合适的位置，如图 7-109 所示。

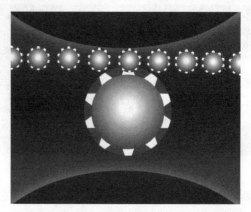

图 7-109 复制图层并分别放置到合适的位置

7 将"图层 2 副本"～"图层 2 副本 9"之间的图层全部选中，如图 7-110（左）所示。选择"图层"→"对齐"→"顶边"命令，即可将这些图层中的对象以顶边对齐排列，效果如图 7-110（右）所示。

图 7-110 选中图层并对齐顶边

8 将选中图层合并为一个图层，得到"图层 2 副本 9"。选择"滤镜"→"扭曲"→"极坐标"命令，打开"极坐标"对话框，在其中选中"平面坐标到极坐标"单选按钮，单击"确定"按钮，效果如图 7-111 所示。

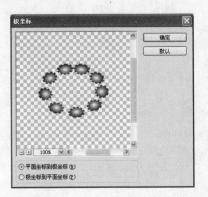

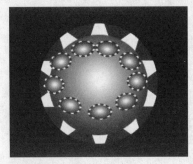

图 7-111 得到极坐标效果

9 按 Ctrl+T 组合键，出现调整控制框，将其调整为合适的大小，如图 7-112 所示。在"图层"面板中将"图层 2 副本9"的"不透明度"设置为 57%，得到最终效果，如图 7-113所示。

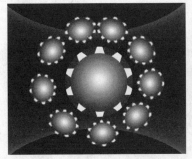

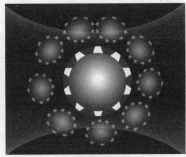

图 7-112 调整为合适的大小　　图 7-113 得到最终效果

如下所示即为应用"底边"对齐命令的例子。

原图效果

选中需要对齐的文字层

应用"底边"对齐命令的效果

第 8 章

Photoshop CS5 创意背景和纹理制作

一幅具有美感和创意的图像，其背景和纹理是整幅图像的根基，本章将运用 Photoshop CS5 中的各种功能，如通道、图层样式、图层混合模式、图层蒙版以及各种调整命令和各种滤镜等，制作出具有艺术美感的背景和纹理特效。

本章实例讲解的主要功能如下：

实　例	主要功能	实　例	主要功能	实　例	主要功能
 花布底纹	半调图案 成角的线条 纹理化滤镜	石子路	染色玻璃滤镜 色彩范围 通道功能	炫彩背景	渐变工具 色彩平衡 曲线
糖果包装纸	染色玻璃滤镜 旋转扭曲滤镜 叠加模式	炫彩线条	径向模糊滤镜 液化照亮边缘 滤镜	地板纹理	描边 定义图案 铬黄滤镜
网格纹理	云彩滤镜 阴影线滤镜	光晕背景	矩形选框 椭圆选框工具 路径选择工具	彩虹背景	图层蒙版 钢笔工具 外发光样式

本章在讲解实例操作的过程中，将全面、系统地介绍 Photoshop CS5 创意背景和纹理制作的相关知识。其中包含的内容如下：

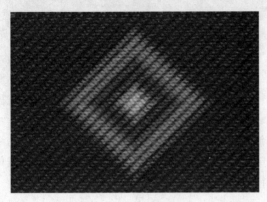

实例 8-1　花布底纹

　　本实例主要应用半调图案、成角的线条、纹理化滤镜和图层样式等功能制作花布底纹效果。实例最终效果如图 8-1 所示。

图 8-1　实例最终效果

操作步骤

1 选择"文件"→"新建"命令，在打开的"新建"对话框中将"名称"设置为"花布底纹"，"宽度"设置为"14 厘米"，"高度"设置为"10 厘米"，"背景内容"设置为"白色"，单击"确定"按钮，得到一个空白文档，如图 8-2 所示。

图 8-2　得到一个空白文档

2 将前景色的 RGB 值设置为"231，131，33"，背景色的 RGB 值设置为"13，39，226"。选择"滤镜"→"素描"→"半调图案"命令，在弹出的"半调图案"对话框中保持默认设置，直接单击"确定"按钮，效果如图 8-3 所示。

实例 8-1 说明

知识点：
- 半调图案滤镜
- 成角的线条滤镜
- 纹理化滤镜
- "渐变叠加"命令

视频教程：
光盘\教学\第 8 章　创意背景和纹理制作

效果文件：
光盘\素材和效果\08\效果\8-1.psd

实例演示：
光盘\实例\第 8 章\花布底纹

相关知识　**画笔描边滤镜组**

　　画笔描边滤镜组可以用不同的画笔和油墨笔触，在图像中添加颗粒、斑点、边缘细节以及纹理等效果，从而得到绘画效果的外观。画笔描边滤镜组如下所示。

　　成角的线条…
　　墨水轮廓…
　　喷溅…
　　喷色描边…
　　强化的边缘…
　　深色线条…
　　烟灰墨…
　　阴影线…

相关知识　**成角的线条滤镜**

　　成角的线条滤镜可以使用一个方向的线条绘制图像的亮部，而用相反方向的线条来绘制暗部。"成角的线条"对话框中各选项的含义介绍如下。

- 方向平衡: 用来设置成角线条的方向。
- 描边长度: 用来设置线条的长度。
- 锐化程度: 设置线条的锐化程度。其值越大, 像素颜色越亮, 得到的是比较生硬的线条效果; 其值越小, 像素颜色越暗, 得到的是比较柔和的线条效果。

　　如下所示即为使用"成角的线条"滤镜制作铅笔素描画的例子。

原图

执行"去色"命令后

应用"成角的线条"滤镜
后得到铅笔素描画效果

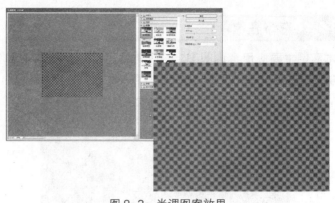

图 8-3　半调图案效果

③ 选择"滤镜" → "画笔描边" → "成角的线条"命令, 在弹出的"成角的线条"对话框中保持默认设置, 直接单击"确定"按钮, 效果如图 8-4 所示。

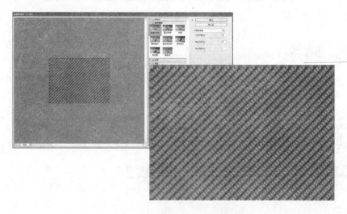

图 8-4　成角的线条效果

④ 选择"滤镜" → "纹理" → "纹理化"命令, 在弹出的"纹理化"对话框中保持默认设置, 直接单击"确定"按钮, 得到逼真的花布底印效果, 如图 8-5 所示。

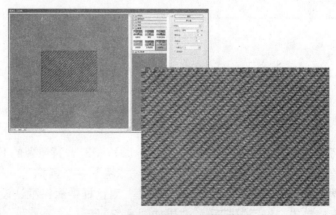

图 8-5　得到逼真的花布底印效果

5　下面制作花布上的图案效果。在"图层"面板中双击"背景"图层，在弹出的"新建图层"对话框中单击"确定"按钮，得到"图层 0"，即解锁背景图层。

6　选择"图层"→"图层样式"→"渐变叠加"命令，打开"渐变叠加"对话框。在其中设置"混合模式"为"线性光"，"不透明度"为 46%，"渐变"为"黄，紫，橙，蓝渐变"，"样式"为"菱形"，然后单击"确定"按钮，得到花布底纹最终效果，如图 8-6 所示。

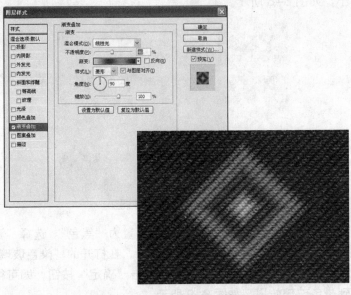

图 8-6　花布底纹最终效果

实例 8-2　石子路

本实例主要应用染色玻璃、高斯模糊等滤镜，以及"色彩范围"命令和通道功能等制作石子路效果。实例最终效果如图 8-7 所示。

图 8-7　实例最终效果

重点提示　纹理滤镜组的特点

使用纹理滤镜组可以为图像增加各种纹理效果，使图像看起来更有质感。在此需注意的是，该滤镜组中的所有滤镜都不能对 CMYK 和 Lab 颜色模式的图像起作用。

相关知识　"渐变叠加"选项组

在"渐变叠加"选项组中单击"渐变"颜色条，在弹出的"渐变编辑器"对话框其中可以选择需要的渐变效果。例如，将"混合模式"设置为"减去"，"渐变"效果设置为"橙，黄，橙渐变"后得到的效果如下所示。

原图

得到的效果

实例 8-2 说明

- 知识点：
  - 染色玻璃滤镜
  - "色彩范围"命令
  - 通道功能
- 视频教程：
  光盘\教学\第 8 章 创意背景和纹理制作
- 效果文件：
  光盘\素材和效果\08\效果\8-2.psd
- 实例演示：
  光盘\实例\第 8 章\石子路

201

染色玻璃滤镜可在图像中产生不规则的玻璃网格，模拟出欧洲教堂彩色玻璃天窗的效果。

对话框知识 **"染色玻璃"对话框**

"染色玻璃"对话框中主要选项的含义介绍如下。

- 单元格大小：用来设置单元格的尺寸。
- 边框粗细：用来设置边框的尺寸。
- 光照强度：用来设置由图像中心向周围减弱的光源亮度。

相关知识 **"色彩范围"命令**

"色彩范围"命令用于从整幅图像中选取与指定颜色相似的像素。与魔棒工具相比，其选取的区域更广。

对话框知识 **"色彩范围"对话框**

"色彩范围"对话框中主要选项的含义介绍如下。

- "选择"下拉列表框：用于设置选取颜色范围的方式。

原图

操 作 步 骤

1 选择"文件"→"新建"命令，在打开的"新建"对话框中将"名称"设置为"石子路"，"宽度"设置为"14 厘米"，"高度"设置为"10 厘米"，"背景内容"设置为"白色"，单击"确定"按钮，得到一个空白文档。

2 打开一幅素材图像（光盘\素材和效果\08\素材\8-1.jpg），使用移动工具 将其拖入到文档中，并调整为和文档一样的大小，如图 8-8 所示。

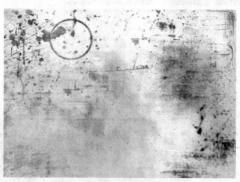

图 8-8 拖入图像并调整

3 将前景色设置为"白色"，背景色设置为"黑色"。选择"滤镜"→"纹理"→"染色玻璃"命令，在打开的"染色玻璃"对话框中设置合适的参数，然后单击"确定"按钮，即可得到染色玻璃效果，如图 8-9 所示。

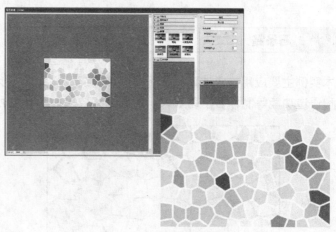

图 8-9 染色玻璃效果

4 选择"选择"→"色彩范围"命令，打开"色彩范围"对话框，在其中选中"选择范围"单选按钮，单击"确定"按钮，即可创建出选区，如图 8-10 所示。

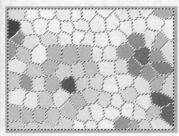

图 8-10　创建出选区

5 选择"选择"→"修改"→"平滑"命令，打开"平滑选区"对话框，在其中设置"取样半径"为 2 像素，单击"确定"按钮，如图 8-11 所示。

图 8-11　"平滑选区"对话框

6 在"图层"面板中选中"图层 1"，按 Ctrl+J 组合键，将选区复制为"图层 2"；复制"图层 2"，得到"图层 2 副本"。此时的"图层"面板如图 8-12 所示。

7 选中"图层 2"，使用移动工具将其图像向右和向下移动一段距离，效果如图 8-13 所示。

图 8-12　"图层"面板　　图 8-13　向右和向下移动一段距离

8 选中"图层 2"。选择"滤镜"→"模糊"→"高斯模糊"命令，打开"高斯模糊"对话框。在其中将"半径"设置为 2.4 像素，单击"确定"按钮，效果如图 8-14 所示。

选择"红色"后将图像中的红色选取

如果选择"取样颜色"选项，在图像上需要选取的部位单击即可。如下所示即为在图像的背景色上单击，将其选中的例子。

将图像的背景选中

● "颜色容差"文本框：用于调整颜色选区范围，其值越大，选择的颜色范围越大；其值越小，选择的颜色则会越精确。

将值设置为 47% 时选取天空中的蓝色效果

将值设置为 164% 时选取天空中的蓝色效果

● "选择范围"单选按钮：预览窗口中的图像以选择范围的方式显示。

- "图像"单选按钮：预览窗口中的图像以图像的方式显示。
- "选区预览"下拉列表框：用于指定图像窗口中的图像预览方式，包括"无"、"灰度"、"黑色杂边"、"白色杂边"以及"快速蒙版"等选项，其效果分别如下所示。

无

灰度

黑色杂边

白色杂边

快速蒙版

- "载入"和"存储"按钮：用来装载和保存"色彩范围"对话框中的设定。

图 8-14　得到高斯模糊效果

9 选中"图层 2 副本"，按住 Ctrl 键不放，单击"图层 2 副本"，载入选区。设置前景色的 RGB 值为"94，92，90"，选择"编辑"→"填充"命令，在打开的"填充"对话框中设置"使用"为"前景色"，单击"确定"按钮，得到填充效果，如图 8-15 所示。

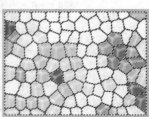

图 8-15　得到填充效果

10 打开"通道"面板，单击底部的"将选区存储为通道"按钮 ，将当前选区保存为 Alpha1，如图 8-16 所示。

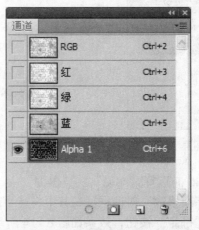

图 8-16　将当前选区保存为 Alpha1

11 选中 Alpha1，选择"滤镜"→"模糊"→"高斯模糊"命令，打开"高斯模糊"对话框，在其中将"半径"设置为 8.7 像素，如图 8-17 所示。

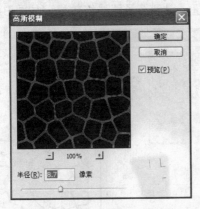

图 8-17　"高斯模糊"对话框

12 单击"确定"按钮，得到高斯模糊效果，如图 8-18 所示。

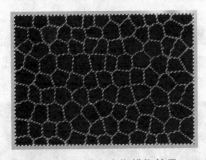

图 8-18　得到高斯模糊效果

13 选中"图层"面板中的"图层 2 副本"，选择"滤镜"→"渲染"→"光照效果"命令，打开"光照效果"对话框，在其中将"样式"设置为"向下交叉光"，如图 8-19 所示。

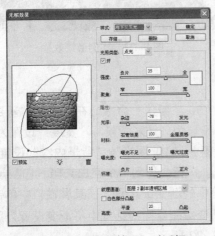

图 8-19　"光照效果"对话框

- "吸管工具" ![icon]：在图像中吸取颜色，以确定选取范围。
- "吸管工具" ![icon]：在前面已有选区的基础上增加选择区域。
- "吸管工具" ![icon]：在前面已选区域的基础上减少选区。

重点提示　设置"本地化颜色簇"

在"色彩范围"对话框中有一个"本地化颜色簇"复选框，选中此复选框后，可使当前选中的颜色过渡更平滑。选中"本地化颜色簇"复选框，并在图像中选取了颜色后，其下方的"范围"文本框被激活，在其框中输入相应的数值或拖动下方的滑块，可设置本地化颜色簇的选择范围，如下所示。

原图

将"范围"的值设置为 43% 后进行填充得到的效果

将"范围"的值设置为 90% 后进行填充得到的效果

在"色彩范围"对话框中还有一个"反相"复选框,选中此复选框,可将当前选中的选区反选,如下所示。

原图

选中图像中的叶子,然后将其填充为深蓝色得到的效果

将选区反相后填充为深蓝色得到的效果

实例 8-3 说明

● 知识点:
• 渐变工具
• "色彩平衡"命令
• "曲线"命令

● 视频教程:
光盘\教学\第8章 创意背景和纹理制作

● 效果文件:
光盘\素材和效果\08\效果\8-3.psd

● 实例演示:
光盘\实例\第8章\炫彩背景

14 单击"确定"按钮,得到光照滤镜效果。选择"滤镜"→"杂色"→"添加杂色"命令,打开"添加杂色"对话框,在其中将"数量"设置为16.57%,其余参数保持默认设置,单击"确定"按钮,得到石子路最终效果,如图8-20所示。

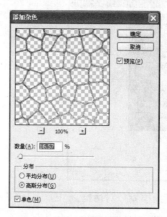

图 8-20 石子路最终效果

实例 8-3 炫彩背景

本实例主要应用渐变工具以及图层混合模式等功能制作炫彩背景效果。实例最终效果如图8-21所示。

图 8-21 实例最终效果

操 作 步 骤

1 选择"文件"→"新建"命令,在打开的"新建"对话框中将"名称"设置为"炫彩背景","宽度"设置为"14 厘米","高度"设置为"10 厘米","背景内容"设置为"白色",单击"确定"按钮,得到一个空白文档。

2 选择工具箱中的渐变工具,在其属性栏中单击渐变条,在打开的"渐变编辑器"对话框中将渐变设置为黑、白交替渐变,如图8-22所示。

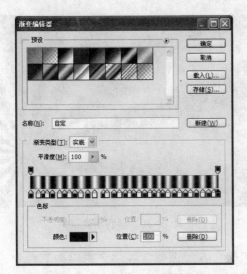

图 8-22　设置为黑、白交替渐变

3 在渐变工具属性栏中单击"角度渐变"按钮，在文档的左
上角位置拖出一条直线，得到如图 8-23 所示的渐变效果。

图 8-23　得到渐变效果

4 选择"图像"→"调整"→"色彩平衡"命令，打开"色彩
平衡"对话框。在其中将"色阶"值设置为"+85，-82，+82"，
单击"确定"按钮，即可得到需要的颜色效果，如图 8-24
所示。

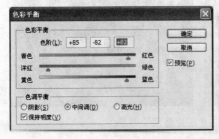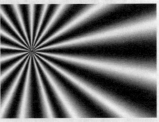

图 8-24　得到需要的颜色效果

5 新建一个"图层 1"，然后使用渐变工具在此图层的右下角
处拖出一条直线，得到如图 8-25 所示的渐变效果。

相关知识　如何改变色标的颜色

在"渐变编辑器"对话框
中可以改变色标的颜色，方法
有以下 3 种。

- 在渐变条下方合适的位置处
单击，即可添加一个色标，
然后在图像中需要的颜色
上单击，即可将此颜色设置
为刚才所添加色标的颜色，
如下所示。

在渐变条下方添加一个色标

在图像中需要的颜色上单击

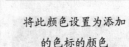

将此颜色设置为添加
的色标的颜色

- 双击色标，在弹出的如下所
示的"选择色标颜色"对话
框中可以更加精确地设置色
标的颜色。

- 在"渐变编辑器"对话框中
单击左下角"颜色"选项的
色块，也可打开"选择色标
颜色"对话框，在其中选择
需要的颜色即可。

"曲线"对话框中的
"预设"下拉列表框

　　在"曲线"对话框的"预设"下拉列表框中，可以根据实际情况选择需要的预设效果。其中包括"默认值"、"彩色负片"、"增加对比度"、"较亮"、"负片"等多个选项，其效果如下所示。

默认值

彩色负片

增加对比度

较亮

负片

图 8-25　得到渐变效果

6 选择"图像"→"调整"→"色彩平衡"命令，在打开的"色彩平衡"对话框中将"色阶"值设置为"-84，+81，+87"，单击"确定"按钮，得到需要的颜色效果，如图 8-26 所示。

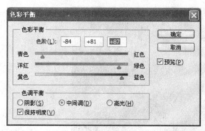
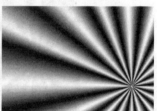

图 8-26　得到需要的颜色效果

7 在"图层"面板中选中"图层 1"，将其混合模式设置为"正片叠底"，效果如图 8-27 所示。

图 8-27　"正片叠底"效果

8 选择"图像"→"调整"→"曲线"命令，在打开的"曲线"对话框中进行适当的设置，然后单击"确定"按钮，得到更加亮丽的效果，如图 8-28 所示。

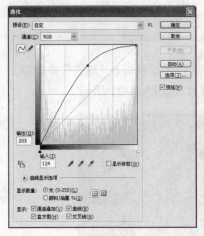

图 8-28　得到更加亮丽的效果

9 新建"图层 2"，选择工具箱中的渐变工具 ，在其属性栏中将渐变方式设置为"透明彩虹渐变"，然后单击"对称渐变"按钮 ，在图像上拖出一条直线，得到渐变效果，如图 8-29 所示。

图 8-29　得到渐变效果

10 在"图层"面板中设置"图层 2"的混合模式为"颜色"，得到炫彩背景最终效果，如图 8-30 所示。

图 8-30　炫彩背景最终效果

相关知识　"曲线"对话框中的"显示数量"选项组

　　在"曲线"对话框中有一个"显示数量"选项组，其中包括"光（0～255）"和"颜料/油墨%"两个单选按钮。选中某一单选按钮后，曲线调整窗口将以对应的方式显示，如下所示。

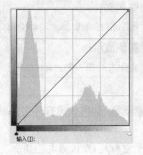

选中"光（0～255）"单选按钮，它表示"显示光亮（加色）"

选中"颜料/油墨%"单选按钮，它表示"显示颜料量（减色）"

重点提示　"色彩平衡"命令的特点

　　"色彩平衡"命令其实是利用颜色的互补来进行颜色的调整。如图像中黄色过重，可以加重蓝色；如图像中洋红过重，可以加重绿色等。

应用命令前后的效果对比

实例 8-4 说明

🔘 知识点：
• 染色玻璃滤镜
• 旋转扭曲滤镜
• "叠加"混合模式

🔘 视频教程：
光盘\教学\第 8 章 创意背景和纹理制作

🔘 效果文件：
光盘\素材和效果\08\效果\8-4.psd

🔘 实例演示：
光盘\实例\第 8 章\糖果包装纸

重点提示 **如何快速打开文件**
　　在 Photoshop CS5 中双击背景空白处（默认为灰色显示区域），打开"打开"对话框，从中选择需要的文件即可。

对话框知识 **"滤镜库"对话框**
　　简单地说，滤镜库就是存放常用滤镜的仓库，通过它可以快速地找到所需的滤镜并进行相应的设置和浏览。
　　选择"滤镜"→"滤镜库"命令，打开如下所示的"滤镜库"对话框。
　　此对话框中主要选项的含义介绍如下。
● 左侧为预览窗口。
● 中间部分为提供的 6 组滤镜，单击滤镜组名左侧的▶按钮，即可将其展开。在其中单击需要应用的滤镜图标，可在左侧的预览窗口中显示出效果，如下所示。

实例 8-4 糖果包装纸

　　本实例将使用染色玻璃、旋转扭曲滤镜以及"填充"等命令，制作糖果包装纸效果。实例最终效果如图 8-31 所示。

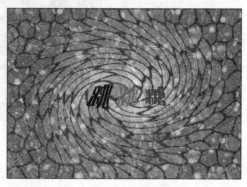

图 8-31　实例最终效果

操 作 步 骤

1 选择"文件"→"新建"命令，在打开的"新建"对话框中将"名称"设置为"糖果包装纸"，"宽度"设置为"14 厘米"，"高度"设置为"10 厘米"，"背景内容"设置为"白色"，单击"确定"按钮，得到一个空白文档。

2 将前景色的 RGB 值设置为"0，169，188"，背景色的 RGB 值设置为"227，148，35"。选择工具箱中的渐变工具▣，在其属性栏中单击"径向渐变"按钮▣，在文档的偏右侧拖出一条直线，得到渐变效果，如图 8-32 所示。

图 8-32　得到渐变效果

3 选择"滤镜"→"纹理"→"染色玻璃"命令，在打开的"染色玻璃"对话框中进行适当的设置，然后单击"确定"按钮，效果如图 8-33 所示。

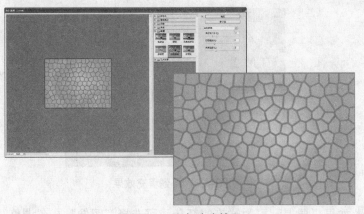

图 8-33　染色玻璃效果

照亮边缘滤镜

4️⃣ 选择"滤镜"→"扭曲"→"旋转扭曲"命令，在打开的"旋转扭曲"对话框中将"角度"值设置为 247 度，单击"确定"按钮，效果如图 8-34 所示。

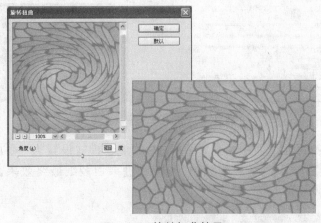

图 8-34　旋转扭曲效果

墨水轮廓滤镜

阴影线滤镜

5️⃣ 新建一个"图层 1"，选择"编辑"→"填充"命令，打开"填充"对话框，在"使用"下拉列表框中选择"图案"选项，然后在"自定图案"下拉列表框中选择"紫色雏菊"选项，如图 8-35 所示。

撕边滤镜

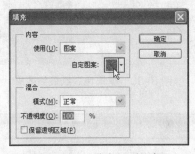

图 8-35　"填充"对话框

马赛克拼贴滤镜

6️⃣ 单击"确定"按钮，得到填充效果，如图 8-36 所示。

- 右侧为当前所选滤镜参数设置区。

- ⬚："新建效果图层"按钮，位于对话框的右下角。单击此按钮，可新建一个效果图层。

- 🗑："删除效果图层"按钮，位于对话框的右下角。单击此按钮，可以删除效果图层。

- ⌃：单击此按钮，可以将效果选项隐藏，增加预览框的视图范围。

- ⊟："缩小"按钮，单击一次此按钮，可将预览窗口中的图像按一定的比例缩小一次。

- ⊞："放大"按钮，单击一次此按钮，可将预览窗口中的图像按一定的比例放大一次。

- ⌄：缩放下拉列表框，在其中可以设置需要放大或缩小的百分比值，还可以设置以何种方式预览图像（包括"实际像素"、"符合视图大小"以及"按屏幕大小缩放"3种方式）。

实例 8-5 说明

- 🔵 知识点：
  - "径向模糊"命令
  - "液化"命令
  - "照亮边缘"命令

- 🔵 视频教程：
  光盘\教学\第8章 创意背景和纹理制作

- 🔵 效果文件：
  光盘\素材和效果\08\效果\8-5.psd

- 🔵 实例演示：
  光盘\实例\第8章\炫彩线条

图 8-36　得到填充效果

7 如果想要得到更为鲜艳的颜色，可选择"图像"→"调整"→"色彩平衡"命令，在打开的"色彩平衡"对话框中按照图 8-37 所示进行设置，然后单击"确定"按钮。

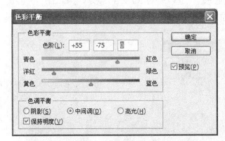

图 8-37　得到更为鲜艳的颜色

8 在"图层"面板中将"图层 1"的混合模式设置为"叠加"，然后输入文字"跳跳糖"，得到糖果包装纸最终效果，如图 8-38 所示。

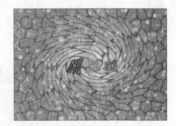

图 8-38　糖果包装纸最终效果

实例 8-5　炫彩线条

　　本实例主要使用"径向模糊"、"液化"以及"照亮边缘"命令来制作炫彩线条效果。实例最终效果如图 8-39 所示。

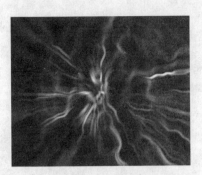

图 8-39　实例最终效果

操作步骤

1. 选择 "文件" → "新建" 命令，创建一个名为 "炫彩线条"，大小为 17 厘米×14 厘米的白色空白文档。打开一幅素材图像（光盘\素材和效果\08\素材\8-2.jpg），将其拖入文档中，并调整为和文档一样的大小，如图 8-40 所示。

2. 选择 "滤镜" → "模糊" → "径向模糊" 命令，打开 "径向模糊" 对话框，在其中将 "数量" 设置为 100，"模糊方法" 设置为 "缩放"，"品质" 设置为 "好"，如图 8-41 所示。

图 8-40　拖入一幅图像

图 8-41　"径向模糊" 对话框

3. 单击 "确定" 按钮，得到如图 8-42（左）所示的效果。再次执行一次此命令，在弹出的对话框中进行同样的设置，然后单击 "确定" 按钮，得到如图 8-42（右）所示的效果。

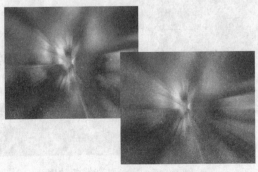

图 8-42　得到的径向模糊效果

相关知识　径向模糊滤镜

径向模糊滤镜可以使图像产生放射性效果，它是模糊滤镜中最常用的一种类型。

对话框知识　"径向模糊" 对话框

"径向模糊" 对话框中主要选项的含义介绍如下。

- 数量：用来控制生成效果的模糊程度。
- 模拟方法：其中包括 "旋转" 与 "缩放" 两项。
  * 旋转：选中此单选按钮，可以得到旋转模糊效果，如下所示。

原图

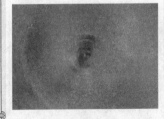

旋转模糊效果

  * 缩放：选中此单选按钮，可以得到由中心点向外辐射的模糊效果，如下所示。

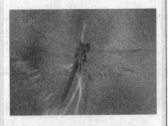

缩放模糊效果

- 品质：可以从中选择模糊效果的质量。
- "中心模糊"预览框：拖动此框中的中心点，可以设置旋转中心点。

相关知识 **照亮边缘滤镜**

照亮边缘滤镜可以为图像的边缘添加类似于霓虹灯的光亮效果。在其对话框中，可以设置边缘宽度、亮度以及平滑度。应用此滤镜前后的效果对比如下所示。

原图

应用照亮边缘
滤镜后的效果

相关知识 **"自动对比度"命令**

使用"自动对比度"命令，系统会自动增加图像明暗的对比度，即使图像中的高光显得更亮，阴影显得更暗。

因为"自动对比度"命令不会单独调整通道，所以不会引入或消除色痕。

选择"图像"→"调整"→"自动对比度"命令，即可得到效果。

应用此滤镜前后的效果对比

4️⃣ 选择"图像"→"调整"→"曲线"命令，在打开的"曲线"对话框中进行适当的设置，然后单击"确定"按钮，得到更加亮丽的效果，如图 8-43 所示。

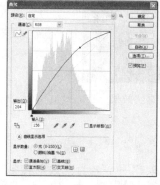

图 8-43　得到更加亮丽的效果

5️⃣ 选择"滤镜"→"液化"命令，打开"液化"对话框，在其中使用膨胀工具 ⊙ 在图像上进行涂抹，使其产生变形，然后单击"确定"按钮，得到变形效果，如图 8-44 所示。

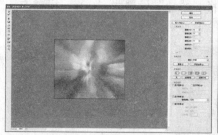

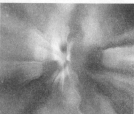

图 8-44　得到变形效果

6️⃣ 选择"滤镜"→"风格化"→"照亮边缘"命令，在打开的"照亮边缘"对话框中进行适当的设置，然后单击"确定"按钮，得到炫彩线条效果，如图 8-45 所示。

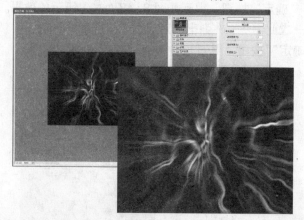

图 8-45　得到炫彩线条效果

实例 8-6 说明

💬 知识点：
 • "描边"命令
 • "定义图案"命令
 • 铬黄滤镜

💬 视频教程：
 光盘\教学\第 8 章 创意背景和纹理制作

💬 效果文件：
 光盘\素材和效果\08\效果\8-6.psd

💬 实例演示：
 光盘\实例\第 8 章\地板纹理

实例 8-6　地板纹理

本实例主要应用"定义图案"、"填充"命令以及铬黄滤镜等功能制作地板纹理效果。实例最终效果如图 8-46 所示。

图 8-46　实例最终效果

操 作 步 骤

1 选择"文件"→"新建"命令，创建一个名为"地板纹理"，大小为 14 厘米×14 厘米的黄色空白文档。选择工具箱中的矩形选框工具 □，在文档中拖出一个矩形选区，如图 8-47 所示。

图 8-47　拖出一个矩形选区

2 选择"编辑"→"描边"命令，打开"描边"对话框，在其中将"宽度"设置为 3px，"颜色"设置为"黑色"，"位置"设置为"居外"，单击"确定"按钮，得到描边效果，如图 8-48 所示。

图 8-48　得到描边效果

重点提示 **背景图层的特点**

在"图层"面板中，背景图层是一个特殊的图层，它不能够移动，永远位于所有图层的最下方。如果想对背景图层进行调整，需要将其转换为普通图层。方法是：在背景图层上双击，在打开的"新建图层"对话框中进行设置，然后单击"确定"按钮即可。

重点提示 **使用定义的画笔**

使用定义的画笔时，它会根据图像颜色的深浅自动体现出不透明或半透明的绘制效果。

相关知识 **铬黄滤镜**

使用铬黄滤镜可以对图像进行渲染，得到近似擦亮的铬黄表面效果，如下所示。

原图

应用铬黄滤镜后的效果

操作技巧 **如何恢复液化变形**

　　使用"液化"命令可以进行各种扭曲变形。如果对变形效果不满意,使用重建工具 ☑ 在变形的图像上涂抹,即可将涂抹的部位恢复到原来的效果,如下所示。

原图

使用向前变形工具
变形后的效果

---

3 使用矩形选框工具 ▦ 将描边图形选中,选择"编辑"→"定义图案"命令,在打开的"图案名称"对话框中将"名称"设置为"地板",单击"确定"按钮,如图 8-49 所示。

图 8-49　将"名称"设置为"地板"

4 新建"图层 1",选择"编辑"→"填充"命令,打开"填充"对话框。在"使用"下拉列表框中选择"图案"选项,在"自定图案"下拉列表框中选择"地板",然后单击"确定"按钮,得到填充效果,如图 8-50 所示。

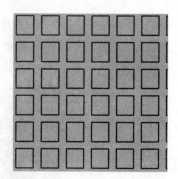

图 8-50　得到填充效果

5 选择"滤镜"→"素描"→"铬黄"命令,在打开的"铬黄"对话框中进行适当的设置,然后单击"确定"按钮,效果如图 8-51 所示。

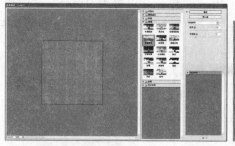

图 8-51　铬黄效果

6 选择"图像"→"调整"→"色彩平衡"命令,在打开的"色彩平衡"对话框中按照图 8-52 所示进行设置,然后单击"确定"按钮,得到地板纹理最终效果。

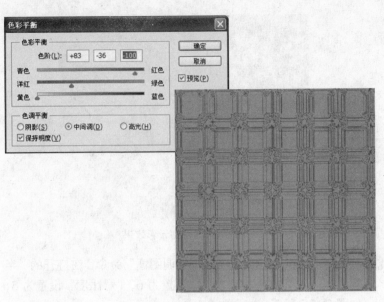

图 8-52　地板纹理最终效果

实例 *8-7* **网格纹理**

本实例主要应用云彩、半调图案、阴影线滤镜以及图层混合模式等功能制作网格纹理效果。实例最终效果如图 8-53 所示。

图 8-53　实例最终效果

操 作 步 骤

1 选择"文件"→"新建"命令，创建一个名为"网格纹理"，大小为 15 厘米×12 厘米的白色空白文档。将前景色设置为"白色"，背景色的 RGB 值设置为"188，129，68"。选择"滤镜"→"渲染"→"云彩"命令，得到云彩效果，如图 8-54 所示。

重点提示　**同时打开若干文件**

按住 Ctrl 键或 Shift 键的同时单击需要打开的若干个图像文件，可以同时将这些文件打开。

实例 *8-7* **说明**

　知识点：

　　• 云彩滤镜

　　• 半调图案滤镜

　　• 阴影线滤镜

　视频教程：

　　光盘\教学\第 8 章 创意背景和纹理制作

　效果文件：

　　光盘\素材和效果\08\效果\8-7.psd

　实例演示：

　　光盘\实例\第 8 章\网格纹理

相关知识　**冻结蒙版工具与解冻蒙版工具**

在"液化"对话框中，有一个冻结蒙版工具 ，使用此工具可以绘制不被扭曲的区域，即绘制区域会被冻结，使用任何变形工具都不会对其产生变形；还有

217

一个解冻蒙版工具 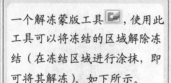，使用此工具可以将冻结的区域解除冻结（在冻结区域进行涂抹，即可将其解冻）。如下所示。

原图

使用冻结蒙版工具在图像中的两条鱼部位涂抹将其冻结

对图像中的其他部位进行各种变形操作，得到效果

使用解冻蒙版工具在冻结区域涂抹将其解冻，得到最终效果

相关知识 **"显示网格"复选框**

在"液化"对话框中有一个"显示网格"复选框，选中

图 8-54　得到云彩效果

2️⃣ 选择"滤镜"→"素描"→"半调图案"命令，在打开的"半调图案"对话框中将"大小"设置为6，"对比度"设置为6，如图 8-55 所示。

图 8-55　"半调图案"对话框

3️⃣ 在"半调图案"对话框中单击右下角的"新建效果图层"按钮，创建滤镜图层；然后选择"画笔描边"下的阴影线滤镜，在其对话框中设置"描边长度"为4，"锐化程度"为2，"强度"为3，如图 8-56 所示。

图 8-56　设置"阴影线"滤镜

4️⃣ 单击"阴影线"对话框右下角的"新建效果图层"按钮，再创建一个滤镜图层，复制阴影线。设置完成后，单击"确定"按钮，得到如图 8-57 所示的效果。

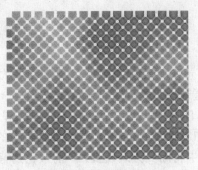

图 8-57　得到的效果

5 复制"背景"图层，得到"背景 副本"图层。将其混合模式设置为"线性加深"，"不透明度"设置为 53%，效果如图 8-58所示。

图 8-58　调整图层混合模式和不透明度后的效果

6 选择工具箱中的裁剪工具 ，将图像的边缘裁去，得到网格纹理最终效果。

实例 8-8　光晕背景

　　本实例主要应用矩形选框工具、椭圆选框工具以及自定形状工具等制作光晕背景。实例最终效果如图 8-59 所示。

图 8-59　实例最终效果

此复选框后，其下方的"网格大小"和"网格颜色"下拉列表框将被激活，从中可以设置网格的样式，如下所示。

网格大小设置为"小"

网格大小设置为"中"

网格大小设置为"大"

实例 8-8 说明

● 知识点：
- 矩形选框工具
- 路径选择工具
- 椭圆选框工具

● 视频教程：
光盘\教学\第 8 章 创意背景和纹理制作

● 效果文件：
光盘\素材和效果\08\效果\8-8.psd

● 实例演示：
光盘\实例\第 8 章\光晕背景

重点提示 如何选择工具箱中的工具

- 在工具箱中单击需要的工具按钮，待其变成反白状态，即表示已经被选中。
- 直接按工具快捷键，可以快速地选择此工具（工具名称右面的字母就是快捷键）。

重点提示 如何选择工具箱中的隐藏工具

在工具箱中，某些工具的右下角带有一个小三角形符号"◢"，这表示在此工具位置上存在着一个级联工具组，其中包括若干个相关的工具。可以通过以下的方法来选择工具箱中的这些隐藏工具。

- 单击工具按钮并按住鼠标左键不放，或在工具按钮上单击鼠标右键，然后在打开的菜单中选择相应的工具即可。

- 按住 Alt 键，然后反复地单击有隐藏工具的按钮，属性栏就会循环地出现每个隐藏工具的按钮。

相关知识 "历史记录"面板

在"历史记录"面板中记录了用户对图像进行编辑和修改的过程，如下所示。

操作步骤

1 选择"文件"→"新建"命令，创建一个名为"光晕背景"，大小为 17 厘米×14 厘米的白色空白文档。

2 将前景色的 RGB 值设置为"99，60，217"，背景色的 RGB 值设置为"188，129，68"。选择工具箱中的渐变工具，在其属性栏中将渐变方式设置为"前景色到背景色渐变"，单击"线性渐变"按钮，从文档的左上角至右下角拖出一条直线，得到渐变效果，如图 8-60 所示。

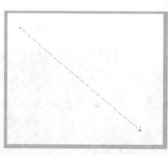

图 8-60　得到渐变效果

3 选择工具箱中的矩形选框工具，在文档中拖出一个矩形选区。打开"路径"面板，单击底部的"从选区生成工作路径"按钮，将选区创建为路径，如图 8-61 所示。

图 8-61　将选区创建为路径

4 按下 Alt+Ctrl+T 组合键，复制此路径并添加变换控制框，使用鼠标向下拖动，得到复制的矩形路径，如图 8-62（左）所示。按 Enter 键以确认，然后按下 Alt+Shift+Ctrl 组合键不放，多次按下 T 键，重复复制，得到向下移动的多个矩形路径，效果如图 8-62（右）所示。

图 8-62　得到复制的矩形路径

5 选择工具箱中的路径选择工具 ，按住 Shift 键，将复制出的矩形路径全部选中。按 Ctrl+T 组合键，将其顺时针旋转一定的角度，并将其变大，使其覆盖住整个文档。

6 按下 Enter 键，取消调整控制框。新建 "图层 1"，在 "路径" 面板中单击底部的 "将路径作为选区载入" 按钮 ⭕，然后使用油漆桶工具将其填充为白色，效果如图 8-63 所示。

图 8-63　填充为白色

7 在 "图层" 面板中将 "图层 1" 的 "不透明度" 设置为 87%，得到更加自然的光线效果，如图 8-64 所示。

图 8-64　得到更加自然的光线效果

8 新建 "图层 2"，选择工具箱中的椭圆选框工具 ⭕，按住 Shift 键，在文档中绘制一个正圆选区。选择 "编辑" → "描边" 命令，打开 "描边" 对话框，在其中将 "宽度" 设置为 10px，"不透明度" 设置为 45%，单击 "确定" 按钮，得到光晕效果，如图 8-65 所示。

当用户进行了错误操作时，可通过此面板返回到前面的某个操作状态中，在需要返回到的步骤上单击即可；还可将错误操作进行删除，将此步骤拖到下方的 "删除当前状态" 按钮 🗑 上即可。

相关知识　转换点工具 ◤

转换点工具 ◤ 可以调整路径的形状，并且还能将锚点在平滑型锚点和折角型锚点之间进行转换，从而实现路径在直线和曲线之间的转换。

操作技巧　转换点工具的使用

● 在直线路径中的锚点上单击鼠标并拖动，即可将此锚点转换成平滑锚点，然后拖动在锚点上出现的控制手柄，可对曲线形状进行调整，如下所示。

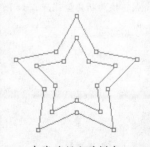

直线路径上的锚点

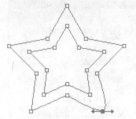

单击鼠标并拖动，将直线路径
转换为曲线路径

● 在曲线路径中的锚点上单击
鼠标，即可将曲线路径转换
为直线路径，如下所示。

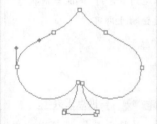

曲线路径上的描点

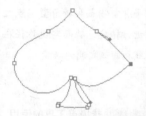

将曲线路径转换为直线路径

● 在平滑型锚点中的一个控制
手柄上按下鼠标左键并拖
动，可以分别控制此锚点两
端的曲线形状，使平滑型锚
点转换为折角型锚点，如下
所示。

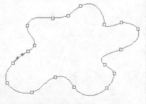

平滑型锚点

图 8-65　得到光晕效果

9 选择工具箱中的魔棒工具 ，将绘制出的光晕选中，按 Ctrl+C
组合键将其复制，然后按 Ctrl+V 组合键将其粘贴，按 Ctrl+T
组合键将其调整为合适的大小，并置于第一个光晕内，得到
如图 8-66 所示的完整光晕效果。

10 将"图层 2"和"图层 3"合并，按 Ctrl+C 组合键将其复制，
然后按 4 次 Ctrl+V 组合键将其粘贴，得到 4 个粘贴后的光晕，
如图 8-67 所示。

图 8-66　完整光晕效果　　图 8-67　得到 4 个粘贴后的光晕

11 分别选中各个图层，按 Ctrl+T 组合键调整各个图层中光晕的
大小和位置，得到如图 8-68 所示的效果。

图 8-68　调整为合适的大小和位置

12 使用自定形状工具 绘制需要的图像，然后输入文字，并设
置文字图层样式，得到光晕背景最终效果。

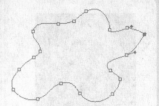

将平滑型锚点转换为
折角型锚点

本实例将使用渐变工具以及图层蒙版功能制作绚烂彩虹背景。实例最终效果如图 8-69 所示。

图 8-69　实例最终效果

操 作 步 骤

1 选择"文件"→"新建"命令，创建一个名为"彩虹背景"，大小为 17 厘米×17 厘米的白色空白文档。

2 选择工具箱中的渐变工具▣，在其属性栏中单击渐变条，打开"渐变编辑器"对话框，在其中选择"透明彩虹渐变"样式，然后在下方添加一些色标，使彩虹渐变颜色更加丰富。

3 设置完成后，单击"新建"按钮，即可在"预设"列表框中添加此渐变样式。将其选中，单击"确定"按钮，如图 8-70 所示。

图 8-70　选中添加的渐变样式

4 新建"图层 1"，在渐变工具属性栏中单击"径向渐变"按钮▣，然后在文档的中间偏下位置向右下角拖出一条直线，释放鼠标后即可得到渐变效果，如图 8-71 所示。

实例 8-9 说明

● **知识点：**
  ● 图层蒙版
  ● 钢笔工具
  ● 外发光样式

● **视频教程：**
  光盘\教学\第 8 章　创意背景和纹理制作

● **效果文件：**
  光盘\素材和效果\08\效果\8-9.psd

● **实例演示：**
  光盘\实例\第 8 章\彩虹背景

相关知识　**"图层"面板中各选项的含义**

"图层"面板中各选项的含义介绍如下。

● 正常　：在此下拉列表框中可以选择当前图层的混合模式，如下所示为其中的几个混合模式效果。

原图

变暗

滤色

叠加

减去

● 不透明度: 100% ▸：设置当前图层的不透明度，数值越小表示当前图层越透明，如下所示。

杯子图层的不透明度为 87%

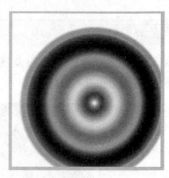

图 8-71　得到渐变效果

⑤ 在"图层"面板中选中"图层 1"，然后单击底部的"添加图层蒙版"按钮 ▣，为"图层 1"添加蒙版，如图 8-72 所示。

图 8-72　为"图层 1"添加蒙版

⑥ 将前景色设置为"黑色"，背景色设置为"白色"。在渐变工具属性栏中设置渐变方式为"前景色到背景色渐变"，单击"线性渐变"按钮 ▣，在文档的中间偏左上方处拖出一条合适长度的直线，得到线性渐变效果，如图 8-73 所示。

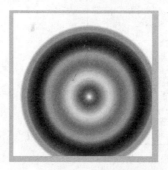

图 8-73　得到线性渐变效果

⑦ 按 Ctrl + T 组合键，调整图像的大小和位置，并进行适当的旋转，得到如图 8-74 所示的效果。

8 打开一幅素材图像（光盘\素材和效果\08\素材\8-3.jpg），使用移动工具 ⊞ 将其拖至文档中，并调整为和文档一样的大小，如图 8-75 所示。

图 8-74　得到的效果

图 8-75　拖入图像并调整

9 将"图层 2"拖至"图层 1"的下方，效果如图 8-76 所示。

图 8-76　调整图层顺序后的效果

10 选择工具箱中的钢笔工具 ∅，在其属性栏中单击"路径"按钮 ▨，在文档中绘制一条路径；然后使用横排文字工具 T 在路径上输入文字"抹出一道绚烂"，如图 8-77 所示。

图 8-77　路径文字

杯子图层的不透明度为 46%

- 锁定：⊠ ∕ ✛ ▩：用来选择图层的锁定方式，依次为"锁定透明像素"按钮 ⊠、"锁定图像像素"按钮 ∕、"锁定位置"按钮 ✛ 和"锁定全部"按钮 ▩。

- 填充：100% ▸：设置当前图层的填充度，数值越小表示图层填充颜色越透明。

- ⊷："链接图层"按钮，用于链接两个或两个以上的图层，链接图层可同时进行移动、旋转和变换等操作。

- ƒ×.："添加图层样式"按钮。单击右下角的下拉按钮，可以在弹出的下拉菜单中选择图层样式命令，为当前图层添加图层样式，如下所示。

原图

为杯子图层添加"描边"样式后的效果

- ▢："添加图层蒙版"按钮。单击此按钮，可以为当前图层添加蒙版。

- ◑.："创建新的填充或调整图层"按钮。单击右下角的

225

下拉按钮，可以在弹出的下拉菜单中为当前图层创建新的填充或调整图层。

原图

添加调整图层后的图像效果和"图层"面板

- □："创建新组"按钮。单击此按钮，可以创建新的图层组。图层组是将多个图层放在一起，方便用户操作。
- 〕："创建新图层"按钮。单击此按钮，可以创建一个新的空白图层。
- 〼："删除图层"按钮。单击此按钮，可以删除当前图层。如果将图层拖到此按钮上，则表示删除该图层。
- ▶：单击此按钮，在弹出的菜单中选择相应的命令，可以进行图层的新建、复制、删除、链接等操作。

11 在"图层"面板中的文字图层上双击，打开"图层样式"对话框，在其中选中"外发光"复选框，将"渐变"设置为刚才自定义的彩虹渐变，设置"扩展"为13%，"大小"为18像素，单击"确定"按钮，得到最终效果，如图8-78所示。

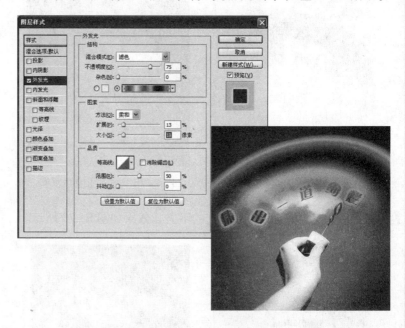

图 8-78 得到最终效果

第**9**章

Photoshop CS5 图像特效创作

本章将介绍如何制作特殊效果，其中包括倒影、晒照片、撕纸、细雨、运动效果、烧纸、云山雾绕、壁挂彩屏以及跳动的音符等特效。这些效果具有很强的代表性，可以作为读者在工作和生活中很好的借鉴，加入读者独特的创意，即可创作出真实而富有美感的作品。

本章实例讲解的主要功能如下：

实　例	主要功能	实　例	主要功能	实　例	主要功能
水中倒影	画布大小 变换 水波滤镜	晒照片	变形路径 描边图层	撕纸效果	快速蒙版 晶格化滤
雨季	添加杂色滤镜 滤色模式 钢笔工具	运动魅力	橡皮擦工具 定义图案	烧纸效果	颗粒滤镜 扩展
云山雾缭	"通道"面板 云彩滤镜 图层蒙版	壁挂彩屏	消失点滤镜 色阶	跳动的音符	填充 波浪滤镜 自定形状工具

本章在讲解实例操作的过程中，将全面、系统地介绍 Photoshop CS5 创意背景和纹理制作的相关知识。其中包含的内容如下：

实例 9-1 水中倒影

　　本实例主要应用"画布大小"、"垂直翻转"命令以及玻璃、水波滤镜等功能制作水中倒影特效。实例最终效果如图9-1所示。

图9-1 实例最终效果

操 作 步 骤

1 打开一幅素材图像（光盘\素材和效果\09\素材\9-1.jpg），然后在"图层"面板中双击"背景"图层，在弹出的"新建图层"对话框中单击"确定"按钮，得到"图层0"，如图9-2所示。

图9-2 得到"图层0"

2 选择"图像"→"画布大小"命令，打开"画布大小"对话框，在其中将"高度"值设置为"18厘米"（即比原高度值大出了一些，为倒影效果留出区域），其他参数保持默认设置，如图9-3所示。

实例 9-1 说明

● 知识点：
  - "画布大小"命令
  - "变换"命令
  - 水波滤镜

● 视频教程：
  光盘\教学\第9章 图像特效创作

● 效果文件：
  光盘\素材和效果\09\效果\9-1.psd

● 实例演示：
  光盘\实例\第9章\水中倒影

对话框知识　　"画布大小"对话框

　　选择"图像"→"画布大小"命令或者按Ctrl+Alt+C组合键，均可弹出"画布大小"对话框。其中，"定位"栏中有9个小方框，用于设置画布扩展方向；"画布扩展颜色"下拉列表框用来设置画布扩展后显示的颜色。

　　例如，在"新建大小"选项组的"定位"栏中单击左侧中间的小方格（表示裁剪或扩展的图像以左侧中间为中心），在"宽度"和"高度"文本框中输入新画布的宽度和高度值，然后将"画布扩展颜色"设置为"黑色"，单击"确定"按钮，效果如下所示。

原画布大小

设置后得到的画布大小

使用缩放工具缩放图像的方法

在对图像进行操作时，经常需要改变图像的大小或显示比例，以达到想要的效果。

使用工具箱中的缩放工具，可以将文件窗口中的图像内容进行显示比例的放大或缩小调整。

● 放大图像：选择缩放工具 🔍，在打开的图像上单击鼠标左键可以将图像放大；在图像上按住鼠标左键不放拖出一个选取框，选取框内的图像将以窗口大小进行最大范围的显示，如下所示。

在咖啡杯处拖出一个选取框

释放鼠标后得到放大效果

● 缩小图像：选择缩放工具 🔍，按住 Alt 键的同时单击鼠标左键可将图像进行缩小显示，如下所示。

原图像

3 单击"确定"按钮，得到新设置的画布大小。使用移动工具 ▶ 将原图像拖至新设置画布的上方，并与上边界对齐，如图 9-4 所示。

图 9-3　"画布大小"对话框

图 9-4　与上边界对齐

4 在"图层"面板中，将"图层 0"拖至底部的"创建新图层"按钮 🖺 上，得到"图层 0 副本"，然后将其重命名为"倒影"，如图 9-5 所示。

5 选择"编辑"→"变换"→"垂直翻转"命令，将"倒影"图层垂直翻转。按 Ctrl+T 组合键，在其属性栏中设置 H 值为 80，将"倒影"图层向垂直方向压缩一定的距离，如图 9-6 所示。

图 9-5　重命名为"倒影"　　　图 9-6　垂直翻转并压缩

6 使用移动工具 ▶ 将"倒影"图层向下拖动，使其与"图层 0"中的图像对应结合，如图 9-7 所示。

图 9-7　对应结合

7 选择"图像"→"调整"→"曲线"命令，在弹出的"曲线"对话框中调整倒影图像的亮度与对比度，然后单击"确定"按钮，得到适当变暗的倒影效果，如图 9-8 所示。

图 9-8　得到适当变暗的倒影效果

8 选择"滤镜"→"扭曲"→"玻璃"命令，在弹出的"玻璃"对话框中进行适当的设置，然后单击"确定"按钮，得到晃动水面效果，如图 9-9 所示。

图 9-9　得到晃动水面效果

9 选择工具箱中的椭圆选框工具 ○，在倒影的主体部分创建一

缩小后的效果

操作技巧　**使用菜单命令缩放图像的方法**

　　用户可以利用缩放命令放大或缩小图像。

● 在工具箱中选择缩放工具后，在图像上单击鼠标右键，在弹出的快捷菜单中选择相应的命令，即可对图像进行缩放操作，如下所示。

● 选择"视图"→"放大"或"视图"→"缩小"命令，可以将图像进行放大或缩小。

● 选择"视图"→"按屏幕大小缩放"命令，可将当前图像文件按屏幕尺寸占满显示。

● 选择"视图"→"实际像素"命令，可将图像 100% 显示。

操作技巧　**使用"导航器"面板缩放图像**

Photoshop CS5 提供了用于查看图像的辅助功能——"导航器"面板，利用此面板也能将图像进行放大或缩小。在"导航器"面板中，将底部的滑块向左或向右拖动即可，如下所示。

相关知识 应用水波滤镜得到的不同波纹

应用水波滤镜，可以得到模拟水面上起伏旋转的波纹效果。在其对话框中有一个"样式"下拉列表框，用于设置产生的波纹类型。其中包括"水池波纹"、"围绕中心"以及"从中心向外" 3 个选项，选择不同的选项会产生不同的效果，如下所示。

"水池波纹"效果

"围绕中心"效果

"从中心向外"效果

个椭圆选区，然后选择"滤镜" → "扭曲" → "水波"命令，在打开的"水波"对话框中进行适当的设置，如图 9-10 所示。

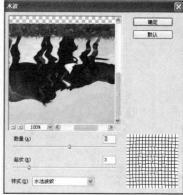

图 9-10　创建选区并设置

🔟 单击"确定"按钮，然后按 Ctrl+D 组合键取消选区，得到水波效果，如图 9-11 所示。

⓫ 选择工具箱中的矩形选框工具 ⬚，在"倒影"图层的图像中创建一个选区。选择工具箱中的渐变工具 ▣，在其属性栏中将渐变方式设置为从黑至白的线性渐变，将"不透明度"设置为 53%，然后从选区的上方至下方拖出一条直线，得到更加逼真、朦胧的水面倒影效果，如图 9-12 所示。

图 9-11　得到水波效果　　图 9-12　水面倒影最终效果

实例 9-2　晒照片

本实例将使用矩形工具、纹理化滤镜以及调整图层顺序等功能制作可爱的晒照片效果。实例最终效果如图 9-13 所示。

图 9-13　实例最终效果

操 作 步 骤

1 打开一幅素材图像 (光盘\素材和效果\09\素材\9-2.jpg)，选择工具箱中的矩形工具 ，单击其属性栏中的 "形状图层" 按钮 ，在图像的上方部位从左至右绘制一条填充色为橙色的矩形，如图 9-14 (左) 所示。选择 "编辑" → "变换路径" → "变形" 命令，调整矩形的形状，使其呈现一条弯曲的绳子状态，如图 9-14 (右) 所示。

图 9-14　得到弯曲的绳子

2 选择 "滤镜" → "纹理" → "纹理化" 命令，打开 "纹理化" 对话框，在其中进行如图 9-15 (左) 的设置，单击 "确定" 按钮，得到绳子纹理效果。然后再进行适当的高斯模糊处理，使其与图像光线更加融合，得到如图 9-15 (右) 的效果。

图 9-15　得到逼真的绳子效果

实例 9-2 说明

知识点：
- "变形路径" 命令
- 矩形选框工具
- "描边" 图层样式

视频教程：
光盘\教学\第 9 章 图像特效创作

效果文件：
光盘\素材和效果\09\效果\9-2.psd

实例演示：
光盘\实例\第 9 章\晒照片

对话框知识　"填充路径" 对话框

当用户对路径进行创建和编辑后，可使用一些工具对路径进行描边和填充等操作，从而产生意想不到的效果。

首先介绍路径的填充在 "路径" 面板中单击右上角的 按钮，在弹出的菜单中选择 "填充路径" 命令，弹出如下所示的 "填充路径" 对话框。

此对话框中主要选项的含义介绍如下。

- "使用" 下拉列表框：在此下拉列表框中，可以选择需要的填充色。

- "自定图案"面板：在"使用"下拉列表框中选择"图案"选项后，此项将被激活。在此面板中可以选择系统自带的图案对路径进行填充，而且可以载入自定图案，如下所示。

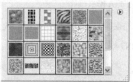

"自定图案"面板

使用系统自带的图案填充路径

使用自定的图案填充路径

- "模式"下拉列表框与"不透明度"文本框：分别用于设置当前填充的内容与底色的混合模式、不透明度，如下所示。

将填充的图案设置为"差值"混合模式

将填充的图案"不透明度"设置为"43%"

③ 打开夹子素材图像（光盘\素材和效果\09\素材\9-3.psd），分别拖入 3 次至图像中，并调整为合适的大小，然后放置于绳子上，如图 9-16（左）所示。然后再打开一幅素材图像（光盘\素材和效果\09\素材\9-4.png），分别将其中的 3 个动物图案拖入到夹子的下方，并调整为合适的大小，如图 9-16（右）所示。

图 9-16　拖入夹子和动物图案

④ 选中"图层 1"，也就是第一个夹子所在图层，单击底部的"创建新图层"按钮，得到"图层 7"。选择工具箱中的矩形选框工具，在第一个动物边缘拖出一个矩形选框，然后使用油漆桶工具填充为黑色，如图 9-17 所示。

图 9-17　填充为黑色

⑤ 在"图层 7"上双击，打开"图层样式"对话框，在其中选择"描边"复选框，将"大小"设置为 9，"颜色"设置为"橙色"，单击"确定"按钮，得到描边效果，如图 9-18 所示。

图 9-18 得到描边效果

[6] 将"图层 7"拖至"图层 1"的下方，得到夹子夹住照片效果，如图 9-19 所示。

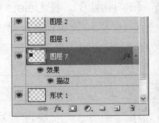

图 9-19 得到夹子夹住照片效果

[7] 按照同样的方法，分别在"图层 2"和"图层 3"的上方创建新图层，分别绘制矩形与描边，然后调整图层的顺序，得到夹子夹照片的完整效果，如图 9-20 所示。

图 9-20 得到夹子夹照片的完整效果

- "保留透明区域"复选框：选中此复选框后，可将图像中的透明部位保留，使其不被填充。但此项只针对普通图层有效。

- "羽化半径"文本框：用于为填充内容边缘设置羽化值，如下所示。

- "消除锯齿"复选框：用来消除填充内容边缘的锯齿状边缘。

相关知识 **路径描边**

所谓对路径进行描边就是指对路径的边缘进行绘制。

对路径进行描边有以下两种方法。

- 在"路径"面板中单击下方的"用画笔描边路径"按钮○，可以使用当前画笔工具对路径进行描边，描边时的颜色为前景色与背景色的混合色。例如，将前景色设置为橙色，背景色设置为白色，单击○按钮后，得到的效果如下所示。

- 在"路径"面板中单击右上角的按钮，在弹出的菜单中选择"描边路径"命令，打开"描边路径"对话框，在"工具"下拉列表框中可以选择适合的工具作为路径描边工具，如下所示。

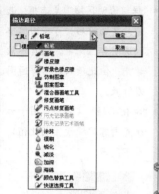

在"描边路径"对话框中还有一个"模拟压力"复选框，选中此复选框，可得到两头尖中间粗的描边效果。

相关知识 什么是快速蒙版

蒙版包括图层蒙版与快速蒙版，快速蒙版是指将不需要编辑修改的部位保护起来，使其不被操作，如下所示。

8 在下方输入文字，并为其应用"投影"和"描边"图层样式，得到可爱的文字效果，如图 9-21 所示。

图 9-21 得到可爱的文字效果

9 如果想换成可爱宝宝的照片，可以分别选中动物图像所在的图层，即"图层 4"、"图层 5"和"图层 6"，按 Delete 键分别将它们删除，然后拖入照片（光盘\素材和效果\09\素材\9-5.jpg、9-6.jpg、9-7.jpg），调整为合适的大小，即可得到最终效果。

实例 9-3 撕纸效果

本实例主要应用"画布大小"命令、"以快速蒙版模式编辑"功能以及晶格化滤镜等制作撕纸效果。实例最终效果如图 9-22 所示。

图 9-22 实例最终效果

操 作 步 骤

1 打开一幅素材图像（光盘\素材和效果\09\素材\9-8.jpg），在其"图层"面板中双击"背景"图层，在弹出的"新建图层"对话框中单击"确定"按钮，得到"图层 0"，如图 9-23 所示。

图9-23 得到"图层0"

将图像中的人物选取

应用快速蒙版

2 选择"图像"→"画布大小"命令，打开"画布大小"对话框，在其中将"宽度"和"高度"值均增大4厘米，单击"确定"按钮，得到增大后的画布效果，如图9-24所示。

图9-24 得到增大后的画布效果

将拼贴滤镜应用到未应用快速蒙版的部位

3 新建"图层1"，将其拖到"图层0"的下方，如图9-25所示。选中"图层1"，将前景色的RGB值设置为"89，70，88"，按Alt+Delete组合键将其填充为指定的前景色，如图9-26所示。

图9-25 新建"图层1" 图9-26 填充为指定的前景色

4 选择工具箱中的套索工具 ⊘ ，在图像中创建一个撕裂轨迹

操作技巧 使用快速蒙版创建选区并调整

　　如果需要创建比较随意的选区，可使用快速蒙版来实现。打开一幅图像后，单击"以快速蒙版模式编辑"按钮 ◯ ，使用画笔工具 ✎ 在需要创建快速蒙版的部位进行涂抹，然后单击"以标准模式编辑"按钮 ◯ ，即可将未创建快速蒙版的部位创建为选区，然后对选区进行颜色等的调整即可。上述过程如下所示。

原图

单击"以快速蒙版模式编辑"
按钮，然后使用画笔工具涂抹

单击"以标准模式编辑"按钮，
得到选区

使用"色相/饱和度"命令将选
区内的颜色调整为绿色，得到
最终效果

相关知识 **晶格化滤镜**

应用晶格化滤镜，可以使
图像中邻近的像素结块，从而
得到晶格化的图像效果。

在"晶格化"对话框中，
"单元格大小"选项用来设置
生成的多边形的晶格大小。如
下所示即为应用此滤镜得到
的效果。

选区，如图 9-27 所示。

5 在工具箱中单击最下方的"以快速蒙版模式编辑"按钮  ，
将创建的选区转换为快速蒙版，效果如图 9-28 所示。

图 9-27　创建一个撕裂轨迹选区　　　图 9-28　转换为快速蒙版

6 选择"滤镜"→"像素化"→"晶格化"命令，打开"晶格
化"对话框，在其中将"单元格大小"设置为 9，单击"确
定"按钮，效果如图 9-29 所示。

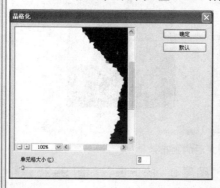 

图 9-29　得到晶格化效果

7 在工具箱中单击"以标准模式编辑"按钮  ，将得到晶格
化滤镜效果后的快速蒙版再次转换为选区状态，如图 9-30
所示。

图 9-30　转换为选区状态

8 选中"图层 0"，按 Ctrl+T 组合键，此时出现一个调整控制框，将左侧图像移动一定的距离，使其与右侧图像分离，然后旋转适当的角度，如图 9-31（左）所示。按 Enter 键，取消调整控制框。按 Ctrl+D 组合键，取消选区，得到如图 9-31（右）所示的效果。

原图

将"单元格大小"设置为 10 得到的效果

图 9-31　调整得到撕纸效果

9 使用横排文字工具 T 在图像上输入英文"callous"，变形文字为"下弧"，然后在文字图层上双击，打开"图层样式"对话框，在其中选中"渐变叠加"复选框，将"渐变方式"设置为"从前景色到背景色"，"样式"设置为"线性"，"缩放"设置为16%，单击"确定"按钮，得到撕纸最终效果，如图 9-32 所示。

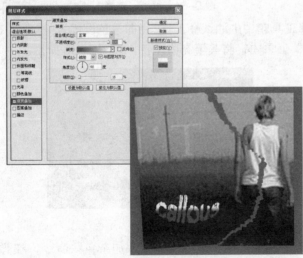

图 9-32　撕纸最终效果

实例 9-4　雨季

本实例主要应用添加杂色、动感模糊滤镜以及"色阶"命令、钢笔工具等制作雨季效果。实例最终效果如图 9-33 所示。

对话框知识　**"快速蒙版选项"对话框**

双击工具箱中的"快速蒙版工具"按钮 ⬭，将弹出如下所示的"快速蒙版选项"对话框。

此对话框中主要选项的含义介绍如下。

• 被蒙版区域：选中此单选按钮，未选中区域将以红色显示。

• 所选区域：选中此单选按钮，选区将以红色显示。

• 颜色：单击左边的颜色块，在弹出的"拾色器"对话框中可以选择蒙版色；右边的"不透明度"文本框用于设置蒙版区颜色的透明程度。

实例 9-4 说明

💬 知识点:
· 添加杂色滤镜
· "滤色"模式
· 钢笔工具

💬 视频教程:
光盘\教学\第 9 章 图像特效创作

💬 效果文件:
光盘\素材和效果\09\效果\9-4.psd

💬 实例演示:
光盘\实例\第 9 章\雨季

相关知识 杂色滤镜组

使用杂色滤镜组可以为图像添加或者去除杂色,并且还可以对颜色像素进行随机分布。

添加杂色可以消除图像在混合时出现的明显痕迹;去除杂色可以提高图像的质量,得到更加清晰、逼真的效果。

杂色滤镜组中包括如下所示的几种滤镜。

> 减少杂色…
> 蒙尘与划痕…
> 去斑
> 添加杂色…
> 中间值…

对话框知识 "减少杂色"对话框

利用减少杂色滤镜可以去除在数码拍摄时因为 ISO 值设置不当引起的杂色,也可以去除使用扫描仪扫描图像时,因为扫描传感器引起的图像杂色。

图 9-33 实例最终效果

操 作 步 骤

1️⃣ 打开一幅素材图像(光盘\素材和效果\09\素材\9-9.jpg),在"图层"面板中单击"创建新图层"按钮,得到"图层 1",如图 9-34 所示。

图 9-34 得到"图层 1"

2️⃣ 选择工具箱中的油漆桶工具,将前景色设置为"黑色",在"图层 1"上单击,将其填充为黑色,如图 9-35 所示。

图 9-35 填充为黑色

3️⃣ 选择"滤镜"→"杂色"→"添加杂色"命令,在弹出的"添加杂色"对话框中进行如图 9-36 所示的设置,然后单击"确定"按钮。选择"滤镜"→"模糊"→"动感模糊"命令,在打开的"动感模糊"对话框中将"角度"设置为73°,"距离"设置为 17,如图 9-37 所示。

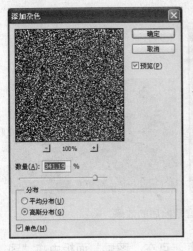 

图 9-36 "添加杂色"对话框　　图 9-37 "动感模糊"对话框

4️⃣ 单击"确定"按钮，得到添加杂色和动感模糊后的效果，
如图 9-38 所示。

图 9-38 得到的效果

5️⃣ 在"图层"面板中将"图层 1"的混合模式设置为"滤色"，
效果如图 9-39 所示。

图 9-39 "滤色"效果

6️⃣ 选择"图像"→"调整"→"色阶"命令，打开"色阶"对话
框，在其中将黑色滑块向右拖动适当的距离，效果如图 9-40
所示。

"减少杂色"对话框中主要
选项的含义介绍如下。

- 设置：在此下拉列表框中可以
  选择减少杂色调整的参数。
- "存储当前设置的拷贝"按钮
  📄：单击此按钮，打开如下
  所示的"新建滤镜设置"对
  话框。

在"名称"文本框中输入
预设名，单击"确定"按钮后，
即可将当前的参数设置保存为
一个预设文件。

- "删除当前设置"按钮🗑：单
  击此按钮，在弹出的对话框
  中单击"是"按钮，可删除
  当前所选的预设。
- 强度：用来控制应用于所有图
  像通道的亮度杂色减少量。
- 保留细节：用来设置减少杂
  色后要保留的原图像细节。
- 减少杂色：用来移去随机的
  颜色像素。其值越大，减少
  的杂色越多。
- 锐化细节：用来对图像进行
  锐化处理。

对话框知识　"蒙尘与划痕"对
话框

蒙尘与划痕滤镜可以对图
像中的缺陷进行搜索并将其融
入到周围的像素中，从而达到
除尘和隐藏瑕疵的效果。

"蒙尘和划痕"对话框中主要选
项的含义介绍如下。

- 半径：用来设置图像柔和处
  理的范围大小。
- 阈值：用来设置色阶等

级，取值范围为 0～255，其值越大，表示可以更好地保护图像的细节部分。

去斑滤镜

去斑滤镜主要用来去除图像上的杂点。此滤镜可以查找图像中颜色变化最大的区域，然后模糊消除过渡边缘以外的图像。

使用此滤镜能够在不影响原图像整体轮廓的条件下，对细微的杂点进行柔化处理，从而得到去除杂点的效果。如果需要去除较粗的杂点，此滤镜不适合使用。

打开一幅图像，选择"滤镜"→"杂色"→"去斑"命令，即可去除图像中的斑点。此滤镜没有设置对话框。

中间值滤镜

使用中间值滤镜可混合图像中像素的亮度以减少图像的杂色，削弱图像的动感效果。在其对话框中，"半径"文本框用来设置图像的平滑范围。如下所示即为应用此滤镜得到的效果。

原图

应用中间值滤镜得到的效果

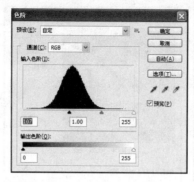

图 9-40　设置色阶后的效果

7 如果想要细雨的效果更加逼真，可在"图层"面板中将"图层 1"的"不透明度"进行适当的调整，这里调整为 47%，效果如图 9-41 所示。

图 9-41　得到逼真的细雨效果

8 新建"图层 2"，选择工具箱中的钢笔工具 ，在图像的左下角处绘制一条闭合路径，如图 9-42 所示。

图 9-42　绘制一条闭合路径

9 按 Ctrl+Enter 键，将路径载入选区，然后使用油漆桶工具将其填充为白色，如图 9-43 所示。

图 9-43 填充为白色

10 在"图层"面板中的"图层 2"上双击，打开"图层样式"对话框，在其中选中"描边"复选框，将"大小"设置为 9，"填充类型"设置为"渐变"，"渐变"设置为"前景色（深黄色）到背景色（黑色）渐变"，"角度"设置为-99°，单击"确定"按钮，得到描边效果，如图 9-44 所示。

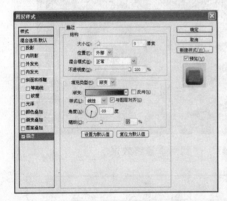

图 9-44 得到的描边效果

11 在"图层"面板中的"图层 2"的"描边"层上单击鼠标右键，在弹出的快捷菜单中选择"创建图层"命令，得到"图层 2 的外描边"图层，将其选中，如图 9-45 所示。

12 按住 Ctrl 键不放，单击"图层 2"的缩览图，将其载入选区，按 Delete 键将其删除。单击"图层 2"左侧的眼睛图标 👁️，将其隐藏，得到如图 9-46 所示的效果。

图 9-45 得到"图层 2 的外描边"图层

图 9-46 得到的效果

相关知识 自由钢笔工具

选中钢笔工具后，按 Shift+P 组合键即可切换到自由钢笔工具 。使用自由钢笔工具可以创建出自由形状的路径。在其属性栏中单击 右侧的下拉按钮，弹出如下所示的"自由钢笔选项"面板。

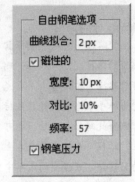

其中各选项的含义介绍如下。

- 曲线拟合：用来控制绘制路径时鼠标移动的敏感程度。其值越大，所创建的路径描点越少，越光滑。

- 磁性的：选中此复选框后，自由钢笔工具将变为磁性钢笔工具，其特性类似于磁性套索工具，并且还可以激活下面的选项。

- 宽度：用来设置磁性钢笔工具检测的距离。

- 对比：用来控制磁性钢笔工具对图像边界的灵敏度。默认值为 10，其值越大，灵敏度越低。

- 频率：此值决定了磁性钢笔工具在进行路径绘制时所放置的锚点的多少。其值越大，锚点就会越多。

- 钢笔压力：主要针对数字图形板。选中此复选框，可以减小磁性钢笔工具的检测范围。

重点提示 切换到转换点工具

选择一种工具绘制路径时，如果要切换到转换点工具 ↑，按住 Alt 键不放即可。如果要恢复为所选工具，释放鼠标即可。

相关知识 删除路径

在"路径"面板中选择需要删除的路径，将其拖动到"删除当前路径"按钮 🗑 上，当光标变为抓手状态时，释放鼠标即可删除此路径。此外，也可以在"路径"面板中单击右上角的 ▶ 按钮，在弹出的菜单中选择"删除路径"命令来完成。

实例 9-5 说明

💬 知识点：
- 径向模糊滤镜
- 橡皮擦工具
- "定义图案"命令

💬 视频教程：
光盘\教学\第 9 章 图像特效创作

💬 效果文件：
光盘\素材和效果\09\效果\9-5.psd

💬 实例演示：
光盘\实例\第 9 章\运动魅力

相关知识 模糊滤镜组

模糊滤镜组可以减小像素间的对比度，使选区或图像变得更加柔和。模糊滤镜组包括如下所示的几种滤镜。

🔢 按 Ctrl+D 组合键，取消选区。使用横排文字工具 T 输入英文 "rain season"，然后按 Ctrl+T 组合键，将文字旋转一定的角度。

🔢 在文字图层上双击，打开"图层样式"对话框；其中选中"斜面和浮雕"复选框，设置浮雕效果；然后选中"渐变叠加"复选框，设置"渐变"为"铬黄渐变"，"角度"设置为-122°；最后单击"确定"按钮，得到最终效果，如图 9-47 所示。

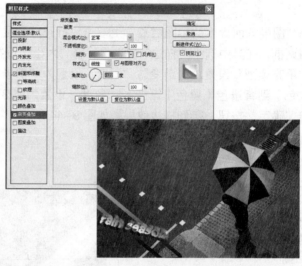

图 9-47 得到雨季最终效果

实例 9-5 运动魅力

本实例使用了径向模糊滤镜以及图案叠加图层样式等功能制作运动魅力效果。实例最终效果如图 9-48 所示。

图 9-48 实例最终效果

操 作 步 骤

1️⃣ 打开一幅素材图像（光盘\素材和效果\09\素材\9-10.jpg），使用磁性套索工具 🔲 将其中的人物选取，如图 9-49 所示。

图 9-49 将其中的人物选取

2 选择"选择"→"修改"→"羽化"命令，打开"羽化选区"对话框，在其中将"羽化半径"设置为 3 像素，如图 9-50 所示。

3 单击"确定"按钮，即可羽化选区。按 Ctrl+C 组合键复制选区，然后创建一个新图层"图层 1"，再按 Ctrl+V 组合键将其粘贴到"图层 1"中。此时的"图层"面板如图 9-51 所示。

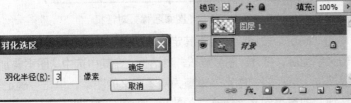

图 9-50 "羽化选区"对话框　　图 9-51 "图层"面板

4 在"图层"面板中选中"背景"图层，选择"滤镜"→"模糊"→"径向模糊"命令，打开"径向模糊"对话框，在其中将"数量"的值设置为 53，选中"缩放"和"好"单选按钮，单击"确定"按钮，效果如图 9-52 所示。

图 9-52 得到径向模糊效果

5 选择工具箱中的橡皮擦工具 ，在其属性栏中设置合适的画笔大小、"不透明度"和"流量"，选中"抹到历史记录"复选框，然后沿着图像中人物的边缘涂抹，得到更为自然、融合的效果，如图 9-53 所示。

表面模糊...
动感模糊...
方框模糊...
高斯模糊...
进一步模糊
径向模糊...
镜头模糊...
模糊
平均
特殊模糊...
形状模糊...

相关知识 橡皮擦工具组

可以使用橡皮擦工具组擦除图像中不需要的部分。橡皮擦工具组中包括橡皮擦工具 、背景橡皮擦工具 以及魔术橡皮擦工具 3 种工具，如下所示。

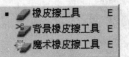

相关知识 橡皮擦工具

使用橡皮擦工具 可以对图像的不可用部分进行擦除。在背景层中，被擦除部分将以背景色进行填充；在普通图层中，被擦除部分将以透明状态显示。

其属性栏中主要选项的含义介绍如下。

● 画笔：单击其右侧的下拉按钮，在弹出的下拉列表框中可以设置橡皮擦工具的大小。

● 模式：在此下拉列表框中可以选择使用何种方式对图像进行擦除，包括"画笔"、"铅笔"以及"块"3 种方式。

* 画笔：选择此项，擦除后的效果类似于画笔擦除。

* **铅笔：**选择此项，擦除后的效果类似于铅笔擦除。

* **块：**选择此项，表示在图像窗口中会以方块的形式对图像进行擦除。

● **不透明度：**用来设置画笔和铅笔擦除时的不透明度。

● **流量：**在选择了"画笔"或"铅笔"模式时可以使用此项。流量就相当于毛笔在下笔过程中的轻重程度。例如，分别将流量设置为 30% 和 100% 时，得到的擦除效果如下所示。

将流量设置为 30%

将流量设置为 100%

重点提示 **"抹到历史记录"复选框的应用**

在橡皮擦工具属性栏中有一个"抹到历史记录"复选框，选中此复选框后，擦除时可将图像有选择地恢复至指定的步骤，有点类似于历史画笔工具的功能。

图 9-53 得到更融合的效果

6 选择工具箱中的"横排文字工具"，在图像中输入英文"SPORT charm Just open your mind"。

7 打开一幅素材图像（光盘\素材和效果\09\素材\9-11.jpg），选择"编辑"→"定义图案"命令，在弹出的"图案名称"对话框中将"名称"设置为"炫光.jpg"，如图 9-54 所示。

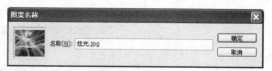

图 9-54 "图案名称"对话框

8 单击"确定"按钮，即可将其定义为图案。在"图层"面板中双击文字图层，打开"图层样式"对话框，在其中选中"图案叠加"复选框，然后将"图案"设置为刚才定义的图案，单击"确定"按钮，即可得到文字填充后的效果，如图 9-55 所示。

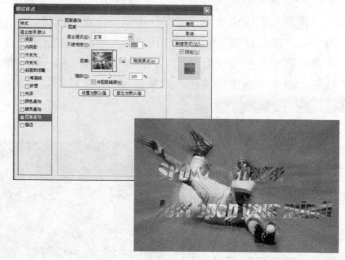

图 9-55 得到文字填充后的效果

9 选择"滤镜"→"模糊"→"径向模糊"命令，在弹出的"径向模糊"对话框中将"数量"设置为 9，选中"缩放"和"好"单选按钮，单击"确定"按钮，得到与图像效果相符的文字效果，如图 9-56 所示。

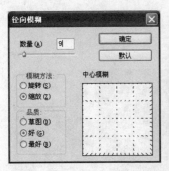

图 9-56　运动魅力最终效果

实例 9-6　烧纸效果

本实例主要应用套索工具、"以快速蒙版模式编辑"功能以及晶格化滤镜等制作烧纸效果。实例最终效果如图 9-57 所示。

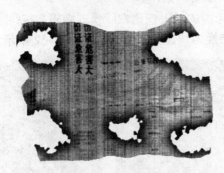

图 9-57　实例最终效果

操 作 步 骤

1 打开一幅报纸素材图像（光盘\素材和效果\09\素材9-12.jpg），如图 9-58 所示。

图 9-58　报纸图像

2 选择"滤镜"→"纹理"→"颗粒"命令，打开"颗粒"对话框，在其中将"颗粒类型"设置为"垂直"，将"强度"设置为 35，"对比度"设置为 17，如图 9-59 所示。

涂抹后的效果

选中"抹到历史记录"复选框后的涂抹效果（恢复原图像中的树叶）

实例 9-6 说明

知识点：
- 颗粒滤镜
- 快速蒙版模式编辑
- "扩展"命令

视频教程：
光盘\教学\第 9 章　图像特效创作

效果文件：
光盘\素材和效果\09\效果\9-6.psd

实例演示：
光盘\实例\第 9 章\烧纸效果

相关知识　颗粒滤镜

应用颗粒滤镜后，图像中将会随机地出现很多不规则的颗粒，从而起到为图像添加纹理的目的。

对话框知识　"拼缀图"对话框

拼缀图滤镜位于纹理滤镜组中，利用它可以使图像得到多个方块拼缀的效果（色块的颜色由此区域的主色决定）。

"拼缀图"对话框中主要选项的含义介绍如下。

- 方形大小：用来调整方形色块的大小。
- 凸现：用来调整色块凸出的程度。

如下所示即为将"方形大小"设置为 0，"凸现"设置为 19 后得到的效果。

原图

应用"拼缀图"滤镜得到的效果

马赛克拼贴滤镜

应用纹理滤镜组中的马赛克拼贴滤镜，可以使图像产生分布均匀并且形状不规则的马赛克拼贴效果。在其对话框中，可以设置缝隙宽度和拼贴大小等参数。

原图

---

3 单击"确定"按钮，得到怀旧感的图像效果，如图 9-60 所示。

图 9-59　设置"颗粒"对话框　　图 9-60　得到怀旧感的图像效果

4 选择工具箱中的套索工具 ，在其属性栏中单击"添加到选区"按钮 ，然后在图像中创建几个选区，作为烧纸效果的范围，如图 9-61 所示。

5 单击工具箱中的"以快速蒙版模式编辑"按钮 ，将图像中的选区转换为快速蒙版模式，如图 9-62 所示。

图 9-61　创建几个选区　　图 9-62　将选区转换为快速蒙版模式

6 此时的"通道"面板中出现了一个"快速蒙版"通道，如图 9-63 所示。

图 9-63　"快速蒙版"通道

7 选择"滤镜"→"像素化"→"晶格化"命令，打开"晶格化"对话框，在其中将"单元格大小"设置为 9，单击"确定"按钮，效果如图 9-64 所示。

图 9-64　得到晶格化效果

原图

应用马赛克拼贴滤镜后的效果

8 将"通道"面板中的"快速蒙版"通道拖至下方的"删除当前通道"按钮 🗑 上，将其删除，得到选区状态，如图 9-65 所示。在"通道"面板中单击"将选区存储为通道"按钮 回 ，将选区存储为通道，得到 Alpha1 通道，如图 9-66 所示。

图 9-65　得到选区状态　　图 9-66　得到 Alpha1 通道

9 按 Back Space 键将选区中的内容清除，得到如图 9-67 所示的效果。

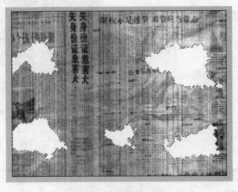

图 9-67　将选区清除

10 选中 RGB 通道，选择"选择"→"修改"→"扩展"命

相关知识　显示/隐藏面板

　　用户可以根据自己的需要对工作界面进行设置。如要显示/隐藏面板，可通过以下方法来实现。

● 如果要显示某个面板，单击"窗口"菜单项，在弹出的下拉菜单中选择所需面板的名称即可。如果其名称前带"✔"符号，则说明此面板是显示的。如果要隐藏此面板，只需要再次单击"窗口"菜单中的此面板名称即可。

● 按 Shift+Tab 键，可以在保留工具箱的情况下，显示或隐藏所有的面板。

● "颜色"、"色板"、"样式"面板的显示与隐藏由 F6 键控制。

● "图层"、"通道"、"路径"面板的显示与隐藏由 F7 键控制。

● "导航器"、"信息"、"直方图"面板的显示与隐藏由 F8 键控制。

- "历史记录"面板、"动作"面板的显示与隐藏可通过选择"窗口"→"历史记录"命令来控制。

相关知识 **拆分/组合面板**

如果想让面板组中的某一个面板分离出来，成为一个单独的面板，只需要将光标移至此面板的名称标签上，按住鼠标左键不放，拖动到其他的位置即可；如果要将分离出来的面板重新组合到原来的面板组中，只需再次将光标移至此面板的名称标签上，按住鼠标左键不放，将其拖动到原来的面板组内即可。例如，"图层"面板分离出来，效果如下所示。

原面板

将"图层"面板分离出来

相关知识 **显示/隐藏工具箱**

选择"窗口"→"工具"命令，可以将工具箱显示出来；再次选择此命令，则可将其隐藏起来。

令，打开"扩展选区"对话框，在其中将"扩展量"设置为 9 像素，如图 9-68 所示。单击"确定"按钮，得到扩展效果。

图 9-68　"扩展选区"对话框

11 选择"选择"→"修改"→"羽化"命令，打开"羽化选区"对话框，在其中将"羽化半径"设置为 9 像素，单击"确定"按钮，效果如图 9-69 所示。

图 9-69　扩展与羽化后的效果

12 选择"选择"→"载入选区"命令，打开"载入选区"对话框，在其中设置"文档"为"烧纸效果.JPG"，选中"从选区中减去"单选按钮，单击"确定"按钮，得到需要制作成烧纸效果的选区，如图 9-70 所示。

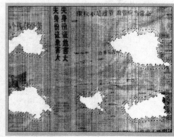

图 9-70　得到需要制作成烧纸效果的选区

13 选择"图像"→"调整"→"色相/饱和度"命令，打开"色相/饱和度"对话框，在其中将"色相"设置为+128，"饱和度"设置为+64，"明度"设置为-95，单击"确定"按钮，得到烧纸效果，如图 9-71 所示。

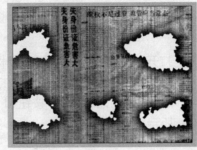

图 9-71　得到烧纸效果

14 为了使烧纸效果更为逼真，可先使用套索工具 ![] 在图像的外围创建一个选区，如图 9-72 所示。

15 选择"选择"→"反向"命令，按 Back Space 键将选区中的内容清除，然后按 Ctrl+D 组合键取消选区，得到烧纸最终效果，如图 9-73 所示。

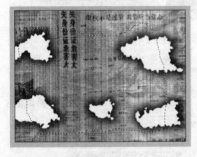

图 9-72　在图像的外围创建一个选区

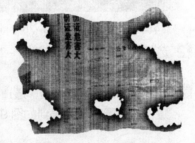

图 9-73　得到烧纸最终效果

实例 9-7　云山雾缭

本实例将使用"通道"面板、云彩滤镜以及图层蒙版等功能制作云山雾缭的效果。实例最终效果如图 9-74 所示。

图 9-74　实例最终效果

重点提示　下载图像素材

用户可以通过各种途径获取图像素材，应用到各种设计、制作中。

网络中有很多专门提供图像素材下载的网站，并且还根据图像的内容和类型进行分类，可以非常方便、快捷地找到很多素材。此外，也可以通过搜索引擎来寻找需要的图像素材。例如，打开百度首页，在搜索文本框中输入所需图像的名称，然后在搜索出的素材中选取出所需要图像并进行下载即可。

由于通过网络下载的位图图像的分辨率很低，所以不能应用到大型的广告设计中。当然，下载素材还要注意版权问题。

实例 9-7 说明

- **知识点：**
  - "通道"面板
  - 云彩滤镜
  - 图层蒙版
- **视频教程：**
  光盘\教学\第 9 章 图像特效创作
- **效果文件：**
  光盘\素材和效果\09\效果\9-7.psd
- **实例演示：**
  光盘\实例\第 9 章\云山雾缭

相关知识　复制通道

复制通道有以下 3 种方法。

- 利用"新建通道"按钮复制：选中需要复制的通道，将其

251

拖动至"创建新通道"按钮 ▣ 上,此时会在"通道"面板中自动出现一个此通道的副本,如下所示。

- 利用右键菜单:在"通道"面板中,在需要复制的通道上单击鼠标右键,在弹出的快捷菜单中选择"复制通道"命令,打开如下所示的"复制通道"对话框。

在其中进行相应的设置,然后单击"确定"按钮,即可复制通道。

- 利用下拉菜单:在"通道"面板中,选中需要复制的通道,然后单击右上角的 ▶ 按钮,在弹出的菜单中选择"复制通道"命令即可。

相关知识 **隐藏/显示通道**

在对图像进行编辑时,有时为了方便观察当前图像的操作状态,需要对部分通道进行隐藏。

在"通道"面板中,在需要隐藏的通道上单击"提示通道可视性"图标 👁,即可隐藏此通道(图像文件中将不会显示此通道中的信息);再次单击 □ 图标,此通道就会再次显示出来。

操作步骤

1 打开一幅素材图像(光盘\素材与效果\09\素材\13.jpg)。选择"窗口"→"通道"命令,打开"通道"面板。在其中单击底部的"创建新通道"按钮 ▣,得到 Alpha1 通道,如图 9-75 所示。

图 9-75 得到 Alpha1 通道

2 选择"滤镜"→"渲染"→"云彩"命令,得到如图 9-76 所示的效果。

3 按住 Ctrl 键不放,单击"通道"面板中的 Alpha1 通道,将此通道作为选区载入,得到如图 9-77 所示的效果。

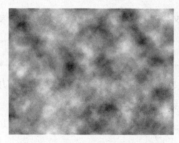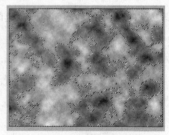

图 9-76 得到云彩效果　　图 9-77 作为选区载入

4 在"通道"面板中选中 RGB 通道,即可在图像中显示选区,如图 9-78 所示。

图 9-78 在图像中显示选区

5 新建一个"图层 1"，将背景色设置为"白色"，然后按 Ctrl+Delete 组合键，将"图层 1"填充为白色，效果如图 9-79 所示。

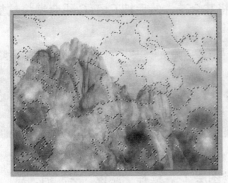

图 9-79 填充为白色

6 在"图层"面板中选中"图层 1"，单击底部的"添加图层蒙版"按钮 ▣，得到云山雾缭的特殊效果，如图 9-80 所示。

图 9-80 云山雾缭效果

实例 9-8 壁挂彩屏

本实例将使用消失点滤镜以及图层样式等功能将图片置于空白的墙壁上，得到壁挂彩屏的效果。实例最终效果如图 9-81 所示。

图 9-81 实例最终效果

操作步骤

1 打开一幅室内素材图像（光盘\素材和效果\09\素材\9-14.jpg），如

实例 9-8 说明

🔘 知识点：
- 消失点滤镜
- "色阶"命令

🔘 视频教程：

光盘\教学\第9章 图像特效创作

🔘 效果文件：

光盘\素材和效果\09\效果\9-8.psd

🔘 实例演示：

光盘\实例\第9章\壁挂彩屏

消失点滤镜是一种常用的独立滤镜，主要用于在选定的区域中自动按比例透视角度，从而得到较高透视感的图像效果。

在"消失点"对话框中，可以在图像中指定平面，然后应用绘画、仿制、复制、粘贴以及变换等编辑操作，这些编辑操作均采用在对话框中所处理平面的透视效果。此对话框中主要选项的含义介绍如下。

- 编辑平面工具 ![]：用来编辑、选择、移动平面以及调整平面的大小。

- 创建平面工具 ![]：用来设定平面的 4 个角节点，并且可以调整平面的形状和大小。

- 选框工具 ![]：用来创建方形或矩形选区，在预览图像中拖动可创建选区。

- 图章工具 ![]：选中后，可以使用图像的一个样本来进行绘制。

- 画笔工具 ![]：选中后，可以在图像中绘制选定的颜色。

- 变换工具 ![]：选中后，可以通过出现的定界框手柄对浮动选区进行缩放、旋转、移动等操作。

- 吸管工具 ![]：选中后，可以在预览图像中点按，选择一种用于绘画的颜色。

- 抓手工具 ![]：用于在对话框中通过拖动来移动视图。

- 缩放工具 ![]：用来在预览窗口中放大或缩小视图。单击

图 9-82（左）所示；再打开一幅素材图像（光盘\素材和效果\09\素材\9-15.jpg），如图 9-82（右）所示，按 Ctrl+A 组合键将其全选，然后按 Ctrl+C 组合键将其复制。

图 9-82　打开两幅素材图像

2️⃣ 新建一个"图层 1"，选择"滤镜"→"消失点"命令，打开"消失点"对话框，在其中单击"创建平面工具"按钮 ![]，在对话框中的图像墙壁上通过单击与拖动的方法绘制一个透视平面，此平面的四边分别与对应的墙壁边平行，如图 9-83 所示。

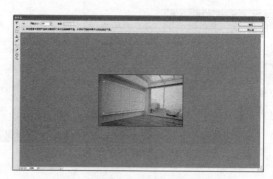

图 9-83　绘制一个透视平面

3️⃣ 按 Ctrl+V 组合键，将前面复制的图像粘贴到对话框的预览图像中，此时图像周围出现一个选区，并自动选择了选框工具 ![]，如图 9-84 所示。

图 9-84　粘贴图像

4️⃣ 在"修复"下拉列表中选择"开"选项，此时选区中的图像

得到透视变化效果，如图 9-85 所示。

图 9-85　选区中的图像得到透视变化效果

5 单击对话框中的"变换工具"按钮 ，选区四周将出现调整控制框，分别拖动各个控制点，将选区中的图像调整为和透视平面一样的大小，如图 9-86 所示。

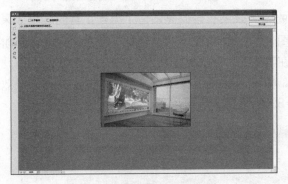

图 9-86　调整为一样的大小

6 设置完成后，单击"确定"按钮，得到如图 9-87 所示的效果。

图 9-87　得到的效果

7 下面为图像增加立体感。在"图层"面板上双击"图层 1"，打开"图层样式"对话框，在其中选中"斜面和浮雕"复选框，然后将"样式"设置为"外斜面"，"深度"设置为 358%，

鼠标左键可放大视图；按住 Alt 键的同时单击鼠标左键，可缩小视图。

操作技巧 在"消失点"对话框中编辑图像的其他方法

　　在"消失点"对话框中贴入图像后，如果想将图像调整为和广告版一样的大小，可按下 Ctrl+T 组合键，此时出现调整控制框，拖动其上的控制点进行调整即可，如下所示。

拖动控制点调整大小和角度

调整为和广告牌一样的大小和角度

操作技巧 "色阶"对话框中的"预设"下拉列表框

　　在"色阶"对话框中有一个"预设"下拉列表框，从中选择相应的选项，可以快速地调整图像的色阶，从而得到不同的效果，如下所示。

"预设"下拉列表框

原图

选择"加亮阴影"选项后的效果

选择"中间调较暗"选项后的效果

重点提示 **载入或恢复之前选区**

选择"选择"→"重新选择"命令或按下 Ctrl+Shift+D 组合键，可以载入或恢复之前的选区。

"大小"设置为 5，单击"确定"按钮，效果如图 9-88 所示。

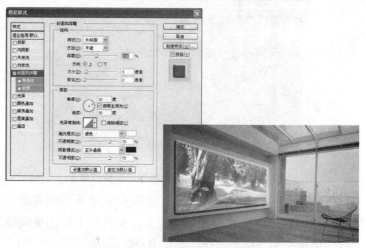

图 9-88　得到斜面与浮雕效果

8 此时的图像效果有些偏亮，为了得到正常的屏幕效果，可选择"图像"→"调整"→"色阶"命令，打开"色阶"对话框，在其中将"输入色阶"下方的黑色滑块向右拖动适当的距离，单击"确定"按钮，即可得到壁挂屏幕最终效果，如图 9-89 所示。

图 9-89　壁挂屏幕最终效果

实例 9-9　跳动的音符

本实例将使用"填充"命令、波浪滤镜以及图层样式等功能制作跳动的音符效果。实例最终效果如图 9-90 所示。

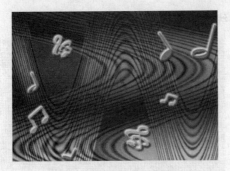

图 9-90　实例最终效果

操 作 步 骤

1 选择"文件"→"新建"命令，打开"新建"对话框，在其中设置"名称"为"跳动的音符"，"宽度"为"14 厘米"，"高度"为"10 厘米"，"背景内容"为"白色"，如图 9-91 所示。

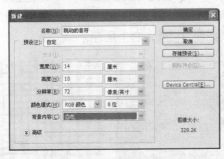

图 9-91　"新建"对话框

2 单击"确定"按钮，得到一个空白文档。选择"编辑"→"填充"命令，打开"填充"对话框。在"使用"下拉列表框中选择"图案"选项，在"自定图案"下拉列表框中选择"纱布"，单击"确定"按钮，得到填充效果，如图 9-92所示。

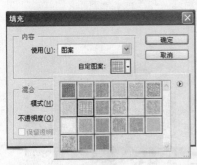

图 9-92　得到填充效果

3 在"图层"面板中将"背景"图层拖至底部的"创建新图层"按钮上，得到"背景 副本"图层。将此图层的混合模式设

实例 9-9 说明

◉ 知识点：
- "填充"命令
- 波浪滤镜
- 自定形状工具

◉ 视频教程：
光盘\教学\第 9 章 图像特效创作

◉ 效果文件：
光盘\素材和效果\09\效果\9-9.psd

◉ 实例演示：
光盘\实例\第 9 章\跳动的音符

对话框知识　**"波浪"对话框**

　　利用波浪滤镜可以得到不同的波动效果，有些图像效果还可以作为背景使用。

　　在其对话框中主要选项的含义介绍如下。

- 生成器数：用来设置生成的波浪的波源个数，其值范围为 1～999。

设置为 10 的效果

- 波长：用来设置相邻两个波峰之间的距离。可以设置波长的最小值与最大值，其中的最小波长不得大于最大波长。

- 波幅：用来设置波浪的高度。可以设置最小和最大高度。

- 比例：用来设置水平和垂直方向的波动幅度比例。

- 类型：包括"正弦"、"三角形"以及"方形"3 种波形。

- 随机化：可以随机改变波浪的效果。

重点提示 形状工具绘制特点

使用形状工具可以绘制各种形状的矢量图形，将这些图形进行放大操作时，不会失真，即和分辨率无关，并且此图形文件占用空间较小，适用于图形设计、文字设计以及版式设计等领域。

相关知识 形状工具组中的其他工具

在形状工具组中除了自定形状工具外，还包括以下几种工具。

● 矩形工具 □ ：用于绘制矩形和正方形。利用此工具直接拖曳即可得到绘制效果，如下所示。

绘制出的矩形

按住 Shift 键绘制出的正方形

● 圆角矩形工具 □ ：用于绘制圆角矩形。在其属性栏中可以设置圆角半径，其值不同，得到的效果也不同，如下所示。

圆角半径为 10px

圆角半径为 40px

置为"线性加深"，效果如图 9-93 所示。

图 9-93 得到线性加深效果

4 在"背景副本"图层上单击鼠标右键，在弹出的快捷菜单中选择"向下合并"命令，将图层进行合并。选择工具箱中的矩形选框工具 □ ，在图像上拖出一个矩形选区，如图 9-94（左）所示。按 Ctrl+T 组合键，将选区调整为和文档一样的大小，效果如图 9-94（右）所示。

图 9-94 调整矩形选区的大小

5 选择"滤镜"→"扭曲"→"波浪"命令，打开"波浪"对话框，在其中进行如下的设置，单击"确定"按钮，效果如图 9-95 所示。

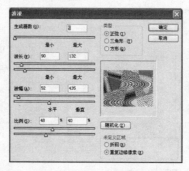
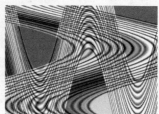

图 9-95 得到波浪效果

6 在"背景"图层上双击，在弹出的"新建图层"对话框中单击"确定"按钮，将"背景"图层转换为普通图层。在该图层上双击，打开"图层样式"对话框，在其中选中"渐变叠加"复选框，然后将"混合模式"设置为"正片叠底"，"渐变方式"设置为"黄，紫，橙，蓝渐变"，单击"确定"按钮，效果如图 9-96 所示。

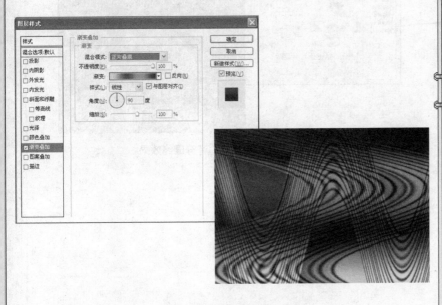

图 9-96　得到渐变叠加效果

7 选择工具箱中的自定形状工具 ![icon]，在其属性栏中选择各种音乐符号，设置不同的颜色，在图像中进行绘制，并分别对其进行旋转，得到可爱效果，如图 9-97 所示。

8 在"图层"面板中将形状图层合并，如图 9-98 所示。

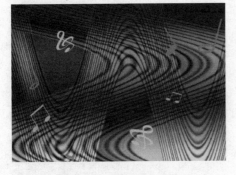

图 9-97　得到可爱效果

图 9-98　在"图层"面板中
合并形状图层

9 在"形状 8"图层上双击，打开"图层样式"对话框，在其中分别选中"斜面和浮雕"和"外发光"复选框，然后进行适当的设置，得到跳动的音符最终效果，如图 9-99 所示。

- 椭圆工具 ![icon]：用于绘制出椭圆与正圆。其属性栏与矩形工具属性栏相似。利用此工具直接拖曳即可绘制出椭圆形状；按住 Shift 键不放，在图像窗口中可以绘制出正圆，如下所示。

绘制出的椭圆

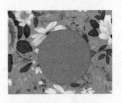

绘制出的正圆

- 多边形工具 ![icon]：用于绘制多边形以及星形。其属性栏中的"边"文本框用于设置多边形的边数，效果如下所示；在"样式"下拉列表框中可以选择系统预设的样式。

设置边数为 5

设置边数为 12

- 直线工具 ![icon]：用于绘制直线和箭头。在其属性栏中有一

个"粗细"选项，用来设置
所绘制直线的宽度，单位为
像素。如下所示即为将粗细
设置为24px后的绘制效果。

原图

得到的绘制效果

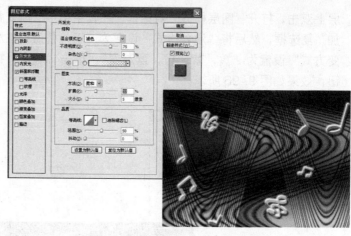

图 9-99　得到跳动的音符最终效果

第 10 章

Photoshop CS5 创意合成表现

本章使用 Photoshop CS5 中的各种工具，如选取工具、绘图工具、修图工具以及各种滤镜等，将两幅或两幅以上的图像合成为一幅艺术气息浓郁、富有诗情画意的合成图像（包括蓝调、中秋写意、趣味咖啡、魅惑珠宝、青涩回忆、古典韵画、爱的主题以及舞·空间等合成效果）。通过本章的学习，可开发独特的创意思维，以达到需要表现的图像效果。

本章实例讲解的主要功能如下：

实　例	主要功能	实　例	主要功能	实　例	主要功能
蓝调	方框模糊滤镜 光照效果滤镜	中秋写意	查找边缘滤镜 椭圆选框工具	趣味咖啡	自由变换 正片叠底模式 透视
魅惑珠宝	合并图层 镜头光晕滤镜	青涩回忆	颗粒滤镜 自定形状工具 "路径"面板	古典韵画	龟裂缝滤镜 去色 画笔工具
爱的主题	自定形状工具 图层蒙版 可选颜色	舞·空间			图层混合模式 定义画笔预设 渐变工具

本章在讲解实例操作的过程中，将全面、系统地介绍 Photoshop CS5 创意合成表现的相关知识。其中包含的内容如下：

实例 10-1 蓝调

本实例将使用添加杂色、方框模糊、光照效果以及极坐标等滤镜制作充满浪漫气息的蓝调图像效果。实例最终效果如图 10-1 所示。

图 10-1　实例最终效果

操 作 步 骤

1. 选择 "文件" → "新建" 命令，打开 "新建" 对话框，在其中设置 "名称" 为 "蓝调"，"宽度" 为 "10 厘米"，"高度" 为 "14 厘米"，"背景内容" 为 "背景色（RGB 的值为 61，158，233）"，单击 "确定" 按钮，得到一个背景颜色为淡蓝色的文档，如图 10-2 所示。

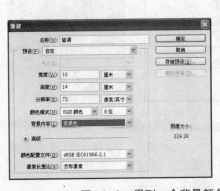

图 10-2　得到一个背景颜色为淡蓝色的文档

知识点：

- 方框模糊滤镜
- 光照效果滤镜
- 极坐标滤镜
- 直排文字工具

视频教程：

光盘\教学\第 10 章 创意合成表现

效果文件：

光盘\素材和效果\10\效果\10-1.psd

实例演示：

光盘\实例\第 10 章\蓝调

对话框知识　"方框模糊"对话框

方框模糊滤镜可以使图像产生由外到内的模糊效果。在其对话框中，"半径"用来设置模糊范围。如下所示即为将"半径"值设置为 10 后得到的效果。

原图

应用方框模糊滤镜得到的效果

对话框知识　"光照效果"对话框

"光照效果"对话框中主要选项的含义介绍如下。

- 样式：在此下拉列表框中可以选择光源的样式，共有17种样式。
- 光照类型：在此下拉列表框中提供了"点光"、"平行光"以及"全光源"3种光照类型其效果分别如下所示。

原图

- ＊点光：投射长椭圆形光线。

- ＊平行光：投射一条直线方向的光线，类似于太阳照射的效果。

- ＊全光源：将所有方向的光线直接照在图像上，类似于电灯光照射在纸上的效果。

- 强度：用于设置点光照明的强度。
- 聚焦：当光照类型设置为"点光"时将激活此项，主要用来改变椭圆区域内的光线照射范围。

2 选择"滤镜"→"杂色"→"添加杂色"命令，打开"添加杂色"对话框，在其中将"数量"设置为28.33%，如图10-3所示。

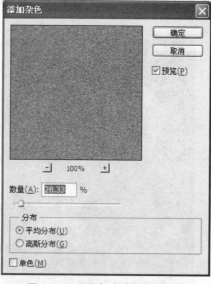

图10-3 "添加杂色"对话框

3 单击"确定"按钮，得到添加杂色效果。选择"滤镜"→"模糊"→"方框模糊"命令，打开"方框模糊"对话框，在其中将"半径"设置为3像素，单击"确定"按钮，得到背景效果，如图10-4所示。

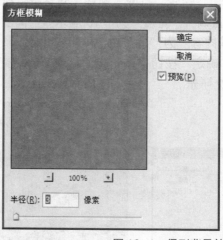

图10-4 得到背景效果

4 选择"滤镜"→"渲染"→"光照效果"命令，打开"光照效果"对话框，在其中将"样式"设置为"三处下射光"，单击"确定"按钮，效果如图10-5所示。

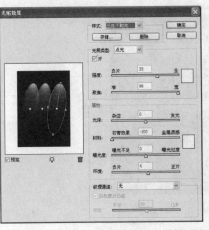

图 10-5　得到光照效果

5 打开一幅素材图像（光盘\素材和效果\10\素材\1.jpg），使用移动工具 将其拖至文档中；按 Ctrl+T 组合键，将其调整为合适的大小；按 Enter 键，取消调整控制框，得到如图 10-6 所示的效果。

图 10-6　拖入一幅图像

6 在 "图层" 面板中将 "图层 1" 的混合模式设置为 "叠加"，得到以蓝色为主体的图像效果，如图 10-7 所示。

图 10-7　得到以蓝色为主体的图像效果

7 使用横排文字工具 在文档中输入英文，如图 10-8 所示。

● 光泽: 用来控制表面反射光的多少，设置范围从 "杂边" 到 "发光"，即低反射率到高反射率。效果分别如下所示。

原图

将光泽设置为-100

将光泽设置为 100

● 材料: 用来设置灯光的质感，可以决定反射光色彩是反射光源的色彩（石膏效果）还是反射物本身的色彩（金属质感）。效果分别如下所示。

原图

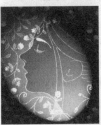

石膏效果

265

金属质感

- 曝光度：用来设置照射光线的明暗度。此值为正数时为增加光照；此值为负数时为减少光照；此值为 0 时将没有效果。效果分别如下所示。

原图

将曝光度设置为-64

将曝光度设置为 64

- 环境：可以产生一种舞台灯光的弥漫效果。负片表示照射光线的效果较强；正片表示图像中环境光线较强。单击其右侧的颜色框，可以选择环境灯光的颜色。效果分别如下所示。

图 10-8　输入英文

8 在"图层"面板中，将文字图层拖至底部的"创建新图层"按钮上，得到文字图层副本。将此图层选中，选择"滤镜"→"扭曲"→"旋转扭曲"命令，打开"旋转扭曲"对话框，在其中将"角度"设置为 489°，单击"确定"按钮，效果如图 10-9 所示。

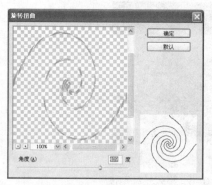 

图 10-9　得到旋转扭曲效果

9 选中文字图层，选择"滤镜"→"扭曲"→"极坐标"命令，打开"极坐标"对话框，在其中选中"平面坐标到极坐标"单选按钮，单击"确定"按钮，效果如图 10-10 所示。

图 10-10　得到极坐标效果

⑩ 分别选中文字图层副本和文字图层，然后按 Ctrl+T 组合键，分别调整它们的大小和位置，得到旋转文字效果，如图 10-11 所示。

图 10-11　得到旋转文字效果

⑪ 分别使用横排文字工具 和直排文字工具 在文档中输入文字，然后设置直排文字的图层样式（在"图层样式"对话框中进行如下设置，然后单击"确定"按钮），得到蓝调最终效果，如图 10-12 所示。

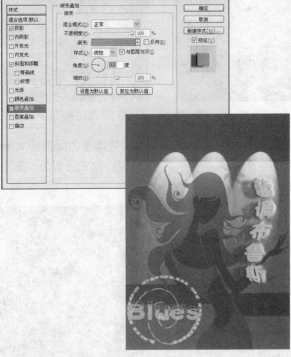

图 10-12　蓝调最终效果

原图

将环境设置为-82

将环境设置为82

- 纹理通道：可以将图像中的某一个通道作为纹理图使用。
- 白色部分凸出：默认情况下为选中状态，如果取消选中，凸出的将是通道中的黑色部分。

实例 10-2 说明

- 知识点：
  - 查找边缘滤镜
  - 椭圆选框工具
  - 横排文字工具
- 视频教程：
  光盘\教学\第 10 章 创意合成表现
- 效果文件：
  光盘\素材和效果\10\效果\10-2.psd
- 实例演示：
  光盘\实例\第 10 章\中秋写意

实例 10-2　中秋写意

　　本实例将使用查找边缘滤镜以及椭圆工具等制作具有古典美的中秋写意。实例最终效果如图 10-13 所示。

查找边缘滤镜的特点

使用风格化滤镜组中的查找边缘滤镜，可使图像产生类似于速写或铅笔画的效果，并且还会得到特殊的淡彩效果。如果图像中包含的反差层次比较多，使用此滤镜时就不容易找到边界。如下所示即为应用此滤镜的效果。

原图

应用查找边缘滤镜后的效果

"扩散"对话框

风格化滤镜组中的扩散滤镜用于将图像边缘的像素分散，产生一种透过磨砂玻璃观看的效果。其对话框如下所示。

图 10-13　实例最终效果

操 作 步 骤

1 分别打开两幅素材图像（光盘\素材和效果\10\素材\10-2.jpg、10-3.jpg），如图 10-14 所示。

图 10-14　分别打开两幅图像

2 将第二幅图像拖入第一幅图像中，并调整为同样的大小，然后在"图层"面板中将"图层 1"的混合模式设置为"正片叠底"，效果如图 10-15 所示。

图 10-15　正片叠底效果

3 选择"滤镜"→"风格化"→"查找边缘"命令，得到如图 10-16 所示的效果。

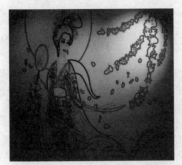

图 10-16　查找边缘效果

4 选择"图像"→"调整"→"曲线"命令，打开"曲线"对话框，在其中对曲线参数进行适当的调整，单击"确定"按钮，得到更加明亮的月光效果，如图 10-17 所示。

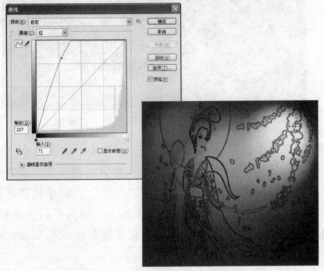

图 10-17　得到更加明亮的月光效果

5 新建一个"图层 2"，使用椭圆选框工具 ○ 在"图层 2"中拖出一个超出图像的椭圆选区，如图 10-18（左）所示；选择"选择"→"反向"命令，反选选区，如图 10-18（右）所示。

图 10-18　拖出选区并反选

此对话框中主要选项的含义介绍如下。

- 正常：选中此单选按钮，可以使像素随机移动，图像的亮度保持不变。
- 变暗优先：选中此单选按钮，图像中较暗的像素将替换较亮的像素。
- 变亮优先：选中此单选按钮，图像中较亮的像素将替换较暗的像素。
- 各向异性：选中此单选按钮，将通过图像中较暗和较亮的像素来得到扩散效果。

对话框知识　"拼贴"对话框

拼贴滤镜可以将图像分解成许多小块，产生类似于瓷砖的效果，并且将每个矩形内的图像都偏移原来的位置。其对话框如下所示。

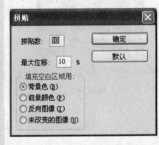

此对话框中主要选项的含义介绍如下。

- 拼贴数：用来设置在水平位置上拼贴块的数量。此值越大，拼贴块的数目越多，体积就越小。
- 最大位移：用来调整相邻拼贴块之间的距离。
- 填充空白区域用：用来设置空白区域内的填充，包括"背景色"、"前景颜色"、"反向图像"和"未改变的图像"4 个选项。

如下所示即为应用此滤镜制作图像效果的过程。

使用磁性套索工具将人物的脸部和头发选取

反选选区

对选区应用拼贴滤镜，得到特殊效果

对话框知识 **"凸出"对话框**

凸出滤镜可以将图像分成一系列大小相同、有机叠放的三维块或立方体，使图像产生一种3D的纹理效果。其对话框如下所示。

6 将前景色的 RGB 值设置为"153，93，34"，使用油漆桶工具 🖌️ 将选区填充为前景色，得到如图 10-19 所示的效果。

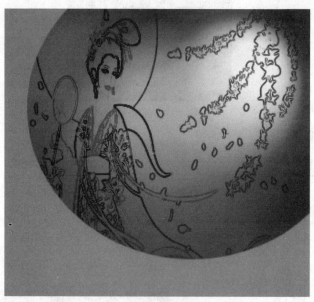

图 10-19　将选区填充为前景色

7 选择工具箱中的横排文字工具 T，在图像中输入文字"秋"，设置其字体为"迷你简祥隶"，大小为 20，颜色为"暗黄色"，效果如图 10-20（左）所示。在"图层"面板中将文字图层多次拖到底部的"创建新图层"按钮上，将其进行多次复制；然后分别选中各个文字图层，将文字拖到合适的位置，得到如图 10-20（右）所示的效果。

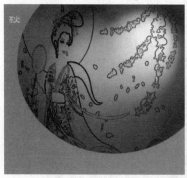 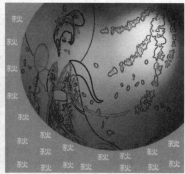

图 10-20　输入文字并复制多个

8 在"图层"面板中将所有的文字图层选中，然后将它们合并。将合并后图层的"不透明度"设置为 53%，得到如图 10-21 所示的文字效果。

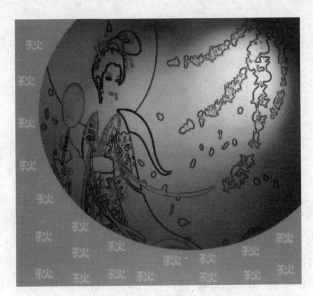

图 10-21　得到文字效果

此对话框中主要选项的含义介绍如下。

- **类型**：包括"块"和"金字塔"两种类型。
- **块**：选中此单选按钮，可以将图像分解成三维立方块，并且用图像填充立方块的正面。
- **金字塔**：选中此单选按钮，可将图像分解为类似于金字塔形的三棱锥体。
- **大小**：用来设置块或金字塔的底面大小。
- **深度**：用来控制块突出的深度，并可以选择"随机"或"基于色阶"进行排列。
- **立方体正面**：选择此复选框，表示只对立方体的表面填充物体的平均色。
- **蒙版不完整块**：选中此复选框，可以隐藏所有延伸出选区的对象。

9 将一幅笔墨素材图像（光盘\素材和效果\10\素材\10-4.psd）拖入文档中，在其上方输入文字"中秋"；然后在其文字图层上双击，在弹出的"图层样式"对话框中选中"投影"项，对其参数进行适当的设置；最后单击"确定"按钮，得到中秋写意最终效果，如图 10-22 所示。

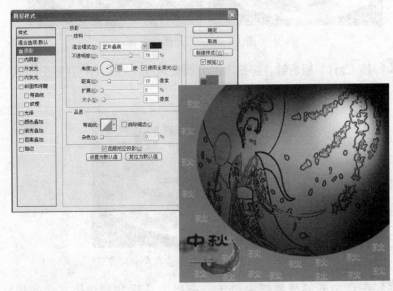

图 10-22　中秋写意最终效果

实例 10-3　趣味咖啡

　　本实例将使用自由变换、图层混合模式以及图层蒙版等功能制作卡通风格的趣味咖啡效果。实例最终效果如图 10-23 所示。

实例 10-3 说明

- **知识点：**
  - 自由变换
  - "正片叠底"混合模式
  - "透视"命令
- **视频教程：**
  光盘\教学\第 10 章 创意合成表现
- **效果文件：**
  光盘\素材和效果\10\效果\10-3.psd
- **实例演示：**
  光盘\实例\第 10 章\趣味咖啡

重点提示　**自由变换的使用**

　　利用自由变换功能，可以同时对图像进行多种变换操作，使其产生不同的变形效果。可以通过以下两种方法执行自由变换操作。

- 选择"编辑"→"自由变换"
  命令。
- 按 Ctrl+T 组合键。

如下所示图像中的人物是利
用工具箱中的移动工具将其从另
一个图像窗口中拖入的，执行上
面两种方法中的任意一种，都会
在人物图像上出现变换控制框。
过程如下。

原图

在人物图像上出现变换控制框

操作技巧 **自由变换快捷菜单**

在上方的人物图像上出现
变换控制框后，在图像窗口中
单击鼠标右键，将弹出如下所
示的快捷菜单。

图 10-23　实例最终效果

操 作 步 骤

1. 打开一幅素材图像（光盘\素材和效果\10\素材\10-5.jpg），如
   图 10-24（左）所示。再打开一幅素材图像（光盘\素材和效
   果\10\素材\10-6.jpg），将其拖入第一幅图像中，如图 10-24
   （右）所示。

图 10-24　打开图像并拖入

2. 按 Ctrl+T 组合键，将拖入图像调整为合适的大小，并置于合适
   的位置，如图 10-25 所示。

图 10-25　调整为合适的大小和位置

3. 在自由变换属性栏中单击"在自由变换和变形模式之间切
   换"按钮，此时拖入图像的周围会出现变形网格和控制
   点，如图 10-26 所示。

4. 在属性栏的"变形"下拉列表框中选择"拱形"选项，将"弯
   曲"值设置为-30，使拖入图像产生拱形变形效果，并与杯口弧
   度相当，然后置于合适的位置，如图 10-27 所示。

图 10-26 出现变形网格和控制点　　图 10-27 得到拱形效果

5 在属性栏的"变形"下拉列表框中选择"自定"选项，即可使变形网格和控制点处于自定义设置状态。分别拖动各个控制点和手柄调整拖入图像的形状，使其效果更可爱，并与水杯弧度吻合，如图 10-28 所示。

图 10-28　自定义形状

6 按 Enter 键，完成变形操作。在"图层"面板中将"图层 1"的混合模式设置为"正片叠底"，得到更加融合的图像效果，如图 10-29 所示。

图 10-29　得到更加融合的图像效果

7 打开一幅素材图像（光盘\素材和效果\10\素材\10-7.jpg），如图 10-30 所示。使用磁性套索工具 ⬚ 选取图像中的花形图案，然后拖至第一幅图像的盘子上，调整大小和位置，如图 10-31 所示。

此快捷菜单中各命令的含义介绍如下。

- 自由变换：选择此命令，可以对图像进行缩放、旋转和移动操作。

- 缩放：选择此命令，用户只能对图像进行缩放和移动操作。

- 旋转：选择此命令，用户可以对图像进行任意角度的旋转。

- 斜切：选择此命令，在边框线上移动鼠标，会出现 ▷‡、▷、▷↔ 光标。

其中，▷‡ 和 ▷↔ 表示可以将图像在垂直和水平方向进行斜切；▷ 则表示可以对图像的某一个角点进行斜切，如果此角点移动，其他角点并不会发生改变。如下所示是对图像进行不同方式的斜切操作后得到的效果。

光标为 ▷‡ 时的变形

光标为 ▷↔ 时的变形

光标为 ▷ 时的变形

- 扭曲：选择此命令，可以将图像进行任意变形。将鼠标移至变换控制框的周围，光标将呈现为 ▶ 形状。如下所示即为扭曲变形效果。

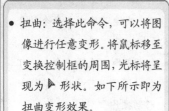

- 透视：是指当沿水平或垂直位置拖动图像的一个角点时，与它相对应的另一个角点也会随之发生改变，并且改变的位置与当前拖动的角点呈相对的状态。如下所示即为透视变形效果。

- 变形：选择此命令，将在图像上产生变形方格，可以在其上进行任意的变形操作。如下所示即为利用"变形"命令对图像进行变换得到的效果。

图像上产生变形方格

拖动方格节点进行变形

图 10-30 打开一幅图像

图 10-31 调整大小和位置

[8] 使用同样的方法，选取更多的图案至盘子上，然后将这些图案图层合并，设置混合模式为"正片叠底"，"不透明度"设置为 87%，得到比较逼真的盘子图案效果，如图 10-32 所示。

图 10-32 得到逼真的盘子图案效果

[9] 选择工具箱中的自定形状工具 ，在其属性栏中的"形状"下拉列表框中选择"波浪"形状，将前景色的 RGB 值设置为"222，175，41"，在图像中的杯子上方绘制此形状，如图 10-33（左）所示。在"图层"面板中将形状图层拖至底部的"创建新图层"按钮上，复制该图层，得到形状图层副本。使用移动工具将其移至合适的位置，如图 10-33（右）所示。

图 10-33 绘制形状并复制

[10] 将形状图层和形状图层副本合并，然后按 Ctrl+T 组合键，将合并后的图层旋转 90°，得到如图 10-34 所示的效果。

图 10-34　旋转 90°

11 按 Enter 键，取消调整控制框。在"图层"面板中将此合并后的图层的混合模式设置为"变亮"，然后单击底部的"添加图层蒙版"按钮 ，为其添加一个图层蒙版。将前景色设置为黑色，选择工具箱中的画笔工具 ✐，在超出杯子的形状处进行细致的涂抹，得到如图 10-35 所示的效果。

图 10-35　变亮并涂抹后的效果

12 选择"编辑"→"变换"→"透视"命令，形状周围出现调整控制框，分别拖动各个控制点，得到形象的蒸气效果，如图 10-36 所示。

图 10-36　得到形象的蒸气效果

13 使用钢笔工具 ✐ 在图像中创建一条路径，然后使用直排文字工具 IT 在路径上输入文字"一缕咖啡香"，并设置为不同的颜色，如图 10-37 所示。

图 10-37　输入文字"一缕咖啡香"

按 Enter 键得到最终变形效果

- 旋转 180 度：可以将图像或选区旋转 180 度。
- 旋转 90 度（顺时针）：可以将图像或选区按顺时针方向旋转 90 度。
- 旋转 90 度（逆时针）：可以将图像或选区按逆时针方向旋转 90 度。
- 水平翻转：可以将图像或选区进行水平翻转，得到的是镜像效果。
- 垂直翻转：可以将图像或选区进行垂直翻转，得到的是水中倒影的效果。

操作技巧 **应用"变换"子菜单**

　　如果只需要对图像进行缩放、透视等单一的操作，可以直接选择"编辑"→"变换"命令，将弹出如下所示的子菜单。

再次(A)	Shift+Ctrl+T
缩放(S)	
旋转(R)	
斜切(K)	
扭曲(D)	
透视(P)	
变形(W)	
旋转 180 度(1)	
旋转 90 度(顺时针)(9)	
旋转 90 度(逆时针)(0)	
水平翻转(H)	
垂直翻转(V)	

　　在其中可以选择相应的命令，进行各种变换操作。可以发现，"变换"子菜单与"自由变换"快捷菜单中的命令相似，

只是此子菜单的第一项是"再次"命令。选择该命令后,将重复前一次所进行的变换操作,如下所示。

原图

将图像中的飞鸟选中,然后对其执行"变换"子菜单中的"缩放"命令,将其放大

执行"变换"子菜单中的"再次"命令后,再一次将其放大

实例 10-4 说明

● 知识点:
  • 合并图层
  • 极坐标滤镜
  • 镜头光晕滤镜
  • 高斯模糊滤镜

● 视频教程:
  光盘\教学\第 10 章 创意合成表现

● 效果文件:
  光盘\素材和效果\10\效果\10-4.psd

● 实例演示:
  光盘\实例\第 10 章\魅惑珠宝

14 选择工具箱中的任一工具,然后按 Ctrl+H 组合键,取消路径的显示。在文字图层上双击,打开"图层样式"对话框,在左侧"样式"列表框中选中"描边"复选框,设置其"填充类型"为"渐变","渐变"为"铬黄渐变",单击"确定"按钮,得到趣味咖啡最终效果,如图 10-38 所示。

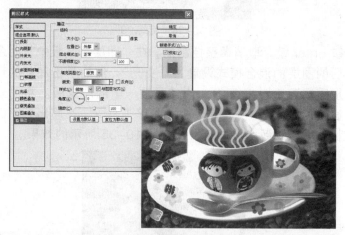

图 10-38　趣味咖啡最终效果

实例 10-4 魅惑珠宝

本实例主要使用图层复制功能以及极坐标、光照效果、镜头光晕等滤镜制作华丽感的魅惑珠宝效果。实例最终效果如图 10-39 所示。

图 10-39　实例最终效果

操 作 步 骤

1 分别打开两幅素材图像(光盘\素材和效果\10\素材\10-8.jpg、10-9.jpg),如图 10-40 所示。

图 10-40　分别打开两幅素材图像

2 使用工具箱中的磁性套索工具选取第二幅图像中的珍珠，然后将其拖至第一幅图像中，并调整为合适的大小，如图 10-41（左）所示。在"图层"面板中将"图层 1"多次拖至底部的"创建新图层"按钮上，即复制多个"图层 1"；然后分别选中这些图层，将其移至合适的位置，形成一条直线，如图 10-41（右）所示。

图 10-41　拖入珍珠并复制

3 在"图层"面板中选中"图层 1"，然后按住 Shift 键不放，单击"图层 1 副本 20"，将这些图层全部选中，再单击鼠标右键，在弹出的快捷菜单中选择"合并图层"命令，将这些图层合并。

4 选中合并后的图层，选择"滤镜"→"扭曲"→"极坐标"命令，打开"极坐标"对话框，在其中选中"平面坐标到极坐标"单选按钮，单击"确定"按钮，即可得到极坐标效果。将其调整为合适的大小和位置，如图 10-42 所示。

相关知识 **锁定图层**

为了保护图层中的内容不被修改，可以将图层进行锁定。在"图层"面板中单击锁定：🔲 🖉 ✛ 🔒 中的相应按钮，可对图层进行不同方式的锁定。

- 🔲："锁定透明像素"按钮。单击此按钮，可对图层中的透明区域进行锁定。

- 🖉："锁定图像像素"按钮。单击此按钮，可对图像的像素进行锁定，避免对其进行修改。

- ✛："锁定位置"按钮。单击此按钮后，将不能对图层中的像素进行移动。

- 🔒："锁定全部"按钮。单击此按钮后，此图层中的全部内容都将被锁定，将不能对图层中的内容进行任何的编辑操作。

相关知识 **镜头类型**

在"镜头光晕"对话框中有一个"镜头类型"选项组，提供了"50～300 毫米变焦"、"35 毫米变焦"、"105 毫米聚焦"以及"电影镜头" 4 种镜头类型。其中，"105 毫米聚焦"类型产生的光芒最多。其效果分别如下所示。

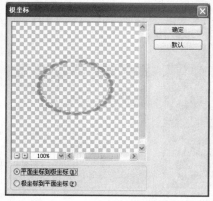

图 10-42　得到极坐标效果

5 将合并后的图层两次拖至底部的"创建新图层"按钮上，复制两次此图层，然后分别将它们调整为合适的大小和位置，得到如图 10-43 所示的效果。

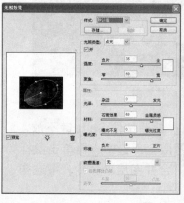

图 10-43　复制两次并调整后的效果

6 选中"背景"图层，选择"滤镜"→"渲染"→"光照效果"命令，打开"光照效果"对话框，在其中的"预览"框中设置光照效果的位置，单击"确定"按钮，效果如图 10-44 所示。

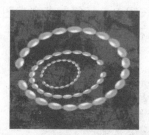
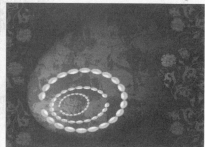

图 10-44　得到光照效果

7 选择"滤镜"→"渲染"→"镜头光晕"命令，打开"镜头光晕"对话框，在其中设置镜头光晕的位置、亮度，并选中"电影镜头"单选按钮，单击"确定"按钮，效果如图 10-45 所示。

图 10-45　得到镜头光晕效果

原图

50～300 毫米变焦

8 打开一幅素材图像（光盘\素材和效果\10\素材\10-10.jpg），如图 10-46（左）所示。使用磁性套索工具 ![] 选取图像中的贝壳区域，然后将其拖至文档中，调整为合适的大小和位置，如图 10-46（右）所示。

35 毫米变焦

105 毫米聚焦

图 10-46　打开并拖入图像

9 拖入图像后得到"图层 1"，将其拖至底部的"创建新图层"按钮上，得到"图层 1 副本"。将此图层选中，选择"滤镜"→"模糊"→"高斯模糊"命令，打开"高斯模糊"对话框，在其中将"半径"设置为 1.3 像素，如图 10-47 所示。

电影镜头

相关知识　平均滤镜

　　模糊滤镜组中的平均滤镜可以在图像中或所选区域中找出平均颜色，然后用此颜色填充图像，创建出平滑的外观效果。打开一幅图像，在图像中创建一个选区，然后选择"滤镜"→"模糊"→"平均"命令即可，如下所示。

图 10-47　"高斯模糊"对话框

将图像中的花选取

选区应用平均滤镜后的效果

对话框知识 **"形状模糊"对话框**

模糊滤镜组中的形状模糊滤镜可以使用不同的形状来创建模糊效果。打开一幅图像，选择"滤镜"→"模糊"→"形状模糊"命令，打开如下所示的"形状模糊"对话框。

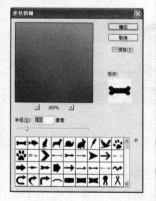

此对话框中主要选项的含义介绍如下。

- 自定义形状列表框：从中可以选择所需形状。选择不同的形状后，得到的模糊效果也不相同。
- 半径：用来调整形状的大小。

10 单击"确定"按钮，即可得到高斯模糊效果。使用移动工具将复制图层中的对象移至原图像的下方；按 Ctrl+T 组合键，出现调整控制框；在其上单击鼠标右键，在弹出的快捷菜单中选择"扭曲"命令，将图像进行扭曲变形，如图 10-48（左）所示；最后按 Enter 键，得到图像倒影效果，如图 10-48（右）所示。

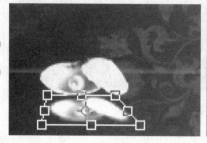 

图 10-48　调整后得到倒影效果

11 使用横排文字工具 在文档中输入文字"魅惑珠宝"，并设置其字体、大小和颜色，效果如图 10-49 所示。

图 10-49　输入文字"魅惑珠宝"

12 在"图层"面板中将文字图层拖至底部的"创建新图层"按钮上，复制该图层；然后将文字图层副本移至原文字图层的下方，如图 10-50 所示。

13 按下 Ctrl 键不放，单击"图层"面板中的文字图层副本，将文字载入选区。选择"选择"→"修改"→"羽化"命令，打开"羽化选区"对话框，在其中将"羽化半径"设置为 5 像素，单击"确定"按钮，如图 10-51 所示。

其值越大，得到的模糊效果越好。

在该对话框中选择不同的形状，得到的模糊效果也不同，如下所示。

原图

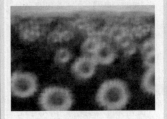

选择"箭头 20"形状

选择"丝带 2"形状

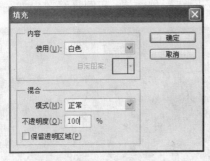

图 10-50　"图层"面板　　　　图 10-51　"羽化选区"对话框

14 在"图层"面板中选中文字图层副本，在其上单击鼠标右键，在弹出的快捷菜单中选择"栅格化文字"命令，将文字图层栅格化。选择"编辑"→"填充"命令，打开"填充"对话框，在其中的"使用"下拉列表框中选择"白色"，其余参数保持默认设置，如图 10-52 所示。

图 10-52　"填充"对话框

15 设置完成后，单击"确定"按钮，得到填充效果。按 Ctrl+T 组合键，出现调整控制框。将文字图层副本中的文字调整为合适的大小，并旋转一定的角度，然后置于合适的位置，得到如图 10-53 所示的效果。

图 10-53　文字图层副本中的文字效果

重点提示　**缩放图像的快捷键**

按下 Ctrl 键的同时按下+（加号）键，每按一次加号键，图像将以不同的显示比例逐步放大；按下 Ctrl 键的同时按下-（减号）键，每按一次减号键，图像将以不同的显示比例逐步缩小。

重点提示　**磁性套索工具的使用技巧**

按 Enter 键可封闭磁性套索工具创建的选区；按 Esc 键，可取消此工具的操作。

实例 10-5 说明

💬 **知识点：**
- 颗粒滤镜
- 自定形状工具
- "路径"面板
- 横排文字工具

💬 **视频教程：**
光盘\教学\第 10 章 创意合成表现

💬 **效果文件：**
光盘\素材和效果\10\效果\10-5.psd

💬 **实例演示：**
光盘\实例\第 10 章\青涩回忆

对话框知识 "颗粒"对话框

使用颗粒滤镜，可以通过颗粒效果来增加图像的纹理。

其对话框中主要选项的含义介绍如下。

- 强度：用来设置颗粒密度。
- 对比度：用来设置暗部与明部的对比强弱。
- 颗粒类型：在此下拉列表框中可以选择颗粒的类型。类型不同，其效果也不同，如下所示。

原图

柔和

---

16 如果想让背景效果更明显一些，可将"背景"图层选中，然后选择"图像"→"调整"→"曲线"命令，在打开的"曲线"对话框中将曲线调整一定的距离，单击"确定"按钮，即可得到魅惑珠宝最终效果，如图 10-54 所示。

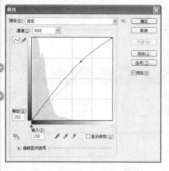

图 10-54 魅惑珠宝最终效果

实例 10-5 青涩回忆

本实例将使用颗粒滤镜、自定形状工具以及光照效果滤镜等功能制作具有怀旧色彩的效果。实例最终效果如图 10-55 所示。

图 10-55 实例最终效果

操 作 步 骤

1 打开一幅素材图像（光盘\素材和效果\10\素材\10-11.jpg），选择"滤镜"→"纹理"→"颗粒"命令，打开"颗粒"对话框，在其中的"颗粒类型"下拉列表框中选择"垂直"，然后设置合适的"强度"和"对比度"，单击"确定"按钮，得到具有怀旧感的图像效果，如图 10-56 所示。

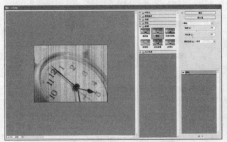

图 10-56　得到具有怀旧感的图像效果

2 选择工具箱中的自定形状工具 ![icon]，在其属性栏中单击"路径"按钮 ![icon]，在"形状"下拉列表框中选择"十角星"图案，然后在图像中拖出一个形状，如图 10-57 所示。

图 10-57　拖出一个十角星形状

3 打开"路径"面板，单击底部的"将路径作为选区载入"按钮 ![icon]，将路径转换为选区。新建"图层 1"，设置前景色的 RGB 值为"25，47，203"，使用油漆桶工具将选区填充为前景色，如图 10-58 所示。

图 10-58　将选区填充为前景色

4 按 Ctrl+T 组合键取消选区。在"图层 1"上双击，打开"图层样式"对话框，在其中分别进行如图 10-59 所示的"投影"、"内阴影"、"斜面和浮雕"以及"渐变叠加"图层样式的参数设置。

水平

垂直

操作技巧　如何存储路径

用户可以将创建的路径存储起来，以方便下次使用。操作步骤如下：

在"路径"面板中选中需要存储的路径，单击右上角的 ![icon] 按钮，在弹出的菜单中选择"存储路径"命令，弹出如下所示的"存储路径"对话框。

在"名称"文本框中输入路径的名称，单击"确定"按钮，即可存储此路径。

操作技巧　如何复制路径

要复制路径，可以选中路径后，在"路径"面板中单击右上角的 ![icon] 按钮，在弹出的下拉菜单中选择"复制路径"命令；也可以选中路径后，将其拖动到"创建新路径"按钮 ![icon] 上，复制后的效果如下所示。

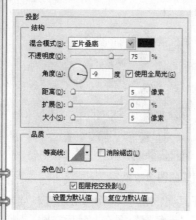

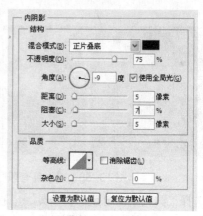

横排文字蒙版工具的使用

使用横排文字蒙版工具和直排文字蒙版工具可以分别创建横向和竖向的文字选区。其使用方法基本相同，在此以横排文字蒙版工具为例进行介绍，步骤如下。

（1）打开一幅图像，选取工具箱中的横排文字蒙版工具，在图像中适当的位置处单击，如下所示。

原图

单击指定蒙版文字的位置

（2）在属性栏中设置各项参数，如将字体设置成"迷你简雪峰"，字体大小为"60点"，

图 10-59 设置图层样式参数

5 设置完成后，单击"确定"按钮，得到如图 10-60 所示的效果。

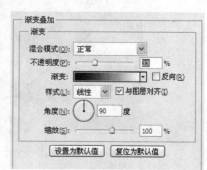

图 10-60 得到的效果

6 选择工具箱中的椭圆选框工具，在图形上绘制一个椭圆选区，如图 10-61（左）所示。选择"选择"→"反向"命令，反选选区，按 Delete 键删除选区内容。取消选区后，得到如图 10-61（右）所示的齿轮效果。

然后在光标处输入文字"夏日时光"，如下所示。

图 10-61　得到齿轮效果

7 在齿轮图形的中间部位绘制一个椭圆选区，如图 10-62（左）所示。按 Delete 键删除选区内容，取消选区后将齿轮图形旋转一定的角度，得到更为形象的齿轮效果，如图 10-62（右）所示。

图 10-62　得到更为形象的齿轮效果

8 在"图层"面板中将"图层 1"两次拖动到底部的"创建新图层"按钮上，得到"图层 1 副本"和"图层 1 副本 2"。分别调整这两个图层中对象的大小、位置以及角度，得到如图 10-63 所示的完整效果。

9 将这 3 个图层合并为一个图层。打开一幅素材图像（光盘\素材和效果\10\素材\10-12.jpg），如图 10-64 所示。

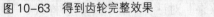

图 10-63　得到齿轮完整效果　　图 10-64　打开一幅图像

10 使用移动工具 将此图像拖至文档中，并调整为和文档一样的大小，然后在"图层"面板中将此图层的混合模式设置为"正片叠底"，"不透明度"设置为 59%，效果如图 10-65 所示。

（3）完成输入后单击属性栏中的 ✓ 按钮，即可退出文字的输入状态。此时在图像中出现输入的文字选区，如下所示。

（4）使用工具箱中的渐变工具在选区内拖出一个"色谱"渐变，得到的效果如下。

重点提示 **蒙版文字与普通文字的区别**

蒙版文字实际上相当于是制作了一个选区，用户既可以为其设置图层样式，也可以为其设置各种滤镜效果；而文字就不同了，在创建文字图层后，如果要对其进行滤镜设置，必须先"栅格化"图层。在"图层"面板中选中文字图层，单击鼠标右键，在弹出的快捷菜单中选择"栅格化图层"即可。

切换文本取向技巧

在文字工具属性栏中有一个"切换文本取向"按钮，其作用是将输入的文字在横向与纵向间切换，如下所示。

横向文字

单击此按钮后变为纵向文字

如何选取文字

在"图层"面板中选中需要选取文字所在的图层，然后选择工具箱中的文字工具 T，将光标移动到需要选取文字的上边或下边位置，按下鼠标左键不放，可以看到在文字下方弹出选中线，此时拖动鼠标，文字即被选取。

图 10-65　得到正片叠底效果

11 使用钢笔工具 在文档中绘制一条路径，然后使用横排文字工具在路径上输入文字"时光齿轮带走青涩回忆"，如图 10-66 所示。

图 10-66　输入文字"时光齿轮带走青涩回忆"

12 选择工具箱中的任意工具，按 Ctrl+H 组合键取消路径。在文字图层上双击，打开"图层样式"对话框，在其中分别设置"投影"、"斜面和浮雕"以及"渐变叠加"图层样式的参数，单击"确定"按钮，得到文字效果，如图 10-67 所示。

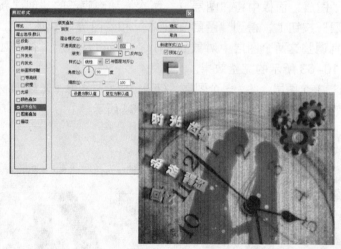

图 10-67　得到文字效果

13 选中"背景"图层，选择"滤镜"→"渲染"→"光照效果"命令，打开"光照效果"对话框；在其中的"样式"下拉列表框中选择"喷涌光"选项，然后在左侧的"预览"框中设置光照效果的方向；最后单击"确定"按钮，得到青涩回忆最终效果，如图 10-68 所示。

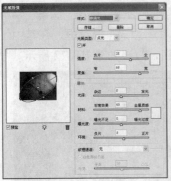

图 10-68　得到青涩回忆最终效果

实例 10-6　古典韵画

本实例主要应用龟裂缝滤镜、椭圆选框工具以及图层样式等功能制作古典韵画效果。实例最终效果如图 10-69 所示。

图 10-69　实例最终效果

操 作 步 骤

1 打开一幅素材图像（光盘\素材和效果\10\素材\10-13.jpg），如图 10-70 所示。选择"图像"→"调整"→"色相/饱和度"命令，打开"色相/饱和度"对话框，在其中进行如图 10-71 所示的设置。

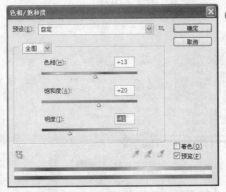

图 10-70　打开一幅图像　　图 10-71　"色相/饱和度"对话框

实例 10-6 说明

💬 知识点：
- 龟裂缝滤镜
- "去色"命令
- 椭圆选框工具
- 画笔工具

💬 视频教程：
光盘\教学\第10章 创意合成表现

💬 效果文件：
光盘\素材和效果\10\效果\10-6.psd

💬 实例演示：
光盘\实例\第10章\古典韵画

对话框知识　　**"龟裂缝"对话框**

龟裂缝滤镜可以在图像中加入龟裂纹理。在其对话框中主要选项的含义介绍如下。

- 裂缝间距：用来设置龟裂块的大小。
- 裂缝深度：用来设置龟裂缝的宽度。
- 裂缝亮度：用来设置龟裂缝的光照情况。

如下所示即为使用此滤镜将一座建筑变为古老建筑的例子。

使用魔棒工具将图像中的建筑物选取

应用此滤镜后的效果

重点提示 **"去色"命令的使用**

　　使用"去色"命令可以去掉图像中的所有颜色信息，将图像变为黑白图，但其原有的亮度值以及色彩模式会保留下来。此外，按 Shift+Ctrl+U 组合键，也可将图像去色。

重点提示 **灰度颜色模式的特点**

　　灰度颜色模式又称为 8 比特深度图，整幅图像由黑、白、灰这 3 种颜色组成。在这种模式下，每个像素都以 8 位颜色来表示，因此可以表现出 256 种不同的色调，即将黑色和白色的色调平均分成 256 份，所以灰度颜色模式也叫做 256 灰度模式。将彩色图像转换为灰度模式后，所有的颜色将被不同的灰度所代替。

重点提示 **去色与灰度的不同**

　　去色图像与灰度模式图像的区别主要是颜色模式的不同，概括起来有以下两点。

- 去色是将图片转换为黑白图。例如，RGB 模式的图像经过去色处理后，其 RGB 3 种颜色的值均为一个值，即黑白或灰。它是由 3 个通道组成的，并且 3 个通道都是一样的，如下所示。

2 单击"确定"按钮，得到颜色更深的图像效果。选择"滤镜"→"纹理"→"龟裂缝"命令，打开"龟裂缝"对话框，在其中进行适当的设置，单击"确定"按钮，效果如图 10-72 所示。

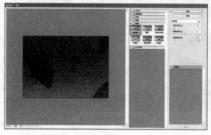

图 10-72　得到龟裂缝效果

3 打开一幅素材图像（光盘\素材和效果\10\素材\10-14.jpg），使用工具箱中的椭圆选框工具在此图像中拖出一个椭圆选区，如图 10-73 所示。

4 按 Ctrl+C 组合键，将选区内的内容复制；然后选中第一幅素材图像，按 Ctrl+V 组合键，将其粘贴到此图像中。按 Ctrl+T 组合键，调整粘贴图像的大小和位置，如图 10-74 所示。

图 10-73　拖出一个椭圆选区　　图 10-74　调整图像的大小和位置

5 按 Enter 键，取消调整控制框。在"图层"面板中的"图层 1"上双击，打开"图层样式"对话框，在其中选中"斜面和浮雕"复选框，然后设置各项参数，单击"确定"按钮，效果如图 10-75 所示。

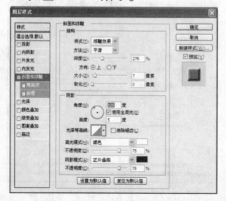

图 10-75　得到斜面和浮雕效果

6 选择 "图像" → "调整" → "去色" 命令，将此图像去色，得到黑白图像效果，如图 10-76 所示。

图 10-76　得到黑白图像效果

7 再打开一幅素材图像（光盘\素材和效果\10\素材\10-15.jpg），同样使用椭圆选框工具在其中拖出一个椭圆选区，如图 10-77（左）所示。然后将其拖至第一幅图像中，并调整为合适的大小和位置，如图 10-77（右）所示。

图 10-77　将椭圆选区内图像拖入并调整

8 选中 "图层 1"，在其上单击鼠标右键，在弹出的快捷菜单中选择 "拷贝图层样式" 命令，然后在 "图层 2" 上单击鼠标右键，在弹出的快捷菜单中选择 "粘贴图层样式" 命令，此时 "图层 2" 中的图像也得到和 "图层 1" 一样的图层样式效果，如图 10-78（左）所示。将 "图层 2" 中的图像去色，得到如图 10-78（右）所示的效果。

图 10-78　复制图层样式并去色

而灰度图是将图像颜色模式转换为灰度，其通道只有一个 0～255 灰度，如下所示。

● 使用 "去色" 命令时，可以将选区中的内容去色，而灰度模式则只能将整幅图像转换为灰度模式，如下所示。

将图像中的 3 颗糖果选取

将选区中的内容去色

使用 "灰度" 命令后的效果

相关知识　"画笔" 面板简介

在 Photoshop 中用于绘图的工具包括画笔工具和铅笔工具两种，可以根据需要在其属性栏中进行相应的设置，从而绘制出各种不同的效果。

在画笔工具属性栏中单击 "切换画笔调板" 按钮 ，在弹出的 "画笔" 面板中可以选择需要的画笔样式以及设置适当的画笔大小和间距等,如下所示。

"画笔"面板中主要选项的含义介绍如下。

- "画笔预设"按钮:单击此按钮,在其右侧将显示与属性栏中的下拉面板完全相同的参数内容。拖动其中的"大小"滑块,可以设置当前选中画笔的大小。

- 画笔预设效果:在面板的下方,显示了当前画笔的形状及角度。

- "画笔笔尖形状"列表框:在此列表框中选择一种形状后,其右侧的参数内容将发生改变,用户可以从中设置笔尖的角度、直径、间距等,这些也是画笔的基本特性。

- "角度"和"圆度":"角度"用于设置笔尖的旋转角度,拖动其右侧圆形上带箭头的线可以调整画笔的角度;"圆度"用于控制画笔的长短轴比例,拖动其右侧圆形上不带箭头的线可以调整画笔的圆度,如下所示。

设置不同的"角度"值绘制出的树叶

9 选择工具箱中的套索工具 ⟨⟩ ,在拖入的两幅图像上创建多个不规则选区,如图 10-79(左)所示。分别选中"图层 1"和"图层 2",按 Delete 键,将选区中的内容删除,得到如图 10-79(右)所示的镂空效果。

图 10-79 创建不规则选区并删去内容

10 使用套索工具 ⟨⟩ 在图像中创建一个选区,如图 10-80 所示。

图 10-80 创建一个选区

11 选择"选择"→"反向"命令,反选选区。新建"图层 3",使用油漆桶工具 ⟨⟩ 将选区填充为默认前景色(黑色),得到如图 10-81 所示的效果。

图 10-81 填充选区为黑色

12 在"图层"面板中选中"图层 3",单击底部的"添加图层蒙版"按钮 ⟨⟩ ,为其添加图层蒙版,如图 10-82 所示。

13 选择工具箱中的画笔工具 ⟨⟩ ,在其属性栏中设置合适的画笔大小,并将"不透明度"设置为 60%,"流量"设置为 50%,然后在图像中进行涂抹,直至涂抹完全,得到如图 10-83 所示的效果。

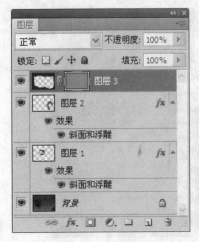

图 10-82　添加图层蒙版　　图 10-83　涂抹后得到的效果

设置不同的"圆度"值绘制出的星星

- 硬度：用来定义画笔边缘的柔和度，取值范围为 0%～100%。
- 间距：用来控制使用笔刷绘制时两个图案或线条之间的中心距离。取值范围为1%～100%。如下所示即为设置不同的"间距"值得到的效果。

14 选中"背景"图层，选择"滤镜"→"渲染"→"光照效果"命令，打开"光照效果"对话框，在其中的"样式"下拉列表框中选择"手电筒"选项，然后在"预览"框中设置光照效果的位置和大小，单击"确定"按钮，效果如图 10-84 所示。

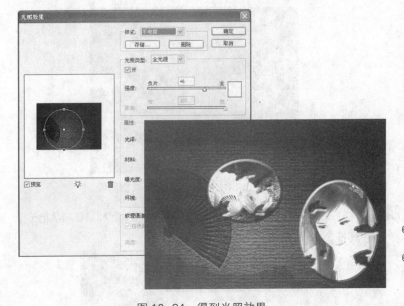

"间距"值为 0%

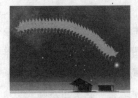

"间距"值为 24%

图 10-84　得到光照效果

15 使用横排文字工具 T 在文档中输入文字，并设置其变形效果为"旗帜"，得到最终效果。

"间距"值为 227%

实例 10-7　爱的主题

本实例主要应用自定形状工具以及"可选颜色"、"羽化"、"填充"命令等制作爱的主题图像效果。实例最终效果如图 10-85 所示。

重点提示　画笔颜色的设置

在画笔工具属性栏中，应将画笔的"不透明度"值和"流量"值均设置为"100%"，才能得到和前景色一样的画笔颜色。

实例 10-7 说明

- **知识点:**
  - 自定形状工具
  - 图层蒙版
  - "可选颜色"命令
  - 羽化和填充
- **视频教程:**
  光盘\教学\第 10 章 创意合成表现
- **效果文件:**
  光盘\素材和效果\10\效果\10-7.psd
- **实例演示:**
  光盘\实例\第 10 章\爱的主题

重点提示 图层样式的复制与粘贴

在对一个图层应用了图层样式后,可以将此样式复制粘贴到其他图层中,并且无论这个其他图层是在同一个文件中,还是在其他已经打开的文件中。例如,在一个图层上应用图层样式后,在该图层上单击鼠标右键,在弹出的快捷菜单中选择"拷贝图层样式"命令,然后切换到需要应用此图层样式的图层,在其上单击鼠标右键,在弹出的快捷菜单中选择"粘贴图层样式"命令,得到的效果如下所示。

图像中的心形应用图层样式后的效果

图 10-85　实例最终效果

操作步骤

1 打开一幅背景素材图像(光盘\素材和效果\10\素材\10-16.jpg),如图 10-86 所示。

图 10-86　打开一幅背景素材图像

2 再打开一幅素材图像(光盘\素材和效果\10\素材\10-17.jpg),将其拖入背景图像中,如图 10-87 所示。

图 10-87　将图像拖入背景图像中

3 选择工具箱中的自定形状工具，在其属性栏中单击"填充像素"按钮，在"形状"下拉列表框中选择"红心形卡"图案，其余设置为默认值。

4 在"图层"面板中选中"图层 1"，单击底部的"添加图层蒙版"按钮，为"图层 1"添加一个图层蒙版。将前景色设置为"黑色"，在图像上拖动鼠标绘制一个心形，然后按 Ctrl+I 组合键，将蒙版上的黑白反相，效果如图 10-88 所示。

图 10-88　绘制心形并反相后的效果

5 按照同样的方法，再分别将另两幅素材图像（光盘\素材与效果\10\素材\18.jpg、19.jpg）拖入背景图像中。添加蒙版后，绘制图形，这里绘制的为"红心"和"花 1"。按 Ctrl+I 组合键，将蒙版上的黑白反相，然后将图像分别旋转一定的角度，得到如图 10-89 所示的效果。

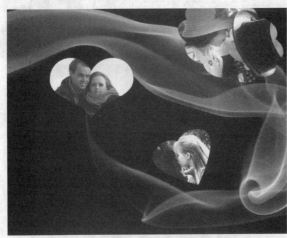

图 10-89　得到的效果

6 选中"背景"图层，选择"图像"→"调整"→"可选颜色"命令，打开"可选颜色"对话框，在其中的"颜色"下拉列表框中选择"黑色"选项，然后分别调整下方的参数值，如图 10-90（左）所示。设置完成后，单击"确定"按钮，得到紫色背景效果，如图 10-90（右）所示。

应用图层样式后的图层

在此图层上单击鼠标右键，在弹出的快捷菜单中选择"拷贝图层样式"命令，然后切换到需要应用此图层样式的图层，在其上单击鼠标右键，在弹出的快捷菜单中选择"粘贴图层样式"命令，得到的效果如下所示。

在图像的树叶图层上粘贴此图层样式后得到的效果

粘贴此图层样式后的图层

重点提示　快速复制图层样式

按住 Alt 键不放，将应用了图层样式的图层右侧的 fx 符号直接拖到需要应用此图层样式的图层，即可复制此图层样式，得到效果。

Photoshop 处理的图像类型

Photoshop 是针对图像进行操作的，下面将对 Photoshop 可处理的图像类型与支持的文件格式进行介绍。

1. 位图

位图是由若干色块组成的，这些色块被称为像素，所以位图也称为像素图。

将位图放大到一定倍数时，图像就会变得很模糊，并且边缘还会出现锯齿，如下所示。

原位图

放大后的位图

2. 矢量图

矢量图是以线条和色块为主，主要由 CorelDRAW、Adobe Illustrator、FreeHand 之类的绘图软件制作完成。其实，利用 Photoshop 工具箱中的铅笔工具、钢笔工具等，同样可以绘制出矢量图。

矢量图最大的优点是占用的空间很小，且与分辨率无关，

图 10-90　得到紫色背景效果

7 选中"图层 1"图层，在其上双击，打开"图层样式"对话框。在左侧"样式"列表框中选中"斜面和浮雕"复选框，然后设置合适的参数，单击"确定"按钮，效果如图 10-91 所示。

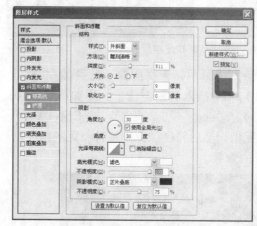

图 10-91　得到斜面和浮雕效果

8 在"图层 1"上单击鼠标右键，在弹出的快捷菜单中选择"拷贝图层样式"命令；然后分别在"图层 2"和"图层 3"上单击鼠标右键，在弹出的快捷菜单中选择"粘贴图层样式"命令，得到如图 10-92 所示的效果。

图 10-92　粘贴图层样式后的效果

9 选中"背景"图层，选择"滤镜"→"渲染"→"光照效果"命令，打开"光照效果"对话框。在"样式"下拉列表框中选择"三处下射光"选项，然后在"预览"框中分别调整各个亮点的位置和大小。设置完成后，单击"确定"按钮，效果如图 10-93 所示。

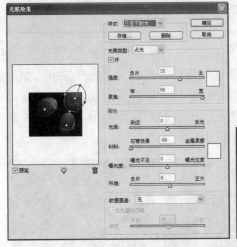

图 10-93　得到三处下射光效果

10 使用横排文字工具 在背景图像的不同位置输入文字"爱的主题"，如图 10-94 所示。

图 10-94　输入文字"爱的主题"

11 在"图层"面板中将这 4 个文字图层合并，然后按下 Ctrl 键不放，单击合并后的图层，将其中的文字对象载入选区。

12 选择"选择"→"修改"→"羽化"命令，打开"羽化选区"对话框，在其中将"羽化半径"设置为 20 像素，如图 10-95所示。单击"确定"按钮，得到羽化效果。选择"编辑"→"填充"命令，打开"填充"对话框，在其中的"使用"下拉列表框中选择"白色"，其余参数保持默认设置，如图 10-96 所示。

将它放大到任意大小都不会失真，也不会影响其清晰度；缺点是所绘制图像一般色彩简单，不容易绘制出色彩变化丰富的图像，只能制作一些动画或卡通人物，而且不利于在各种软件间进行转换。如下所示即为矢量图放大前后的效果对比图。

原矢量图

放大后的矢量图

重点提示　像素的特点

像素是构成图像的基本单位。其实质是一个个有颜色的小方块，图像就是由这些小方块组成的。图像中包含的像素越多，文件越大，图像品质也就越好。

操作技巧　如何改变图像的像素

改变图像像素的方法如下。

（1）打开一幅图像，选择"文件"→"打开"命令，在弹出的"打开"对话框中选择一幅图像，如下所示。

（2）选择"图像"→"图像大小"命令，在弹出的"图像大小"对话框中将"分辨率"改为"120像素/英寸"，如下所示。

（3）单击"确定"按钮，即可得到品质更好的图像效果了。

对话框知识 **"图像大小"对话框**

编辑图像文件时，有时需要对图像的大小进行设置。这可以通过"图像大小"对话框来实现。

选择"图像"→"图像大小"命令或按 Ctrl+Alt+I 组合键，打开"图像大小"对话框。

此对话框中主要项的含义介绍如下。

● 像素大小：用于设置图像在屏幕上所占用的宽度和高度大小。通过改变"宽度"和"高度"的值，可以改变图像在屏幕上的显示尺寸大小。

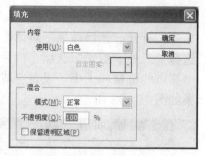

图 10-95 "羽化选区"对话框　　　　图 10-96 "填充"对话框

13 设置完成后，单击"确定"按钮，得到文字光晕效果，如图 10-97（左）所示。将合并后的文字图层连续两次拖至底部的"创建新图层"按钮上，即复制两次此图层，得到更为明显的文字光晕效果，如图 10-97（右）所示。

图 10-97　得到文字光晕并复制后的效果

14 为了突显文字，可在文字图层副本 2 上双击，打开"图层样式"对话框，在其中选中"斜面和浮雕"复选框，设置参数后单击"确定"按钮，得到如图 10-98 所示的效果。

图 10-98　得到斜面和浮雕文字效果

15 在文字图层副本 2 的上方新建"图层 4"，使用工具箱中的套索工具在背景图像上创建多个和雪花大小的选区，如图 10-99 所示。

图 10-99　创建多个选区

16 分别打开"羽化选区"对话框和"填充"对话框，在其中进行如图 10-100 所示的设置。

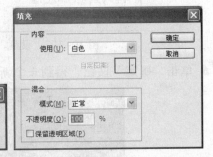

图 10-100　设置对话框

17 完成设置后，单击"确定"按钮，得到雪花效果，即得到最终效果。

实例 10-8 舞·空间

　　本实例将利用"定义画笔预设"、"羽化"、"填充"命令以及复制图层等功能制作舞·空间效果。实例最终效果如图 10-101 所示。

图 10-101　实例最终效果

● 文档大小：用于设置图像打印时的尺寸和分辨率。通过改变此选项组中的"宽度"和"高度"值，可以改变图像的实际大小。

● 缩放样式：选中此复选框，可以保证图像中的各种样式（如图层样式）按比例进行缩放。不过需要注意的是，必须选中"约束比例"复选框后，此复选框才会被激活。

　　☑ 缩放样式(Y)
　　☑ 约束比例(C)
　　☑ 重定图像像素(I)：

● 约束比例：选中此复选框，当用户更改文档的宽度时，高度也会随之发生变化。

● 重定图像像素：选中此复选框后，将激活"像素大小"选项组中的选项，使用户可以改变像素的大小。如果取消选中此复选框，图像的像素大小将不能被改变。

实例 10-8 说明

　知识点：
　　● 图层混合模式
　　● "定义画笔预设"命令
　　● 渐变工具
　　● 羽化和填充

　视频教程：
　　光盘\教学\第 10 章 创意合成表现

　效果文件：
　　光盘\素材和效果\10\效果\10-8.psd

　实例演示：
　　光盘\实例\第 10 章\舞·空间

相关知识 **"颜色"模式和"明度"模式**

　　使用"颜色"混合模式，其最终色取决于原色的亮度以及混合色的色相和饱和度，这样不仅可以保留图像的灰阶，还可起到为单色的图像上色以及为彩色图像着色的作用。

　　使用"明度"混合模式，其最终色取决于原色的色相和饱和度以及混合色的亮度。其效果与"颜色"混合模式的效果相反，如下所示。

原图

应用"颜色"模式

应用"明度"模式

相关知识 **画笔显示方式的设置**

　　在画笔工具属性栏中单击"画笔预设"下拉按钮，打开"画笔预设"面板，可以看到其默认的画笔显示方式为"小缩览图"，如下所示。

操作步骤

1 选择"文件"→"新建"命令，打开"新建"对话框。在"名称"文本框中输入"舞"，将"宽度"设置为"27 厘米"，"高度"设置为"14 厘米"，"背景内容"设置为"背景色（黑色）"，如图 10-102 所示。

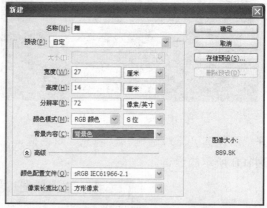

图 10-102　设置"新建"对话框

2 单击"确定"按钮，得到一个新文档，如图 10-103 所示。

图 10-103　得到一个新文档

3 打开一幅素材图像（光盘\素材和效果\10\素材\10-20.jpg），使用移动工具将其拖入文档中；按 Ctrl+T 组合键，调整图像的大小，然后置于文档的最左端；接着在"图层"面板中将"图层 1"的"不透明度"设置为 73%，得到如图 10-104 所示的效果。

图 10-104　拖入图像并调整后的效果

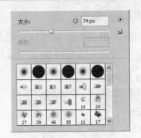

4 将图像再次拖入文档中，调整为合适的大小并旋转一定的角度，然后在"图层"面板中将"图层 2"的"不透明度"设置为 43%，得到如图 10-105（左）所示的效果；再次拖入图像至文档中，旋转一定的角度，然后设置其"混合模式"为"明度"，得到如图 10-105（中）所示的效果；再次拖入图像至文档中，将其调整为合适的大小、位置以及角度，然后将"不透明度"设置为 37%，得到如图 10-105（右）所示的效果。

图 10-105　分别将图像拖入 3 次得到的效果

在"画笔预设"面板中单击右上角的 ▶ 按钮，在弹出的下拉菜单中选择"大缩览图"命令，可将画笔显示方式更改为"大缩览图"。

选择"小列表"命令，面板中的画笔显示方式将更改为"小列表"，如下所示。

5 创建"图层 5"，然后选择工具箱中的矩形选框工具 ▣ ，在文档中创建一个矩形选区，再将其填充为黑色，如图 10-106 所示。

图 10-106　创建矩形选区并填充为黑色

选择"仅文本"命令后的画笔显示方式如下所示。

选择"描边缩览图"命令后的画笔显示方式如下所示。

6 在"图层"面板中的"图层 5"上双击，打开"图层样式"对话框；在"样式"列表框中选中"描边"复选框，然后将"大小"设置为 3，"位置"设置为"内部"，"填充类型"设置为"颜色"，"颜色"设置为"黑色"，单击"确定"按钮，得到描边效果；接着将其"填充"值设置为 60%，得到如图 10-107 所示效果。

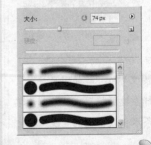

在"图层"面板中双击图层名称，可重新命名图层，方便以后的操作如下所示。

铅笔工具与画笔工具的不同点是：铅笔工具绘制出的边缘是没有柔化的，并且只有单一颜色的笔触。

利用铅笔工具绘制图形时，可以采用以下几种方式。

● 按下鼠标左键并拖动，可以在图像窗口中绘制出任意的曲线，如下所示。

原图

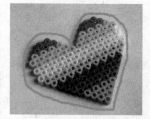

绘制出的心形曲线

● 按住 Shift 键的同时按下鼠标左键并拖动，可绘制出单条水平或垂直的直线；按住

图 10-107　得到描边效果

7 选择"编辑"→"定义画笔预设"命令，在弹出的"画笔名称"对话框中将"名称"设置为"方形图案"，如图 10-108所示。

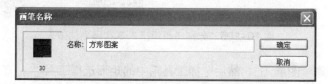

图 10-108　"画笔名称"对话框

8 选择工具箱中的画笔工具，在其属性栏中单击"切换画笔面板"按钮，弹出"画笔"面板。在其中设置"画笔笔尖形状"为刚才定义的"方形图案"，"大小"设置为30px，"间距"设置为337%，如图 10-109 所示。

9 在"画笔"面板中选中"形状动态"复选框，设置"大小抖动"为99%，其他保持默认设置，如图 10-110 所示。

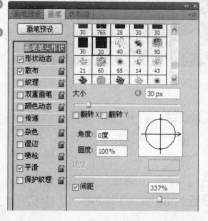

图 10-109　设置"画笔笔尖形状"

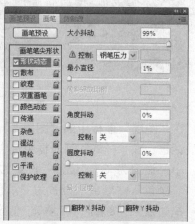

图 10-110　设置"形状动态"

10　选中"散布"复选框，将"散布"值设置为 940%，然后选中"两轴"复选框，设置"数量"为 2，"数量抖动"为 97%，如图 10-111 所示。

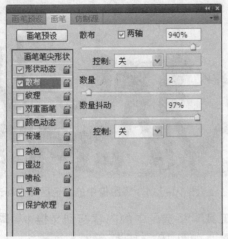

图 10-111　设置"散布"

11　设置完成后，创建一个新图层"图层 6"，设置前景色为"白色"，按下鼠标左键不放，在文档中拖动，直至得到满意的效果，如图 10-112 所示。

图 10-112　使用定义的画笔绘制的效果

12　在"图层"面板中将"图层 6"的"不透明度"设置为 34%，然后将"图层 5"拖至下方的"删除图层"按钮 🗑 上，将此图层删除，得到如图 10-113 所示的效果。

图 10-113　得到的效果

Shift 键不放，可以连续绘制直线，即绘制出折线的效果，如下所示。

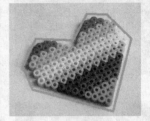

绘制出的折线效果

● 在铅笔工具属性栏中选中"自动抹除"复选框后，用铅笔工具拖动进行绘制时，显示的将是前景色；停止拖动并单击起点位置，再次拖动鼠标时，出现的将是背景色；停止拖动并再一次单击，拖动鼠标后将显示前景色。如下所示即为将前景色设置为"黑色"，背景色设置为"白色"后的绘制效果。

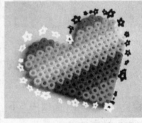

选中"自动抹除"复选框后的绘制效果

相关知识　**画笔工具属性栏中"不透明度"的设置**

　　画笔工具属性栏中有一个"不透明度"参数，通过对其进行设置，可以得到具有透明度的绘制效果，如下所示。

原图

"不透明度"设置为100%

"不透明度"设置为43%

操作技巧 "图层"面板中"不透明度"的设置

在"图层"面板中对"不透明度"值进行适当的设置,可以得到特殊的效果,如下所示。

原图像效果

---

13 打开一幅素材图像(光盘\素材和效果\10\素材\10-21.jpg),使用魔棒工具 在图像的黑色区域内单击,将图像中的黑色区域全部选中,如图10-114所示。

图10-114 将图像中的黑色区域全部选中

14 使用移动工具 将选区中的内容拖到文档中,调整为合适的大小和位置,如图10-115所示。

图10-115 拖入图像并调整

15 按 Enter 键取消调整框。在"图层 7"上双击,打开"图层样式"对话框,在其中选中"斜面和浮雕"复选框,设置合适的参数,然后选中"颜色叠加"复选框,将"颜色"设置为"红色",单击"确定"按钮,得到如图10-116所示效果。

图10-116 应用"斜面和浮雕"、"颜色叠加"图层样式后的效果

16 新建"图层 8"，选择工具箱中的椭圆选框工具 ⬭，在拖入图像合适的位置上创建一个椭圆选区，如图 10-117 所示。

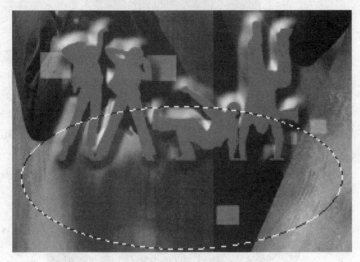

图 10-117　创建一个椭圆选区

17 选择工具箱中的渐变工具 ▭，在其属性栏中设置"渐变方式"为"前景色到背景色渐变"，单击"线性渐变"按钮 ▭，然后在选区内拖出一条直线，得到渐变效果。将"图层 8"拖至"图层 7"的下方，此时的"图层"面板和效果如图 10-118 所示。

图 10-118　"图层"面板和效果

18 将"图层 8"的"不透明度"设置为 75%。选中"图层 7"，即拖入图像所在的图层，复制此图层，得到"图层 7 副本"；按 Ctrl+T 组合键，将其大小调整为略小些并垂直翻转，设置适当的扭曲变形；最后将"不透明度"设置为 32%，得到如图 10-119 所示的效果。

按住 Ctrl 键不放，单击"小狗"图层缩览图，将其载入选区，然后新建一个图层，将选区填充为"深紫色"

在"图层"面板中将新建图层的"不透明度"设置为 64% 后的效果

操作技巧　**如何对图像进行精确的旋转**

如果想将图像进行更为精确的旋转，选择"图像"→"图像旋转"→"任意角度"命令，在打开的"旋转画布"对话框中进行相应的设置即可，如下所示。

原图

在"旋转画布"对话框中将"角度"设置为 45

得到的旋转效果

相关知识 **关闭图像文件的方法**

　　关闭图像文件的方法有以下几种。

- 选择"文件"→"关闭"命令。如果没有对文件进行保存，Photoshop CS5 将会弹出提示对话框，询问是否进行保存，单击"是"按钮即可将文件进行保存。

- 单击图像文件窗口右上角的"关闭"按钮或按 Alt+F4 组合键，可以快速关闭图像文件。

图 10-119　灯光与阴影最终效果

19 使用横排文字工具 在文档中输入文字"舞·空间"，如图 10-120 所示。

图 10-120　输入文字"舞·空间"

20 复制两次文字图层，然后分别调整它们的大小、位置、旋转角度以及不透明度。此时的"图层"面板和效果如图 10-121 所示。

图 10-121　"图层"面板和最终效果

第 11 章

Photoshop CS5 经典实物制作

利用 Photoshop CS5 中的各种功能,可以模仿制作生活中的实物。本章将详细介绍新年挂历、山水画、集邮册、光盘、立体书、名片以及明信片的制作过程。通过本章的学习,再结合自己的创意思维,能制作出蕴含独特设计理念的作品。

本章实例讲解的主要功能如下:

实　例	主要功能	实　例	主要功能	实　例	主要功能
新年挂历	描边 转换为形状 颜色加深混合模式	山水画	拼缀图滤镜 颗粒滤镜 模糊工具	集邮册	染色玻璃滤镜 "路径"面板 画笔工具
光盘	使用标尺 "信息"面板 透视	立体书	矩形选框工具 扭曲 渐变工具	名片	钢笔工具 点光混合模式 描边
				明信片	正片叠底混合模式 涂抹工具 橡皮擦工具

本章在讲解实例操作的过程中，将全面、系统地介绍 Photoshop CS5 经典实物制作的相关知识。其中包含的内容如下：

实例 11-1　新年挂历

本实例将利用"描边"命令、"填充"命令以及图层复制等功能制作精美的新年挂历。实例最终效果如图 11-1 所示。

图 11-1　实例最终效果

操 作 步 骤

1 选择"文件"→"新建"命令，打开"新建"对话框。在其中设置"名称"为"新年挂历"，"宽度"为"12 厘米"，"高度"为"17 厘米"，"背景内容"为"白色"，单击"确定"按钮，得到一个空白文档，如图 11-2 所示。

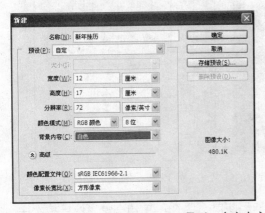

图 11-2　得到一个空白文档

2 打开一幅素材图像（光盘\素材和效果\11\素材\11-1.jpg），将其拖至文档中，并调整为合适的大小和位置，如图 11-3（左）所示。使用"描边"命令，为图像添加橙色描边效果，如图 11-3（右）所示。

实例 11-1 说明

知识点：
- "描边"命令
- "转换为形状"命令
- "颜色加深"混合模式

视频教程：
光盘\教学\第 11 章 经典实物制作

效果文件：
光盘\素材和效果\11\效果\11-1.psd

实例演示：
光盘\实例\第 11 章\新年挂历

相关知识　**更改工作区的颜色**

如果想更改工作区的颜色，可在工作区的空白处单击鼠标右键，如下所示。

在弹出的快捷菜单中选择"选择自定颜色"命令，弹出如下所示的"选择自定背景色"对话框，在其中将 RGB 的值设置为"15，144，192"。

单击"确定"按钮，完成更改工作区颜色的操作。此时可以看到工作区已变为指定的颜色，如下所示。

复制文档至新窗口

　　如果想复制当前图像并将其置于新的窗口中,可在界面的标题栏中单击"排列文档"按钮  ▼,在弹出的下拉菜单中选择"新建窗口"命令,如下所示。

　　此时即可将当前图像文件复制到一个新的窗口中,如下所示。

查找边缘滤镜的特点

　　使用风格化滤镜组中的"查找边缘"滤镜,可得到类似速写或铅笔画效果,并且还会得到特殊的淡彩效果。如果图像中包含的反差层次比较多,使用此滤镜。

图 11-3　拖入图像后为其描边

3 使用横排文字工具 T 在图像上输入文字"Happy new year",然后将其旋转一定的角度,如图 11-4 所示。

4 将文字图层连续 3 次拖至下方的"创建新图层"按钮上,即复制 3 次,此时的"图层"面板如图 11-5 所示。

图 11-4　输入文字并旋转后的效果　图 11-5　"图层"面板

5 分别选中各个复制后的图层,按 Ctrl+T 组合键,然后多次按键盘上的"←"键,让复制图层中的对象均向左偏移一定的距离,此时的效果如图 11-6 所示。

6 按 Enter 键取消调整框。选中文字图层,选择"图层"→"文字"→"转换为形状"命令,将此图层中的文字转换为形状,效果如图 11-7 所示。

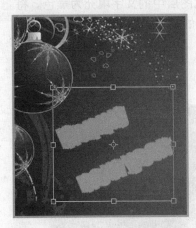

图 11-6　向左偏移一定的距离

图 11-7　文字转换为形状

7 按下 Ctrl 键不放，单击文字图层中的缩览图，将文字载入选区，效果如图 11-8 所示。

图 11-8　将文字载入选区

8 在文字图层上单击鼠标右键，在弹出的快捷菜单中选择"栅格化文字"命令，将此图层中的文字栅格化。选择"编辑"→"填充"命令，打开"填充"对话框，在其中的"使用"下拉列表框中选择"黑色"，如图 11-9 所示。

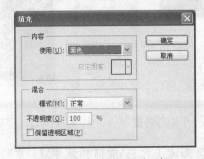

图 11-9　"填充"对话框

"历史记录"面板可以记录用户对图像进行编辑和修改的过程，如下所示。

当用户进行了错误操作后，可通过此面板返回到前面的某个操作状态中，还可将错误操作删除。

此面板中主要按钮的含义介绍如下。

● ▣："从当前状态创建新文档"按钮。在"历史记录"面板中选中一个操作步骤，然后单击此按钮，即可将此步骤的图像文件进行复制，并在一个新的窗口中生成此步骤状态的图像文件，如下所示。

选择"羽化"操作步骤进行复制后的面板效果

在新窗口中生成的此步骤的图像文件

309

- ："创建新快照"按钮。选中一个步骤，单击此按钮，可为此步骤创建一个新的快照图像，如下所示。

为"油漆桶"步骤创建快照图像

- ："删除当前状态"按钮。选中一个需要删除的步骤，单击此按钮，在弹出的如下所示的提示对话框中单击"是"按钮，即可删除此步骤。

操作技巧 **历史记录画笔工具的使用**

历史记录画笔工具 可以恢复图像。下面介绍使用该工具并结合"历史记录"面板恢复图像的方法。

（1）打开一幅图像，如下所示。

（2）对此图像进行如下"历史记录"面板中所显示的处理。

9 单击"确定"按钮，即可将此图层中的文字填充为黑色。将文字图层拖到文字图层副本 3 的上方，即可显示出填充效果，如图 11-10 所示。

图 11-10 显示出填充效果

10 新建"图层 2"，选择工具箱中的矩形选框工具，在其属性栏中将"羽化"值设置为 6，然后在文档的下方拖出一个矩形选框，如图 11-11 所示。

11 将前景色设置为"黑色"，背景色设置为"红色"。选择工具箱中的渐变工具，将其"渐变方式"设置为"前景色到背景色渐变"。单击"线性渐变"按钮，然后在矩形选区上拖出一条直线，得到渐变效果。将其"不透明度"设置为 64%，得到如图 11-12 所示的效果。

图 11-11 拖出一个矩形选框　　图 11-12 得到的渐变效果

12 打开一幅素材图像（光盘\素材和效果\11\素材\11-2.jpg），如图 11-13 所示。

图 11-13　打开一幅图像

13 将此图像拖至矩形选框上，然后将其调整为和矩形选框一样的大小，并设置其图层混合模式为"颜色加深"，得到如图 11-14 所示效果。

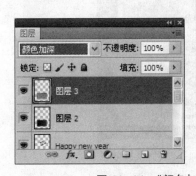

图 11-14　"颜色加深"效果

14 打开一幅灯笼素材图像（光盘\素材和效果\11\素材\11-3.png），如图 11-15 所示。使用磁性套索工具 选取其中的灯笼，拖至文档的右上角，调整为合适的大小和角度。然后使用同样的方法将其拖至左下角，调整为合适的大小和角度，得到如图 11-16 所示的效果。

图 11-15　灯笼图像

图 11-16　拖入图像后的效果

（3）此时的图像效果如下所示。

（4）选择工具箱中的历史记录画笔工具 ，在"历史记录"面板中单击"裁剪"步骤左侧的"设置历史记录画笔的源"空白区域，将其设置为历史记录的源，然后在图像上进行涂抹，即可恢复到此步骤时的效果，如下所示。

设置历史记录画笔的源

涂抹后恢复到裁剪步骤时的效果

相关知识　**"颜色加深"混合模式**

"颜色加深"混合模式通常用于创建非常暗的阴影效果，此模式与白色融合后不会发生变化，如下所示。

311

原图

应用"颜色加深"混合模式
后的效果

实例 11-2 说明

- 知识点：
  - 拼缀图滤镜
  - 颗粒滤镜
  - 模糊工具
- 视频教程：
  光盘\教学\第 11 章 经典实物制作
- 效果文件：
  光盘\素材和效果\11\效果\11-2.psd
- 实例演示：
  光盘\实例\第 11 章\山水画

对话框知识 **"拼缀图"对话框**

　　拼缀图滤镜可以将图像划分为一个个小的色块（色块的颜色由此区域的主色决定），模拟出拼贴瓷砖的效果。

　　"拼缀图"对话框中主要选项的含义如下：

- 方形大小：用来调整方形色块的大小。
- 凸现：用来调整色块凸出的程度。

15 为了使文档背景显得不那么突兀，可选中"背景"图层，然后使用工具箱中的渐变工具 ▦ 为其填充"黑、白线性渐变"效果，得到最终效果。

实例 11-2 山水画

　　本实例将应用拼缀图、颗粒滤镜以及矩形选框工具等制作山水画效果。实例最终效果如图 11-17 所示。

图 11-17　实例最终效果

操 作 步 骤

1 选择"文件"→"新建"命令，打开"新建"对话框。在其中设置"名称"为"山水画"，"宽度"为"8 厘米"，"高度"为"14 厘米"，"背景内容"为"背景色（暗黄色）"，单击"确定"按钮，得到一个文档，如图 11-18 所示。

图 11-18　得到一个文档

2 选择"滤镜"→"纹理"→"拼缀图"命令，打开"拼缀图"

对话框。在其中设置合适的参数，单击"确定"按钮，得到如图 11-19 所示效果。

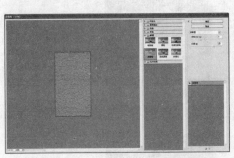

图 11-19　得到拼缀图效果

3　选择"滤镜"→"纹理"→"颗粒"命令，打开"颗粒"对话框。在其中的"颗粒类型"下拉列表框中选择"垂直"选项，然后设置合适的参数，单击"确定"按钮，效果如图 11-20 所示。

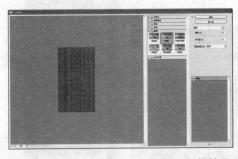

图 11-20　得到颗粒效果

4　选择工具箱中的矩形选框工具 ⊡，在文档中拖出一个矩形，如图 11-21（左）所示。创建一个"图层 1"，设置前景色的 RGB 值为"218，213，213"，使用工具箱中的油漆桶工具 ⚱ 填充矩形选区，得到如图 11-21（右）所示的效果。

图 11-21　拖出一个矩形并填充

相关知识 模糊工具属性栏中的"模式"下拉列表框

在模糊工具属性栏中的"模式"下拉列表框中，可以选择模糊模式，包括正常、变暗、变亮、色相、饱和度、颜色以及明度等几种。如下所示即为使用不同模式得到的效果。

原图

"变暗"模式效果

"变亮"模式效果

"明度"模式效果

使用模糊工具 可以对图像中的一部分进行模糊处理，从而起到突出主体的目的，如下所示。

选取图像中的人物

将选区反选，即选取背景图像

将"模式"设置为"变暗"
后的涂抹效果

使用涂抹工具 可以对图像进行涂抹操作，实质是模拟手指在未干的画布上涂抹，从而使图像产生变形效果。

涂抹工具属性栏的选项内容与模糊工具属性栏基本相同，只是多了一个"手指绘画"复选框。选中此复选框，在处理图像时，可以得到模拟手指绘画的效果，如下所示。

5 打开一幅素材图像（光盘\素材和效果\11\素材\11-4.jpg），将其拖入文档中，并调整为合适的大小和位置，如图 11-22 所示。

图 11-22 拖入图像并调整后的效果

6 在"图层"面板中将"图层 2"的混合模式设置为"明度"，得到图像的黑白效果，如图 11-23 所示。

图 11-23 得到图像的黑白效果

7 创建"图层 3"，选择工具箱中的矩形选框工具 ，在图像上端的留出区域拖出一个矩形，如图 11-24 所示。将前景色设置为"黑色"，背景色设置为"白色"，使用渐变工具 在矩形选框的纵向拖出一条直线，得到线性渐变填充效果，如图 11-25 所示。

图 11-24 拖出一个矩形　　图 11-25 线性渐变填充效果

8 创建一个"图层 4"，将其置于"图层 3"的下方。使用矩形选框工具 ⊡ 在图像上端的留出区域拖出一个比刚才长一些的矩形选区，如图 11-26（左）所示。设置前景色为"黑色"，使用油漆桶工具 🪣 填充矩形选区。按 Ctrl+D 组合键取消选区，得到如图 11-26（右）所示的效果。

图 11-26　拖出一个矩形选区并填充后的效果

9 将"图层 3"和"图层 4"合并为一个图层，得到"图层 3"。选择工具箱中的模糊工具 ⧭，在"图层 3"上进行适量的涂抹，得到更为逼真的画轴效果，如图 11-27 所示。

图 11-27　得到更为逼真的画轴效果

10 复制"图层 4"，得到"图层 4 副本"，使用移动工具 ⊹ 将其移至下方留出区域，得到山水画最终效果。

实例 11-3　集邮册

　　本实例将使用添加杂色、晶格化、高斯模糊、浮雕效果滤镜以及"描边路径"命令等制作集邮册封面效果。实例最终效果如图 11-28 所示。

图 11-28　实例最终效果

操作步骤

1 选择"文件" → "新建"命令，打开"新建"对话框。在其

原图

选中"手指绘画"复选框后的涂抹效果

实例 11-3 说明

🔸 **知识点：**
- 添加杂色滤镜
- 染色玻璃滤镜
- "路径"面板
- 画笔工具

🔸 **视频教程：**
光盘\教学\第 11 章 经典实物制作

🔸 **效果文件：**
光盘\素材和效果\11\效果\11-3.psd

🔸 **实例演示：**
光盘\实例\第 11 章\集邮册

相关知识　**镜头校正滤镜的使用**
镜头校正滤镜是从扭曲

滤镜组中分离出来的一个滤镜，这是与之前版本不同的地方，即在 Photoshop CS5 中，镜头校正滤镜成为了一个独立的滤镜。此滤镜可对变形、失真以及偏色的图像进行精确的修正。选择"滤镜"→"镜头校正"命令，可打开如下所示的"镜头校正"对话框。

在其中选择"自定"选项卡，如下所示。

- 在其中通过设置"移去扭曲"的值可修正图像中存在的凸起或凹陷缺陷。
- 在"色差"选项组中，"修复红/青边"项用于清除图像中红色或青色的痕迹；"修复绿/洋红边"项用于清除图像中绿色或洋红的痕迹；"修复蓝/黄边"项用于清除图像中蓝色或黄色的痕迹。

中设置"名称"为"集邮册"，"宽度"为"14 厘米"，"高度"为"12 厘米"，"背景内容"为"背景色（黑色）"，单击"确定"按钮，得到一个文档，如图 11-29 所示。

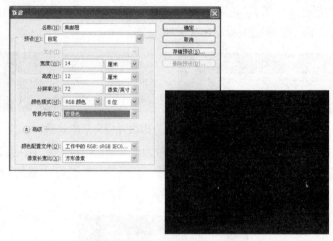

图 11-29　得到一个文档

2 新建"图层 1"，选择工具箱中的矩形选框工具 ，在其属性栏中将"羽化"值设置为 3，在文档中拖出一个矩形选区，如图 11-30（左）所示。将前景色的 RGB 值设置为"162，92，41"，选择工具箱中的油漆桶工具 ，将矩形选区填充为前景色，效果如图 11-30（右）所示。

图 11-30　拖出选区并填充

3 选择"滤镜"→"杂色"→"添加杂色"命令，打开"添加杂色"对话框。在其中设置"数量"为 355.31%，选中"高斯模糊"单选按钮，取消选中"单色"复选框，单击"确定"按钮，效果如图 11-31 所示。

图 11-31　得到添加杂色效果

4️⃣ 选择"滤镜"→"像素化"→"晶格化"命令，打开"晶格化"对话框。在其中设置"单元格大小"为 4，单击"确定"按钮，效果如图 11-32 所示。

图 11-32　得到晶格化效果

5️⃣ 选择"滤镜"→"模糊"→"高斯模糊"命令，打开"高斯模糊"对话框。在其中将"半径"设置为 6 像素，单击"确定"按钮，效果如图 11-33 所示。

图 11-33　得到高斯模糊效果

6️⃣ 选择"滤镜"→"纹理"→"染色玻璃"命令，打开"染色玻璃"对话框。在其中设置"单元格大小"为 2，"边框粗细"

- "晕影"选项组用来修正因为镜头原因而导致的边缘偏暗的图像。其中的"数量"项用于设置边缘变暗或变亮的强弱；"中心"项用于设置晕影中心的大小值。

- "变换"选项组用来修正图像的透视类型、旋转角度以及缩放比例等。

　　如下所示即为将一幅有晕影的图像进行镜头校正滤镜处理前后的效果对比。

一幅边缘有晕影的图像

应用镜头校正滤镜将晕影清除后的效果

操作技巧　"路径"面板中各按钮的使用

- 在"路径"面板中单击下方的"用前景色填充路径"按钮，可将前景色填充到绘制的路径中，如下所示。

原图

将前景色填充到绘制的路径中

- 设定画笔工具的笔触形状、大小以及前景色等，然后单击"用画笔描边路径"按钮 ◯，可按设定的参数对路径进行描边，如下所示。

按照设定参数对路径进行描边

- 单击"将路径作为选区载入"按钮 ◯，可将绘制出的路径载入选区，从而达到对选区进行编辑的目的，如下所示。

将绘制出的路径载入选区

对选区应用染色玻璃
滤镜后的效果

- 单击"从选区生成工作路径"按钮 ◯，可将创建出的选

为 1，"光照强度"为 1，单击"确定"按钮，效果如图 11-34 所示。

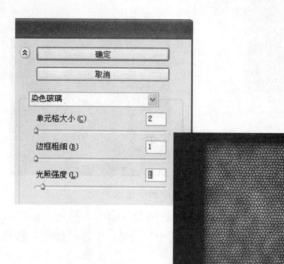

图 11-34　得到染色玻璃效果

7 选择"滤镜"→"风格化"→"浮雕效果"命令，打开"浮雕效果"对话框。在其中设置"角度"为-64 度，"高度"为 1 像素，"数量"为 92%，单击"确定"按钮，效果如图 11-35 所示。

图 11-35　得到浮雕效果

8 选择"图像"→"调整"→"可选颜色"命令，打开"可选颜色"对话框。在"颜色"下拉列表框中选择"中性色"，然后分别拖动青色、洋红、黄色、黑色滑块，将其分别设置为-44%、+48%、+91%、+5%，最后单击"确定"按钮，得到颜色更为逼真的皮革效果，如图 11-36 所示。

图 11-36　得到颜色更为逼真的皮革效果

9 打开一幅素材图像（光盘\素材和效果\11\素材\11-5.jpg），将其拖入文档中，调整为合适的大小和位置，如图 11-37 所示。

图 11-37　拖入图像并调整

10 按下 Ctrl 键不放，单击"图层 2"的缩览图，将此图像载入选区。选择"编辑"→"描边"命令，打开"描边"对话框。在其中设置"宽度"为 10px，"颜色"为"白色"，"位置"为"内部"，其余保持默认值，单击"确定"按钮，得到描边效果，如图 11-38 所示。

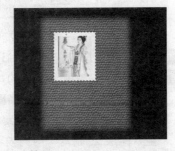

图 11-38　得到描边效果

区转换为工作路径，如下所示。

选取图像中的人物部分

转换为工作路径后的效果

相关知识　**历史记录艺术画笔工具属性栏中的"样式"下拉列表框**

　　历史记录艺术画笔工具 可以根据图像中的某个记录或快照来绘制图像，从而产生特殊效果的图像。在其属性栏中有一个"样式"下拉列表框，在其中可以根据需要选择相应的样式，从而得到满意的笔触效果，如下所示。

原图

绷紧短效果

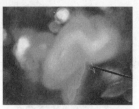

绷紧长效果

绷紧卷曲效果

松散卷曲长效果

在历史记录艺术画笔工具属性栏中，"区域"文本框用来设置笔触的区域。其值越小，笔触应用的范围越小；其值越大，笔触应用的范围则越大。如下所示。

区域值设置为 40px

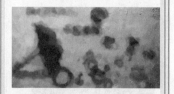

区域值设置为 300px

11 选择"窗口"→"路径"命令，在弹出的"路径"面板中单击下方的"从选区生成工作路径"按钮，将选区转换为工作路径。

12 选择工具箱中的画笔工具，在其属性栏中单击"切换画笔面板"按钮，打开"画笔"面板。在其中将"画笔笔尖形状"设置为"尖角"，"大小"设置为 7px，"硬度"设置为 100%，"间距"设置为 115%，如图 11-39 所示。

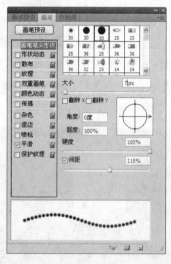

图 11-39 在"画笔"面板中进行设置

13 选择工具箱中的吸管工具，在文档中的皮革质地上单击，选取其上的颜色，将此颜色设置为前景色。在"路径"面板的"工作路径"上单击鼠标右键，在弹出的快捷菜单中选择"描边路径"命令，打开"描边路径"对话框，在"工具"下拉列表框中选择"画笔"选项，如图 11-40 所示。

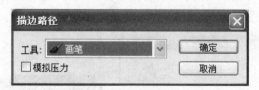

图 11-40 "描边路径"对话框

14 单击"确定"按钮，得到邮票的花边效果，如图 11-41 所示。

15 将"图层 2"拖至下方的"创建新图层"按钮上，得到"图层 2 副本"，然后使用移动工具将其置于合适的位置。打开一幅素材图像（光盘\素材与效果\11\素材\6.jpg），将其拖至"图层 2 副本"中的内容上，将其调整为和下方图像一样的大小，效果如图 11-42 所示。

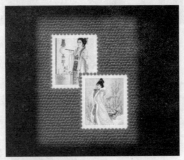

图 11-41　得到邮票的花边效果　　　图 11-42　拖入图像并调整

16 选中"图层 2 副本"，单击下方的"添加矢量蒙版"按钮 ，为此图层添加一个图层蒙版。选择工具箱中的画笔工具 ，将前景色设置为和皮革质地一样的颜色，在文档中重叠的邮票花边处进行细致的涂抹，得到如图 11-43 所示的效果。

图 11-43　涂抹后得到的效果

17 在文档中输入文字"古典"和"珍邮册"，将这两个文字图层合并为一个图层，然后在合并后的图层上双击，打开"图层样式"对话框。在其中先选中"斜面和浮雕"复选框，设置合适的参数，再选中"渐变叠加"复选框，将"渐变"设置为"黑，白渐变"，如图 11-44 所示。单击"确定"按钮，得到最终效果。

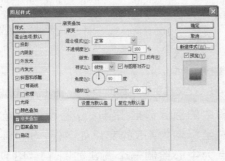

图 11-44　"图层样式"对话框

使用图层蒙版和画笔工具柔化图像边缘

在对蒙版进行编辑时，可使用的工具有多种，画笔工具就是其中非常重要的一种。下面将介绍如何柔化拖入图像的边缘。

将一幅人物图像拖入背景

为人物图层添加图层蒙版

选择工具箱中的画笔工具 ，在其属性栏中将笔触设置为"柔边圆"，"不透明度"设置为 43%，然后在人物边缘进行细致的涂抹，得到柔化的边缘效果

此时的图层蒙版上显示出涂抹的轮廓

321

实例 11-4 说明

● 知识点：
- 标尺的使用
- "信息"面板
- 渐变工具
- "透视"命令

● 视频教程：
光盘\教学\第 11 章 经典实物制作

● 效果文件：
光盘\素材和效果\11\效果\11-4.psd

● 实例演示：
光盘\实例\第 11 章\光盘

相关知识 标尺和参考线

利用标尺可以精确地定位光标所在的位置。选择"视图"→"标尺"命令或按 Ctrl+R 组合键，即可在窗口的上端和左侧显示标尺。参考线是在显示标尺的情况下建立的，其中包括水平参考线与垂直参考线，利用它们可以对齐目标。在标尺上单击并向下或向右拖动即可拖出参考线，如下所示。

相关知识 标尺工具和网格

（1）选择"分析"→"标尺工具"命令，或单击工具箱中的

实例 11-4 光盘

本实例将使用"标尺"命令、椭圆选框工具以及图层样式等功能制作光盘效果。实例最终效果如图 11-45 所示。

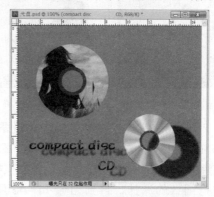

图 11-45 实例最终效果

操 作 步 骤

1 选择"文件"→"新建"命令，打开"新建"对话框。在其中设置"名称"为"光盘"，"宽度"为"17 厘米"，"高度"为"14 厘米"，"背景内容"为"白色"，单击"确定"按钮，得到一个文档。选择"视图"→"标尺"命令，在文档中显示标尺，如图 11-46 所示。

2 选择"窗口"→"信息"命令，在弹出的"信息"面板中将单位设置为"厘米"，如图 11-47 所示。

图 11-46 在文档中显示标尺   图 11-47 "信息"面板

3 选择工具箱中的椭圆选框工具 ◯，将十字形光标置于标尺上坐标与左坐标均为 4.5 的交点处，按住 Shift+Alt 组合键，以这个交点为中心绘制一个圆，如图 11-48 所示。

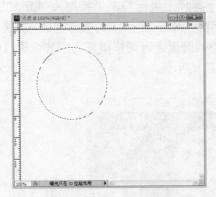

图 11-48　绘制一个圆

4 在"图层"面板中单击底部的"创建新图层"按钮，创建一个"图层 1"。选中"背景"图层，将其拖至下方的"删除图层"按钮上，将"背景"图层删除。选择"选择"→"反向"命令，反选选区，得到如图 11-49 所示的效果。

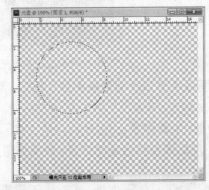

图 11-49　删除"背景"图层后的效果

5 在工具箱中将前景色的 RGB 值设置为"142，137，61"，使用油漆桶工具 填充选区，得到如图 11-50 所示的效果。

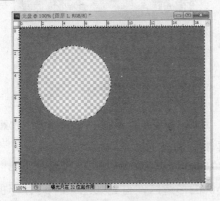

图 11-50　填充选区

6 按 Ctrl+D 组合键，取消选区。再次选择椭圆选框工具 ，同

"标尺工具"按钮 ，即可在窗口中显示出标尺工具。利用此工具可以精确地定位图像的位置，以及测量出两点之间的距离，为得到精确的图像效果提供了方便。如下所示即为测量图像中人物的高度。

此时在属性栏中会显示出标尺的起始位置以及在 X 轴上移动的水平距离和在 Y 轴上移动的垂直距离等参数，如下所示。

（2）选择"视图"→"显示"→"网格"命令或按 Ctrl+' 组合键，均可在图像窗口中显示网格，如下所示。

在图像窗口的左上角处按照网格绘制一个小狗图形，即图形的左、右、上部位完全贴于网格，效果如下所示。

选择工具箱中的移动工具
▶⊹，按住 Alt 键不放，将绘制
出的小狗图形向下拖动，复制
并置于与上方小狗图形一致的
网格位置，然后再分别拖至窗
口中其余两个角的位置，得到
的效果如下所示。

再次选择"视图"→"显
示"→"网格"命令，即可隐
藏网格，得到最终效果，如下
所示。

相关知识 "信息"面板

"信息"面板主要显示了当
前图像的颜色信息与位置信
息。也可度量两点之间的角度
与距离。

样将中心点置于标尺上坐标与左坐标均为 4.5 的交点上，按住
Shift+Alt 组合键，绘制一个较小的圆形选区，如图 11-51（左）
所示。将此较小的圆形选区同样填充为刚才设置的前景色，效果
如图 11-51（右）所示。

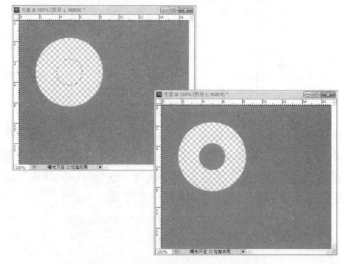

图 11-51 绘制较小的圆形选区并填充

7 在"图层"面板中单击"创建新图层"按钮，创建一个"图
层 2"，并将其拖至"图层 1"的下方。打开一幅素材图像（光
盘\素材和效果\11\素材\7.jpg），使用移动工具 ▶⊹ 将其拖至"光
盘"文档中，然后调整到合适的位置，效果如图 11-52 所示。

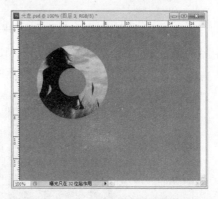

图 11-52 拖入图像并调整到合适的位置

8 新建"图层 4"。选择工具箱中的椭圆选框工具 ◯，在其属性
栏中单击"从选区减去"按钮 ▣，以同样的中心点，分别绘
制两个较小的圆形选区，得到如图 11-53 所示的效果。

9 将前景色的 RGB 值设置为"62，54，54"，使用油漆桶工具 ◉
填充选区，将图层 4 移至最上层，得到如图 11-54 所示的效果。

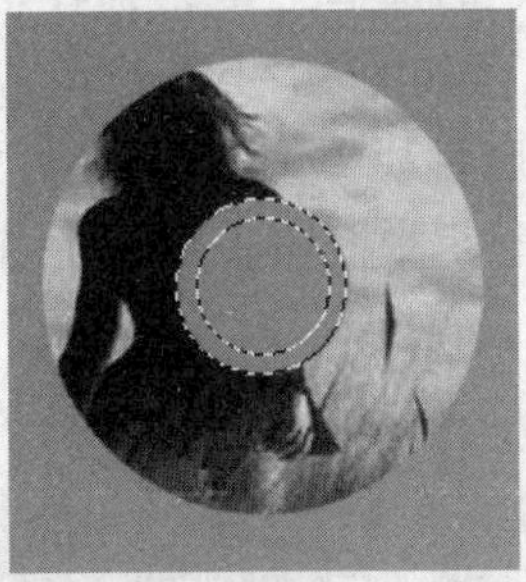

图 11-53 分别绘制两个小正圆选区

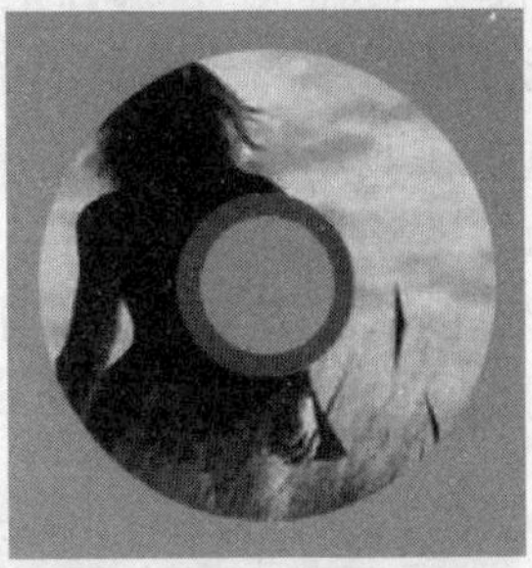

图 11-54 填充选区

10 将所有图层合并为一个图层，得到“图层 4”。将其拖至下方的“创建新图层”按钮上，复制此图层。使用移动工具将其移至文档的右下角并调整为合适的大小，如图 11-55 所示。

11 选择工具箱中的魔棒工具，单击“图层 4 副本”中图像中间部位的小圆，将其选取，效果如图 11-56 所示。

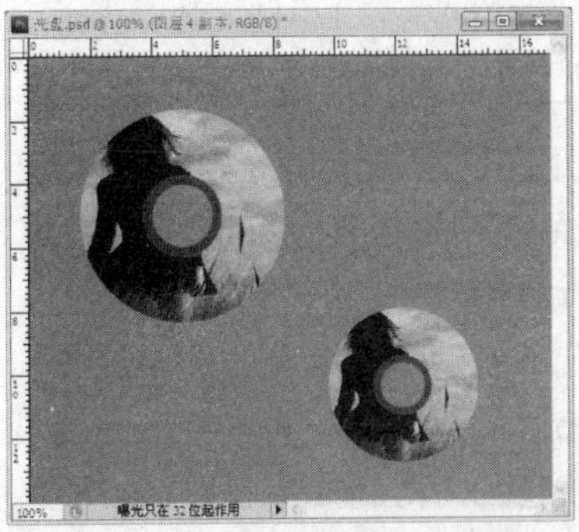

图 11-55 复制图层并调整

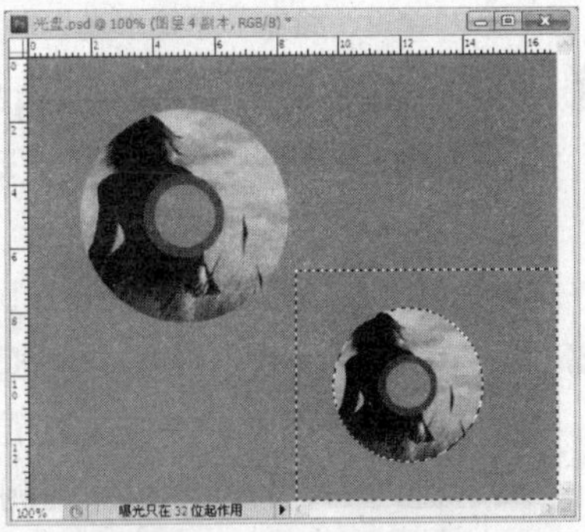

图 11-56 得到背景颜色选区

12 按 Delete 键，删除选区中的内容，取消选区。选择工具箱中的磁性套索工具，在其属性栏中单击“从选区减去”按钮，选取光盘中带有图像的部位，如图 11-57 所示。

13 新建“图层 5”，使用油漆桶工具将选区填充为“白色”，如图 11-58 所示。

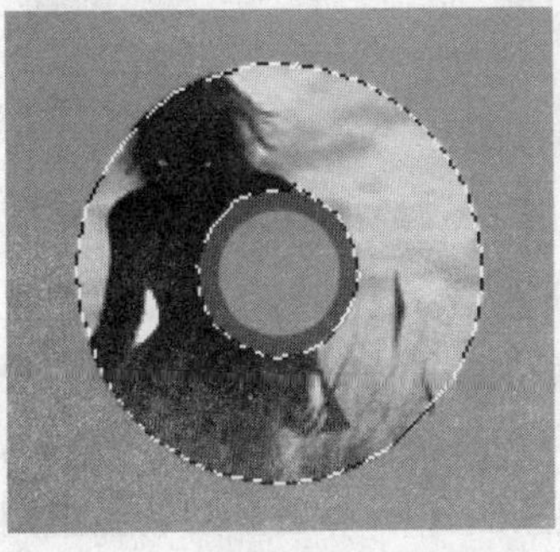

图 11-57 选取带有图像的部位

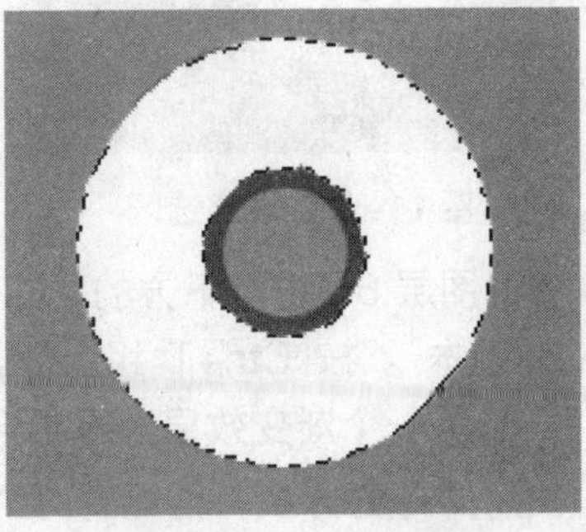

图 11-58 填充选区

在图像窗口中，将光标移动到任一位置，“信息”面板中的信息都会随之发生变化。

在“信息”面板中共分为 4 栏，其含义分别介绍如下。

- 第一栏：当前图像的颜色模式的值。
- 第二栏：图像在 CMYK 中所表示的颜色值。
- 第三栏：当前鼠标所在位置的值。
- 第四栏：用于度量两点间的距离。

操作技巧 **利用“透视”命令制作透视空间效果**

下面将介绍如何利用“变换”菜单下的“透视”命令和移动工具制作透视空间效果，步骤如下。

（1）打开一幅图像素材。

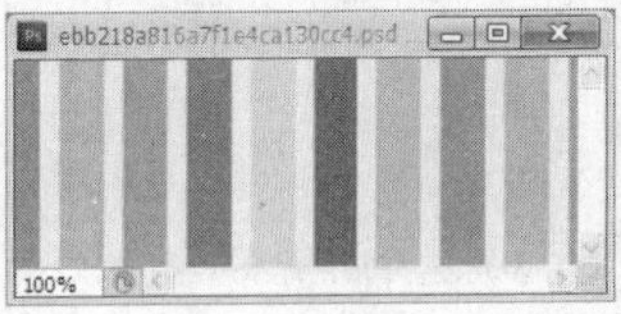

（2）在“画布大小”对话框中将“高度”值设置为原来的 3 倍，得到如下效果。

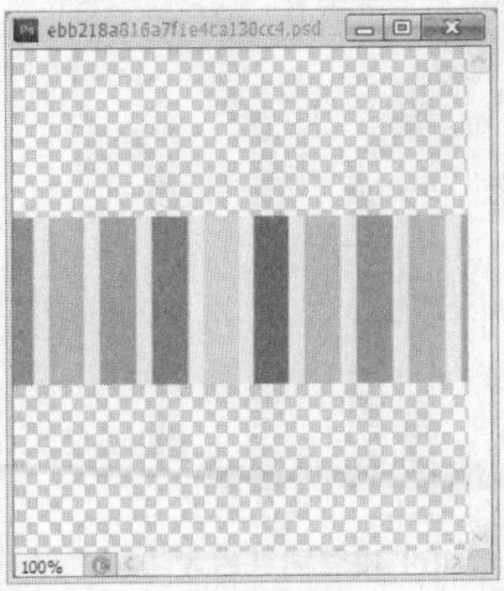

（3）选中"背景"图层，按 Ctrl+J 组合键，复制图层中的内容，然后再次执行此操作，即再复制一次，此时的"图层"面板如下所示。

（4）分别选中"背景副本"和"背景副本 2"图层，然后使用移动工具分别将这两个图层中的内容置于原图像的上方和下方，得到效果如下所示。

（5）选中"背景 副本"图层，选择"编辑"→"变换"→"透视"命令，对其进行透视变形。

（6）按照同样的方法将"背景副本 2"图层也进行透视变形。

⓮ 新建"图层 6"，选择工具箱中的矩形选框工具，在白色光盘的右半部分绘制一个矩形选区，如图 11-59 所示。

⓯ 选择工具箱中的渐变工具，在其属性栏中设置"渐变方式"为"透明彩虹渐变"，单击"线性渐变"按钮，然后在矩形选区的上方至下方拖出一条直线，得到渐变填充效果，如图 11-60 所示。

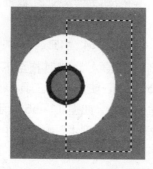 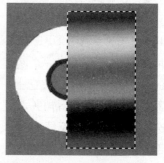

图 11-59　绘制一个矩形选区　　图 11-60　得到渐变填充效果

⓰ 选中"图层 6"，选择"编辑"→"变换"→"透视"命令，出现调整控制框。单击并拖动矩形选框左下角的控制点，直至与左上角的直线相交为一个点，然后将其"不透明度"设置为 53%，得到如图 11-61 所示的效果。

⓱ 按 Enter 键，取消调整控制框，不取消渐变填充的选中状态，按下 Ctrl 键不放，单击"图层 5"的缩览图，将其载入选区。反选选区后，按 Delete 键删除选区，得到如图 11-62 所示的效果。

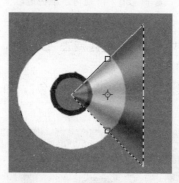 

图 11-61　调整选区　　　　图 11-62　删除选区后的效果

⓲ 将"图层 6"拖至下方的"创建新图层"按钮上，得到"图层 6 副本"。按 Ctrl+T 组合键，调整此图层中对象的位置，使其与第一个渐变效果边缘重合，得到如图 11-63 所示的效果。

⓳ 使用同样的方法，再复制两个"图层 6"，然后分别调整它们的位置，得到如图 11-64 所示的效果。

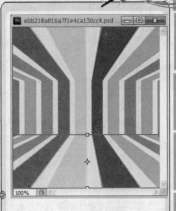

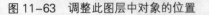
图 11-63　调整此图层中对象的位置

图 11-64　得到完整效果

⃞20 将"图层 6"以及复制后的图层合并为一个图层，得到"图层 6　副本 3"。在此图层上双击，打开"图层样式"对话框。在其中选中"投影"复选框，设置合适的"角度"和"距离"，单击"确定"按钮，得到投影效果，如图 11-65 所示。

（7）将一幅人物图像素材拖入文档中，按 Ctrl+T 组合键，出现调整控制框，将其调整为合适的大小和位置。

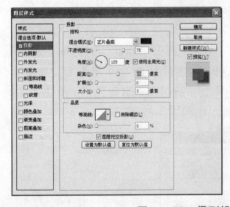

图 11-65　得到投影效果

（8）按住 Alt 键不放，使用移动工具拖动此图像，复制出一个此图像，然后对其应用"水平翻转"变形，并将其置于合适的位置，得到最终效果。

⃞21 在文档中输入文字，然后在文字层上双击，在打开的"图层样式"对话框中设置投影样式，将"距离"值设置为 26，如图 11-66 所示。单击"确定"按钮，得到最终效果。

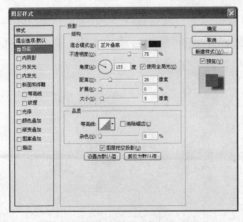
图 11-66　设置"距离"值为 26

实例 11-5 说明

● **知识点：**
- 矩形选框工具
- "扭曲"命令
- 渐变工具

● **视频教程：**

光盘\教学\第 11 章 经典实物制作

● **效果文件：**

光盘\素材和效果\11\效果\11-5.psd

● **实例演示：**

光盘\实例\第 11 章\立体书

相关知识 使用 Adobe Bridge 查看图像

利用 Adobe Bridge，可以很方便地浏览、搜索以及组织资源。在 Photoshop CS5 工作界面中单击左上角的"启动Bridge"按钮 Br ，即可打开Adobe Bridge，其工作界面如下所示。

在其中可以选择并打开需要的文件。例如，选择一幅素材图像，单击"预览方式"选项组中的"胶片"按钮，可将选中的图像以大图显示，如下所示。

实例 11-5 立体书

本实例将主要应用矩形选框工具、"扭曲"命令以及渐变工具等制作立体书效果。实例最终效果如图 11-67 所示。

图 11-67　实例最终效果

操作步骤

1️⃣ 选择"文件"→"新建"命令，打开"新建"对话框。在其中设置"名称"为"立体书"、"宽度"为"14 厘米"、"高度"为"10 厘米"、"背景内容"为"背景色（暗黄色）"，单击"确定"按钮，得到一个文档，如图 11-68 所示。

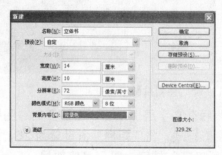

图 11-68　得到一个文档

2️⃣ 打开一幅素材图像（光盘\素材和效果\11\素材\11-8.jpg），将其拖入文档中，并调整为合适的大小，如图 11-69 所示。

图 11-69　拖入图像并调整为合适的大小

3 创建"图层 2"，在图像上使用矩形选框工具 ▦ 拖出一个矩形选区，如图 11-70（左）所示。使用填充工具 ▲ 将其填充为"蓝色"，然后设置"不透明度"为 43%，效果如图 11-70（中）所示。最后在其上输入文字"值得一看的好书"，如图 11-70（右）所示。

图 11-70　创建矩形选区并填充内容

4 创建"图层 3"，使用矩形选框工具 ▦ 在图像的左侧绘制一个等高的矩形，如图 11-71（左）所示。使用油漆桶工具 ▲ 将其填充为"橙色"，如图 11-71（右）所示。

图 11-71　绘制矩形并填充

5 在此矩形内，再分别绘制两个等宽的矩形，然后分别填充为不同的颜色，如图 11-72 所示。

图 11-72　分别绘制两个矩形并填充

6 在这些矩形中，分别输入文字，得到如图 11-73 所示的效果。

单击"元数据"按钮，将以列表的方式显示图像，从中可以方便地查看选中文件的相关属性，如下所示。

单击"输出"按钮，将显示与打印输出有关的界面，如下所示。

相关知识　**Mini Bridge 面板**

Mini Bridge 面板是 Photoshop CS5 的新增功能。在 Photoshop CS5 工作界面中单击左上角的"启动 Mini Bridge"按钮，即可打开 Mini Bridge 面板。在此面板中可以根据文件的所在位置找到需要的文件，并显示于此面板中，如下所示。

选中一幅图像后，将其
打开显示于面板中

内容识别填充

Photoshop CS5 中新增的内容识别填充功能具有智能化且操作简单等特点，利用它可以很方便地得到想要的效果。

● 将图像中的多余部分填充。

原图

沿手掌的边缘一定距离处
创建一个选区

图 11-73　在矩形中分别输入文字

7 将"图层 3"和这些文字图层合并为一个图层，然后选中合并后的图层，选择"编辑"→"变换"→"扭曲"命令，出现调整控制框，分别拖动左上角和左下角的控制点，得到立体效果，如图 11-74 所示。

图 11-74　得到立体效果

8 按 Enter 键，取消调整控制框。使用矩形选框工具在图像的上方拖出一个矩形选区，然后将其填充为"白色"，如图 11-75 所示。

图 11-75　拖出矩形选区并填充

9 选择"编辑"→"变换"→"扭曲"命令，出现调整控制框，分别拖动 4 个控制点，得到如图 11-76 所示的效果。

图 11-76　得到扭曲变形效果

10 按 Enter 键，取消调整控制框。将除背景以外的图层合并为一个图层，然后将其命名为"图层 3。"将"图层 3"拖至下方的"创建新图层"按钮上，得到"图层 3 副本"。选择"编辑"→"变换"→"垂直翻转"命令，将此图层中的对象垂直翻转，然后将其放置于书图层对应的下方，如图 11-77 所示。

图 11-77　复制图层并垂直翻转

11 使用矩形选框工具 在垂直翻转后的图像的侧面边缘上创建一个矩形选区，如图 11-78（左）所示。使用"扭曲"命令，将此矩形选框中的内容调整为与原图像平行的效果，按 Enter 键后，得到如图 11-78（右）所示的效果。

图 11-78　创建矩形选区并调整

选择"编辑"→"填充"命令，在打开的"填充"对话框中设置"使用"为"内容识别"、"模式"为"正常"、"不透明度"为 100%

设置完成后，单击"确定"按钮，得到一望无际的大海效果

● 将图像中残缺的部分填充。

原图

使用魔棒工具将图像中残缺部位选取

打开"填充"对话框，进行同样的设置，得到效果

可以看到，填充后的图像选区边界会有印痕。选择工具箱中的模糊工具 🔘，在其属性栏中进行相应的设置，然后在印痕上进行涂抹，得到最终效果。

"HDR 色调"命令

在 Photoshop CS5 中可以对图像进行 HDR 色调处理，这也是该软件新增的一项功能。HDR 的全称是 High Dynamic Range（高动态范围）。使用此功能，可以应用超出普通范围的颜色值，从而得到更加真实的 3D 场景。

选择"图像"→"调整"→"HDR 色调"命令，打开如下所示的"HDR 色调"对话框。

在其中的"预设"下拉列表框中可以选择需要的色调类

12 选择工具箱中的渐变工具 🔲，在其属性栏中将"渐变方式"设置为"前景色到透明渐变"，然后在垂直翻转后的图像上从下方至上方拖出一条直线，得到渐变效果。在"图层"面板中将其"不透明度"设置为 40%，得到如图 11-79 所示的倒影效果。

图 11-79　得到的倒影效果

13 选中"背景"图层，单击"创建新图层"按钮，在其上创建一个"图层 4"。选择工具箱中的矩形选框工具 🔲，在其属性栏中将"羽化"值设置为 10，在文档中创建一个矩形选区，如图 11-80 所示。

图 11-80　创建一个矩形选区

14 选择工具箱中的渐变工具 🔲，在其属性栏中将"渐变方式"设置为"前景色到背景色渐变"，单击"线性渐变"按钮，将"不透明度"设置为 70%，然后在选区的下方至上方拖出一条直线，得到渐变效果，如图 11-81 所示。

图 11-81　得到渐变效果

型，从而得到不同的具有艺术效果的图像，如下所示。

15 使用"扭曲"命令将渐变效果调整为如图 11-82（左）所示。按 Enter 键取消控制框，得到如图 11-82（右）所示的阴影效果。

图 11-82　得到阴影效果

16 选中"背景"图层，打开一幅素材图像（光盘\素材和效果\11\素材\9.jpg），将其拖至文档中，调整为合适的大小，然后在文档中输入文字，并设置文字的形状和图层样式，得到最终效果，如图 11-83 所示。

图 11-83　得到最终效果

原图

单色艺术效果

逼真照片

超现实

实例 11-6　名片

本实例将利用钢笔工具、椭圆工具以及图层混合模式等功能制作一张精美的名片。实例最终效果如图 11-84 所示。

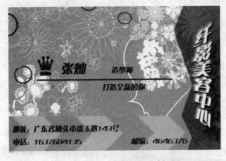

图 11-84　实例最终效果

实例 11-6 说明

- 知识点：
  - 钢笔工具
  - "点光"混合模式
  - "描边"命令
- 视频教程：
  光盘\教学\第 11 章 经典实物制作
- 效果文件：
  光盘\素材和效果\11\效果\11-6.psd
- 实例演示：
  光盘\实例\第 11 章\名片

操作步骤

1 选择"文件"→"新建"命令，打开"新建"对话框。在其

混合器画笔工具

在 Photoshop CS5 的画笔工具组中新增了一个混合器画笔工具 ，使用该工具在图像中进行涂抹，可以得到图像中颜色的混合效果。如下所示，在一幅图像中涂抹后，得到颜色混合的背景图像效果。

原图

涂抹后得到颜色混合的
背景图像效果

智能对象

智能对象是 Photoshop CS5 提供的又一项新增功能，非常实用。如果在处理图像时有很多重复的效果需要制作，此时就可以使用此功能来实现。它大大简化了处理图像的过程，从而提高了工作效率。

中设置"名称"为"名片"、"宽度"为"15 厘米"、"高度"为"10 厘米"、背景内容为"白色"，单击"确定"按钮，得到一个文档，如图 11-85 所示。

图 11-85 得到一个文档

2 选择工具箱中的钢笔工具 ，在文档中绘制一条封闭的形状路径，如图 11-86 所示。

图 11-86 绘制一条封闭的形状路径

3 打开"路径"面板，在其中单击"将路径作为选区载入"按钮 ，将路径转换为选区，如图 11-87 所示。

4 设置前景色为"深紫色"，使用油漆桶工具 将选区填充为前景色，然后在其中输入文字，并设置文字变形和图层样式（投影），效果如图 11-88 所示。

图 11-87 将路径转换为选区　　图 11-88 输入文字并设置

5 新建"图层 1"。使用同样的方法，在文档的下方绘制一条路径，然后将其转换为选区，并填充为"黄色"，如图 11-89 所示。

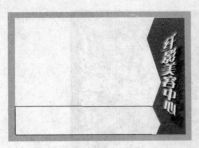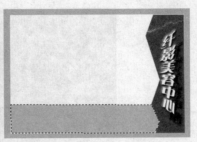

图 11-89 绘制路径并填充

6 使用横排文字工具 T，在此图层上输入名片中应该有的地址、
电话以及邮编，如图 11-90 所示。

图 11-90 输入名片相关内容

7 按住 Ctrl 键不放，单击"图层 1"的缩览图，将此图层载入选
区。选择工具箱中的渐变工具 ■，在其属性栏中设置"渐变
方式"为"透明条纹渐变"，单击"菱形渐变"按钮 ■，然后
在选区内从左至右拖出一条直线，得到如图 11-91 所示的渐
变填充效果。

图 11-91 得到渐变填充效果

8 选中"背景"图层，打开一幅素材图像（光盘\素材和效果\11\
素材\11-10.jpg），使用移动工具 ▶ 将其拖入文档中，然后调
整图像的大小，得到如图 11-92 所示的效果。

所谓智能对象，是指包含
栅格或矢量图像中的图像数据
的图层，它将保留图像的源内
容，从而实现无破坏的编辑与
修改。

● 将背景图层转换为智能对象。

原图

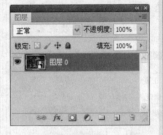

选择"图层"→"智能对
象"→"转换为智能对象"命令，
将背景图层转换为智能对象

● 添加智能滤镜。

应用光照效果和拼缀图滤镜
后的图像效果，即添加智能
滤镜后的效果

添加智能滤镜后的"图层"面板

● 将其他命令应用于智能对象。还可以将"调整"菜单中的命令运用于智能对象中，但只有"阴影/高光"、"HDR 色调"以及"变化"命令 3 个命令可以运用。

在上面的基础上应用"变化"命令，得到效果

此时的"图层"面板

操作技巧 **智能对象的存储与替换技巧**

智能对象的存储与替换方法如下。

（1）选择"图层"→"智能对象"→"导出内容"命令，打开"存储"对话框，在其中设置智能对象的存储路径，将此智能对象文件保存。

（2）选择"图层"→"智能对象"→"替换内容"命令，打开"置入"对话框，在其中选择替换文件，如下所示。

图 11-92 拖入图像并调整后的效果

9 选中"图层 2"，将其"混合模式"设置为"点光"，"不透明度"设置为 47%，效果如图 11-93 所示。

图 11-93 设置后的效果

10 创建"图层 3"，选择工具箱中的椭圆工具，按住 Shift 键不放，在文档中绘制一个正圆形，如图 11-94 所示。

图 11-94 绘制一个正圆形

11 选择"编辑"→"描边"命令，打开"描边"对话框。在其中将"宽度"设置为 3px，"颜色"设置为"橙色"，单击"确定"按钮，得到描边效果，如图 11-95 所示。

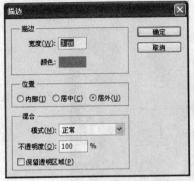

图 11-95　得到描边效果

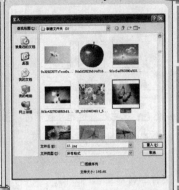

12 创建"图层 4"，使用同样的方法绘制一个正圆形，然后为其添加深紫色描边，再分别调整这两个正圆形的位置，得到如图 11-96 所示的效果。

（3）设置完成后，单击"置入"按钮，即可将原智能对象中的图像替换为选中的图像，并且沿用了添加的智能滤镜效果，如下所示。

图 11-96　得到的两个正圆形效果

13 将"图层 3"和"图层 4"合并为一个图层，得到"图层 4"。将"图层 4"3 次拖至下方的"创建新图层"按钮上，即复制 3 次此图层，然后分别调整各个图层中对象的大小和位置，得到如图 11-97 所示的效果。

对话框知识　"渐变映射"对话框

使用"渐变映射"命令可以为图像增加渐变效果。选择"图像"→"调整"→"渐变映射"命令，打开如下所示的"渐变映射"对话框。

图 11-97　复制图层后的效果

此对话框中主要选项的含义介绍如下。

● 灰度映射所用的渐变：用于选择和自定义渐变的样式。单击右侧下拉按钮，在弹出的下拉列表框中可以根据需要选择不同的渐变，如下所示。

14 选择工具箱中的自定形状工具，在其属性栏中的"形状"下拉列表框中选择"皇冠 4"，将"颜色"设置为"棕色"，在

- 仿色：选中此复选框，表示对渐变色应用仿色来减少带宽。
- 反向：选中此复选框，表示将翻转渐变色的方向。

应用"渐变映射"命令前后的效果对比如下所示。

原图

应用"紫，橙渐变"后的效果

文档中绘制一个皇冠图形，然后使用工具箱中的矩形工具 ▣，绘制一个同样颜色的矩形图形，效果如图 11-98 所示。

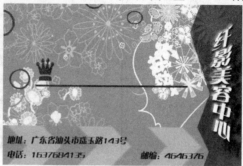

图 11-98　绘制出的图形

🔟 使用工具箱中的横排文字工具 T，在文档中输入人物的名字、职位以及宣传语等信息，得到名片的最终效果。

实例 11-7　明信片

本实例将利用"定义画笔预设"命令、椭圆工具以及"描边"命令等制作明信片（正面和反面）。实例最终效果如图 11-99 所示。

图 11-99　实例最终效果

操作步骤

1️⃣ 选择"文件"→"新建"命令，打开"新建"对话框。在其中设置"名称"为"明信片"、"宽度"为"17 厘米"、"高度"为"18 厘米"、背景内容为"背景色（黑色）"，单击"确定"按钮，新建一个文档，如图 11-100 所示。

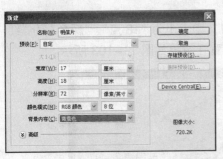

图 11-100　新建一个文档

2 选择两幅素材图像（光盘\素材和效果\11\素材\11-11.jpg、
11-12.jpg），分别拖入文档中，效果分别如图 11-101（左）、
图 11-101（右）所示。

图 11-101　分别拖入两幅素材图像后的效果

3 打开一幅兔年剪纸素材图像（光盘\素材和效果\11\素材\
11-13.jpg），将其拖入文档中，并调整为合适的大小和位
置，如图 11-102（左）所示。在"图层"面板中将此图
层的混合模式设置为"正片叠底"，得到如图 11-102（右）
所示的效果。

图 11-102　拖入图像并调整

相关知识　**背景橡皮擦工具属**
性栏

　　背景橡皮擦工具 位于
橡皮擦工具组中，使用此工具
可以擦除图像中相同或相似的
像素，被擦除区域将以透明状
态显示，如下所示。

原图

擦除后的效果

　　其属性栏中主要选项的含
义介绍如下。

● 限制：在此下拉列表框中可
以选择背景橡皮擦工具擦除
的颜色范围，其中包括"不
连续"、"连续"以及"查找
边缘" 3 个选项。

＊ 不连续：可以擦除图像中
任何位置上的颜色。

＊ 连续：可以擦除光标位置附
近具有取样颜色的像素。

＊ 查找边缘：在擦除只包含
样本颜色的连接区域后，
保留形状边缘的锐度。

● 容差：用来设置擦除颜色的范
围。此值设置越大，擦除的颜
色范围也越大，如下所示。

339

将"容差"值设置为 10%

将"容差"值设置为 80%

- 保护前景色：选中此复选框，图像中原有的与前景色匹配的区域将被保留，如下所示。

原图

将前景色设置为"黑色"
后的擦除效果

- 取样按钮：用来设置擦除颜色的取样方式，其中包括"连续取样" 、"一次取样" 和"背景色板" 3 种。

4 在文档中输入文字，设置文字大小为"18 点"、"颜色"为"红色"，然后置于合适的位置，效果如图 11-103 所示。

图 11-103 输入文字并调整

5 打开一幅字画素材图像（光盘\素材和效果\11\素材\11-14.jpg），如图 11-104（左）所示。选择"编辑"→"定义画笔预设"命令，打开"画笔名称"对话框，在其中将"名称"设置为"古诗"，如图 11-104（右）所示。

图 11-104 设置"画笔名称"对话框

6 单击"确定"按钮，完成画笔预设。新建"图层 4"，选择工具箱中的画笔工具 ，在其属性栏中选择刚才定义的"古诗"笔刷，将前景色的 RGB 值设置为"179，126，57"，然后在文档中合适的位置单击，绘制出定义的图案，并将其调整为合适的大小和位置。将"图层 4"的"填充"值设置为 82%，效果如图 11-105 所示。

图 11-105 得到的效果

7 按 Enter 键，取消调整控制框。打开一幅信封素材图像（光盘\素材和效果\11\素材\11-15.jpg），将其拖入文档的下方，并调整为和上方图像一样的大小，如图 11-106 所示。

图 11-106　拖入素材图像并调整大小后的效果

8 分别拖入两幅素材图像（光盘\素材和效果\11\素材\11-16.jpg、11-17.jpg）至文档中，然后分别调整为合适的大小和位置，得到如图 11-107 所示的效果。

图 11-107　拖入两幅图像并调整

9 在素材图像的相关部位输入相关内容，以完善明信片的效果，如图 11-108 所示。

图 11-108　输入相关内容

10 选择工具箱中的椭圆选框工具 ，按住 Shift 键不放，绘制一个正圆形，如图 11-109 所示。

* "连续取样"按钮 ：单击此按钮后，可以在进行前景擦除时连续取色。

原图

擦除效果

* "一次取样"按钮 ：单击此按钮后，只能将单击鼠标时光标所在位置的颜色作为标准颜色进行擦除。

擦除效果

* "背景色板"按钮 ：单击此按钮后，只能擦除与当前背景色匹配的区域。

擦除效果

相关知识　**魔术橡皮擦工具属性栏**

使用魔术橡皮擦工具 可以快速地对图像中颜色相同

341

或相近的区域进行擦除，擦除后的图像背景显示为透明状态，如下所示。

原图

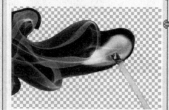

将图像中的黑色背景擦除

　　其属性栏中主要选项的含义介绍如下。

- 容差：设置擦除颜色的范围。此值设置越大，擦除的颜色范围也越大。
- 消除锯齿：选中此复选框后，可以消除在擦除图像时所产生的锯齿边缘。
- 连续：选中此复选框后，只能擦除连续区域。
- 对所有图层取样：如果在图像中存在多个图层，选中此复选框后，使用魔术橡皮擦工具可以将所有图层上存在的某一个颜色区域擦除；如果取消选中此复选框，则只能擦除当前图层中的颜色。
- 不透明度：用来设置擦除时画笔的不透明度。如下所示即为设置不同的透明度得到的不同效果。

图 11-109　绘制一个正圆形

11 新建"图层 8"，选择"编辑"→"描边"命令，打开"描边"对话框。在其中设置"宽度"为 1px、颜色为"黑色"，单击"确定"按钮，得到描边效果，如图 11-110 所示。

图 11-110　得到描边效果

12 将椭圆下的文字图层隐藏。使用横排文字工具 T 在椭圆内输入相关文字，除了中间一排的日期是占用一个图层，其他文字则每一个占用一个图层，得到如图 11-111（左）所示的效果。分别选中各个文字图层，然后按 Ctrl+T 组合键，分别调整各个文字图层中文字的位置和旋转角度，得到如图 11-111（右）所示的效果。

图 11-111　输入文字并调整

13 将构成邮戳的多个图层合并为一个图层。选择工具箱中的涂抹工具 ，在其属性栏中设置大小为 16，"强度"设置为 26%，然后在邮戳的不同部位朝着一个方向进行细致的涂抹，得到油墨被蹭过的自然效果，如图 11-112 所示。

图 11-112　得到的涂抹效果

14 选择工具箱中的橡皮擦工具 ，在其属性栏的 "画笔预设"
下拉面板中选择 "喷溅 27 像素"，然后在邮戳的某些部位进
行细微的擦除，得到油墨不太均匀的自然效果，如图 11-113
所示。

图 11-113　得到擦除效果

15 按 Ctrl+T 组合键，将邮戳调整为合适的大小，然后将邮戳下方
的文字图层显示，得到如图 11-114 所示的效果。

图 11-114　得到的效果

16 将明信片的正面内容合并为一个图层，并旋转一定的角度，然
后将反面内容合并为一个图层，也旋转一定的角度，得到更为
生动、形象的明信片效果，即得到最终效果。

原图

将 "不透明度" 设置为 10%

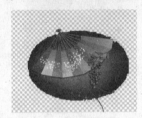

将 "不透明度" 设置为 80%

操作技巧　选区的复制与保存

在图像中创建选区后，选
择 "图层" → "新建" → "通
过拷贝的图层" 命令，或按
Ctrl+J 组合键，即可复制选区，
并得到一个此选区的新图层，
如下所示。

将图像中的主体选取

将选区中的内容复制并得
到一个新图层

第 **12** 章

Photoshop CS5 数码照片修饰

如今已经进入数字信息时代，有越来越多的人在工作、学习以及生活中使用数码相机，通过它可以拍摄出逼真而绚烂多彩的照片。本章将介绍如何将数码照片制作成具有艺术美感的图像效果以及如何处理数码照片的一些常见问题，如改善肤色、美白牙齿、炫亮秀发、祛皱术、黑白照片上色以及修复闭眼等。

本章实例讲解的主要功能如下：

实　例	主要功能	实　例	主要功能	实　例	主要功能
意境照片	椭圆选框工具 图层蒙版 渐隐	**浮雕照片**	查找边缘滤镜 纹理化滤镜	**绘画效果**	阈值 色相/饱和度
打散背景	定义画笔预设 创建剪贴蒙版	**雪花边框**	图层蒙版 创建剪贴蒙版 喷溅滤镜	**制作多张证件照**	链接图层 对齐 分布
改善肤色	"通道"面板 创建填充层	**美白牙齿**	隐藏图层 图层蒙版 画笔工具	**炫亮秀发**	历史记录画笔工具 历史记录面板
祛皱术	修复画笔工具 污点修复画笔工具	**彩妆艺术**	钢笔工具 画笔工具 模糊工具	**修复闭眼**	匹配颜色 橡皮擦工具

本章在讲解实例操作的过程中，将全面、系统地介绍 Photoshop CS5 数码照片修饰的相关知识。其中包含的内容如下：

实例 12-1　意境照片

　　本实例主要应用椭圆工具、图层蒙版以及渐变工具等将照片进行艺术化合成处理，得到意境照片效果。实例最终效果如图 12-1 所示。

图 12-1　实例最终效果

操作步骤

1 打开一幅素材图像（光盘\素材和效果\12\素材\12-1.jpg），如图 12-2 所示。

图 12-2　打开一幅素材图像

2 再打开一幅照片素材（光盘\素材和效果\12\素材\12-2.jpg），选择工具箱中的椭圆选框工具 ⊙，在其属性栏中将"羽化"值设置为 17，然后在照片素材上拖出一个椭圆选区，如图 12-3 所示。

图 12-3　拖出一个椭圆选区

操作技巧　使用多种工具对图层蒙版进行编辑

　　可以使用多种工具对图层蒙版进行编辑，从而得到不同的特殊效果。

● 画笔工具。

图像 1

图像 2

　　将图像 2 拖入图像 1 中，调整为和图像 1 一样的大小，然后在"图层"面板中为"图层 1"添加图层蒙版，如下所示。

选中此图层蒙版，选择工具箱中的画笔工具 ，在图像中需要显示下方内容的部位进行涂抹或单击，得到如下效果。

• 渐变工具。

选择工具箱中的渐变工具 ，设置渐变类型为"前景色（黑色）到背景色（白色）渐变"，渐变方式设置为"线性渐变"，在图像中偏下方的部位拖出一条垂直的直线，得到如下效果。

• 油漆桶工具。

图像1

3 选择工具箱中的移动工具 ，将选区内的图像拖到第一幅图像中；按 Ctrl+T 组合键，调整选区内图像的大小，然后置于合适的位置，如图 12-4 所示。

图 12-4　拖入选区内并调整

4 在"图层"面板中选中"图层 1"，单击下方的"添加图层蒙版"按钮 ，为此图层添加一个蒙版，如图 12-5 所示。

图 12-5　添加一个蒙版

5 将前景色设置为"黑色"，背景色设置为"白色"。选择工具箱中的渐变工具 ，在其属性栏中设置"渐变方式"为"前景色到背景色渐变"，单击"线性渐变"按钮 ，然后从文档的最左端至最右端拖出一条直线，得到渐变效果，如图 12-6 所示。

图 12-6　得到渐变效果

6 此时可以看到照片中的人物不是很明显，如果需要将人物显示
得更清晰些，可选择"编辑"→"渐隐渐变"命令，打开"渐
隐"对话框，在其中将"不透明度"设置为 57%，"模式"
设置为"差值"，如图 12-7 所示。

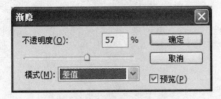

图 12-7　"渐隐"对话框

7 单击"确定"按钮，得到如图 12-8 所示效果。

图 12-8　得到效果

8 在文档中输入文字，并设置其变形和图层样式，得到最终效果。

实例 12-2 油画

　　本实例将介绍如何利用干画笔、高反差保留以及绘画涂抹等滤
镜，将拍摄出的照片制作成油画效果。实例最终效果如图 12-9 所示。

图 12-9　实例最终效果

图像 2

　　将图像 2 拖入图像 1，为
"图层 1"添加图层蒙版，然
后选择工具箱中的油漆桶工具
，设置合适的"不透明度"，
在图像中单击，得到如下效果。

实例 12-2 说明

🔍 **知识点：**
- 干画笔滤镜
- 高反差保留滤镜
- 绘画涂抹滤镜
- 进一步锐化滤镜

🔍 **视频教程：**
光盘\教学\第 12 章 数码照片修饰

🔍 **效果文件：**
光盘\素材和效果\12\效果\12-2.psd

🔍 **实例演示：**
光盘\实例\第 12 章\油画

艺术效果滤镜组中的"海报边缘"滤镜对话框

海报边缘滤镜可以减少图像中的颜色细节，将图像的边缘填充为黑色，使图像产生类似于海报招贴画的效果。选择"滤镜"→"艺术效果"→"海报边缘"命令，打开如下所示的"海报边缘"对话框。

此对话框中主要选项的含义介绍如下。

- 边缘厚度：用来调整图像中黑色边缘的宽度。
- 边缘强度：用来调整图像边缘的明暗度。
- 海报化：用来调整图像中的渲染效果。

应用海报边缘滤镜前后的效果对比如下所示。

原图

应用海报边缘
滤镜后的效果

1 打开一幅静物照片（光盘\素材和效果\12\素材\12-3.jpg），如图 12-10 所示。

图 12-10 打开一幅静物照片

2 在"图层"面板中将"背景"图层拖到下方的"创建新图层"按钮 上，创建一个"背景 副本"图层。选中此图层，然后选择"滤镜"→"艺术效果"→"干画笔"命令，打开"干画笔"对话框，在其中进行适当的参数设置，单击"确定"按钮，得到干画笔效果，如图 12-11 所示。

图 12-11 得到干画笔效果

3 在"图层"面板中，将"背景 副本"图层的"不透明度"设置为 65%，效果如图 12-12 所示。

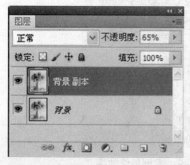

图 12-12 调整"背景 副本"图层的"不透明度"后的效果

4 再次将"背景"图层拖到下方的"创建新图层"按钮 🔲 上，得到一个"背景 副本 2"图层，如图 12-13 所示。

图 12-13　得到"背景 副本 2"图层

5 选中"背景 副本 2"图层，然后选择"滤镜"→"其他"→"高反差保留"命令，在打开的对话框中将半径值设置为 10 像素，单击"确定"按钮，效果如图 12-14 所示。

图 12-14　得到高反差保留效果

6 这时的油画效果还不是很明显，下面要为其添加绘画涂抹效果。选择"滤镜"→"艺术效果"→"绘画涂抹"命令，在打开的对话框中进行适当的设置，单击"确定"按钮，效果如图 12-15 所示。

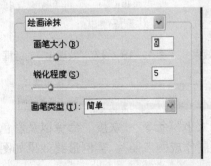

图 12-15　得到绘画涂抹效果

艺术效果滤镜组中的"木刻"滤镜对话框

　　木刻滤镜可以简化图像的层次、颜色，模糊颜色边缘，模拟出木刻画的效果。选择"滤镜"→"艺术效果"→"木刻"命令，打开如下所示的"木刻"对话框。

　　此对话框中主要选项的含义介绍如下。

- 色阶数：用来设置图像中的色彩层次。
- 边缘简化度：用来设置边缘简化程度。此值越大，边缘简化越明显，可以使图像变成一个实体的颜色块。
- 边缘逼真度：用来设置边缘痕迹的逼真程度。
　　如下所示。
　　应用木刻滤镜前后的效果对比。

原图

应用木刻滤镜得到的效果

艺术效果滤镜组中的"干画笔"滤镜对话框

干画笔滤镜可以模拟颜料快使用完的毛笔绘画效果，即得到使用较干的画笔绘制图像边缘的效果。选择"滤镜"→"艺术效果"→"干画笔"命令，打开如下所示的"干画笔"对话框。

此对话框中主要选项的含义介绍如下。

- 画笔大小：用来设置画笔的大小。其值越大，得到的边缘效果越粗糙；其值越小，得到的边缘效果越清晰。
- 画笔细节：用来设置画笔的细微程度。其值越小，得到的边缘效果越细致。
- 纹理：用来设置纹理程度。其值越大，纹理效果越深；其值越小，纹理效果越浅。如下所示即为设置不同的值得到的不同效果。

"纹理"设置为 1 时的效果

"纹理"设置为 3 时的效果

7 在"图层"面板中，将"背景 副本 2"图层的"不透明度"设置为 57%，效果如图 12-16 所示。

图 12-16 调整"不透明度"后的效果

8 在"图层"面板中的任意一个图层上单击鼠标右键，在弹出的快捷菜单中选择"合并可见图层"命令，将所有图层合并为一个图层。

9 选择"滤镜"→"锐化"→"进一步锐化"命令，即可得到更为逼真的油画效果，如图 12-17 所示。

10 选择"滤镜"→"纹理"→"纹理化"命令，打开"纹理化"对话框。在"纹理"下拉列表框中选择"画布"选项，然后对其他参数进行适当的设置，如图 12-18 所示。单击"确定"按钮，即可得到逼真而富艺术性的油画效果了。

图 12-17 更为逼真的油画效果

图 12-18 设置"纹理化"对话框

实例 12-3 网点照片

本实例主要应用"图像大小"命令、"灰度"命令以及彩色半调滤镜等功能将普通照片制作成网点照片。实例最终效果如图 12-19 所示。

图 12-19 实例最终效果

1 打开一幅素材图像（光盘\素材和效果\12\素材\12-4.jpg），如图 12-20 所示。

图 12-20 打开一幅素材图像

2 选择"图像"→"图像大小"命令，打开"图像大小"对话框，在其中将"文档大小"的"宽度"和"高度"均设置为 200%，如图 12-21 所示。单击"确定"按钮，即可得到放大两倍的图像效果。

```
图像大小

像素大小:1.65M(之前为422.6K)                  确定
宽度(W): 856      像素 ▼ ┐🔗              取消
高度(H): 674      像素 ▼ ┘                自动(A)...

文档大小:
宽度(D): 200      百分比 ▼ ┐🔗
高度(G): 200      百分比 ▼ ┘
分辨率(R): 72     像素/英寸 ▼

☑ 缩放样式(Y)
☑ 约束比例(C)
☑ 重定图像像素(I):
   两次立方（适用于平滑渐变） ▼
```

图 12-21 "图像大小"对话框

实例 12-3 说明

● 知识点：
 • "图像大小"命令
 • "灰度"命令
 • "色阶"命令
 • 彩色半调滤镜

● 视频教程：
 光盘\教学\第 12 章 数码照片修饰

● 效果文件：
 光盘\素材和效果\12\效果\12-3.psd

● 实例演示：
 光盘\实例\第 12 章\网点照片

相关知识 "自动颜色校正选项"对话框

在使用"色阶"对话框处理图像时，单击其中的"选项"按钮，可打开如下所示的"自动颜色校正选项"对话框。

其中主要选项的含义介绍如下。

• 增强单色对比度：选中此单选按钮，可使阴影部位更暗、高光部位更亮，但图像的整体色调将保持不变，如下所示。

原图

增强的单色对比度

- **增强每通道的对比度**：选中此单选按钮，可使图像中各个通道中的色调增强为最大值，从而得到对比效果更加强烈的图像效果，如下所示。

增强每通道的对比度效果

- **查找深色或浅色**：选中此单选按钮，可以将图像中最亮和最暗部位的对比度以最大化程度显示，如下所示。

原图

得到的效果

- **对齐中性中间调**：选中此复选框，可将图像中比较接近中性色部位的灰度系数进行调整，使其成为中性色，如下所示。

3. 选择"图像"→"模式"→"灰度"命令，在弹出的"信息"提示对话框中，单击"扔掉"按钮，即可将图像转变为灰度颜色模式，如图 12-22 所示。

图 12-22　将图像转变为灰度颜色模式

4. 如果此时图像的明暗不太明显，可以选择"图像"→"调整"→"色阶"命令，在打开的"色阶"对话框中拖动"输入色阶"下方的 3 个滑块，如图 12-23 所示。

5. 单击"确定"按钮，即可得到明暗对比度已提高的图像效果，如图 12-24 所示。

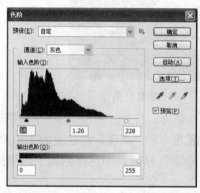 

图 12-23　"色阶"对话框　　　　图 12-24　得到图像效果

6. 选择"滤镜"→"像素化"→"彩色半调"命令，打开"彩色半调"对话框，在其中进行适当的设置，如图 12-25 所示。

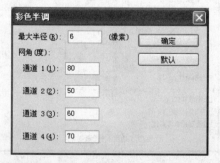

图 12-25　"彩色半调"对话框

7 设置完成后，单击"确定"按钮，即可得到彩色半调效果，如图 12-26 所示。

图 12-26　得到彩色半调效果

8 再次选择"图像"→"图像大小"命令，在弹出的"图像大小"对话框中将"宽度"和"高度"值均设置为 50%，如图 12-27 所示。

文档大小：

宽度(D):	50	百分比
高度(G):	50	百分比
分辨率(R):	72	像素/英寸

☑ 缩放样式(Y)
☑ 约束比例(C)
☑ 重定图像像素(I):

两次立方（适用于平滑渐变）

图 12-27　"图像大小"对话框

9 单击"确定"按钮，即可恢复到原来的图像大小，得到最终效果。

实例 12-4　仿古旧照

本实例将使用"变化"命令以及胶片颗粒滤镜等功能，将一幅照片素材制作成仿古旧照，即使其产生一种令人追忆过去美好时光的艺术感观效果。实例最终效果如图 12-28 所示。

图 12-28　实例最终效果

得到的效果

● 阴影：单击其右侧的色块，在打开的"选择目标阴影颜色"对话框中设置图像中阴影部位，即深色部位的颜色，然后单击"确定"按钮，即可将深色部位的颜色替换为设定的颜色，如下所示。

原图

将深色部位的颜色替换为深紫色

实例 12-4 说明

🖜 知识点：
　• "变化"命令
　• 胶片颗粒滤镜

🖜 视频教程：
　光盘\教学\第 12 章 数码照片修饰

🖜 效果文件：
　光盘\素材和效果\12\效果\12_4.psd

🖜 实例演示：
　光盘\实例\第 12 章\仿古旧照

"变化"对话框中各单选按钮所对应的效果

- 阴影：选中此单选按钮后，将对图像中的阴影区域进行调整。

原图

阴影加深青色

- 中间调：选中此单选按钮后，将对图像中的中间色调区域进行调整。

中间调加深洋红

- 高光：选中此单选按钮后，将对图像中的高光部分进行调整。

高光加深蓝色

- 饱和度：选中此单选按钮后，可以对图像的饱和度进行调整。

1 打开一幅人物照片素材（光盘\素材和效果\12\素材\12-5.jpg），如图 12-29 所示。

图 12-29　打开一幅人物照片素材

2 选择"图像"→"调整"→"变化"命令，在打开的"变化"对话框中选中"中间调"单选按钮，然后分别单击"加深绿色"、"加深黄色"、"加深红色"以及"加深样红"缩略图一次，如图 12-30 所示。

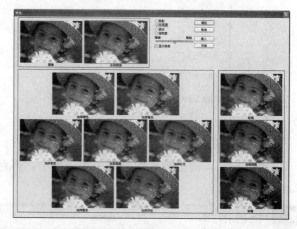

图 12-30　"变化"对话框

3 设置完成后，单击"确定"按钮，即可使照片得到一种褐色效果，如图 12-31 所示。

图 12-31　得到一种褐色效果

4 选择"滤镜"→"艺术效果"→"胶片颗粒"命令，打开"胶片颗粒"对话框，在其中设置"颗粒"的值为 6，"高光区域"的值为 2，"强度"的值为 4，单击"确定"按钮，即可得到仿古旧照效果，如图 12-32 所示。

图 12-32　得到仿古旧照效果

实例 12-5　浮雕照片

本实例将利用"查找边缘"命令、"灰度"命令以及纹理化滤镜等将照片素材制作为浮雕效果。实例最终效果如图 12-33 所示。

图 12-33　实例最终效果

1 打开一幅人物照片素材（光盘\素材和效果\12\素材\12-6.jpg），如图 12-34 所示。

图 12-34　打开一幅人物照片素材

增加饱和度

减少饱和度

实例 12-5 说明

● 知识点：
　●"查找边缘"命令
　●"灰度"命令
　● 纹理化滤镜

● 视频教程：
　光盘\教学\第 12 章 数码照片修饰

● 效果文件：
　光盘\素材和效果\12\效果\12-5.psd

● 实例演示：
　光盘\实例\第 12 章\浮雕照片

对话框知识　"变化"对话框中其他设置选项所对应的效果

● 精细和粗糙：代表了图像色调调整的数量。其滑竿中的每一格代表双倍增加。

1 格时的效果

5 格时的效果

- 左侧的缩略图显示了调整后的图像和调整颜色的效果；右侧的 3 个缩略图用于显示调整后的图像和图像的明暗度。

较亮效果

较暗效果

在"较亮"或"较暗"缩略图上单击，即可增大图像的亮度或暗度。

操作技巧 利用"变化"命令调整图像中的部分色调

利用"变化"命令不仅可以调整整幅图像的色调，还能调整图像中某个部位的色调，以满足制作要求，方法如下。

将图像中的手选取

2️⃣ 选择"滤镜"→"风格化"→"查找边缘"命令，即可查找出图像的边缘，并在边缘产生轮廓线，效果如图 12-35 所示。

3️⃣ 为了统一颜色，可选择"图像"→"模式"→"灰度"命令，将画面转变为灰度颜色模式，效果如图 12-36 所示。

图 12-35　在边缘产生轮廓线　　图 12-36　转变为灰度颜色模式

4️⃣ 为了使线条更加明显，可选择"图像"→"调整"→"色阶"命令，在弹出的"色阶"对话框中拖动"输入色阶"下方的各个滑块至合适的位置，如图 12-37 所示。

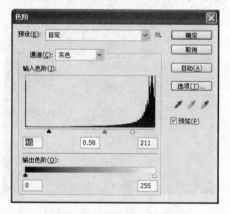

图 12-37　"色阶"对话框

5️⃣ 设置完成后，单击"确定"按钮，效果如图 12-38 所示。

图 12-38　调整色阶后线条更加明显

6 选择"文件"→"存储为"命令，在弹出的"存储为"对话框中将"格式"设置为 Photoshop（*.PSD；*.PDD），"文件名"为"12.psd"，如图 12-39 所示。确定存储位置后，单击"保存"按钮，即可将此文件保存。

图 12-39　"存储为"对话框

7 打开一幅背景素材图像（光盘\素材和效果\12\素材\12-7.jpg），如图 12-40 所示。

8 选择"滤镜"→"纹理"→"纹理化"命令，弹出"纹理化"对话框。在"纹理"下拉列表框中选择"载入纹理"选项，如图 12-41 所示。

图 12-40　打开　幅背景素材　　图 12 41　选择"载入纹理"选项

9 弹出"载入纹理"对话框，如图 12-42 所示。在其中选择前面保存过的图像文件（12.psd），单击"打开"按钮，将此文件载入纹理。

反选选区，将手以外的部位选取

在"变化"对话框中选中"中间调"单选按钮，然后加深蓝色，即可将选区调整为需要的色调效果

相关知识　其他滤镜组

其他滤镜组不同于其他的滤镜组（如之前所介绍的几个滤镜组），在此滤镜组中用户可以自定义滤镜。可以利用这些滤镜修饰图像的细节部分以及修改蒙版等。

其他滤镜组如下所示。

> 高反差保留…
> 位移…
> 自定…
> 最大值…
> 最小值…

对话框知识　其他滤镜组中的"位移"滤镜对话框

位移滤镜可以偏移整个图像或对选区进行移位。选择"滤镜"→"其他滤镜"→"位移"命令，打开如下所示的"位移"对话框。

此对话框中主要选项的含义介绍如下。

- 水平像素右移：拖动下方的滑块可以移动图像在水平方向上的位置。此值为正数时，图像将向右移位；此值为负数时，图像将向左移位。

- 垂直像素下移：拖动下方的滑块可以移动图像在垂直方向上的位置。此值为正数时，图像将向下移动；此值为负数时，图像将向上移动。

- 未定义区域：用来设置图像移动后原来位置的填充方式，包括"设置为透明"、"重复边缘像素"以及"折回"3 种方式。

应用位移滤镜前后的效果对比如下所示。

原图像效果

将原图像中的四叶草图层应用位移滤镜后的效果

实例 12-6 说明

- 知识点：
  - "阈值"命令
  - "色相/饱和度"命令

- 视频教程：
  光盘\教学\第 12 章 数码照片修饰

- 效果文件：
  光盘\素材和效果\12\效果\12-6.psd

- 实例演示：
  光盘\实例\第 12 章\绘画效果

图 12-42 "载入纹理"对话框

10 在"纹理化"对话框中设置"缩放"为 124%，"凸现"为 38，在"光照"下拉列表框中选择"上"，然后选中"反相"复选框，如图 12-43 所示。

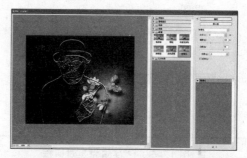

图 12-43 设置"纹理化"对话框中的参数

11 单击"确定"按钮，即可得到照片的浮雕效果。

实例 12-6 绘画效果

本实例将介绍如何制作照片的绘画效果，即得到与使用木炭、铅笔等绘画工具绘制出的图画一样的效果。在制作过程中，主要应用了"阈值"命令以及"色相/饱和度"命令等。实例最终效果如图 12-44 所示。

图 12-44 实例最终效果

1 打开一幅照片素材（光盘\素材和效果\12\素材\12-8.jpg），如图 12-45 所示。

图 12-45　打开一幅照片素材

2 在"图层"面板中将"背景"图层拖到下方的"创建新图层"按钮 🔲 上，得到"背景 副本"图层。

3 选择"图像"→"调整"→"阈值"命令，在弹出的"阈值"对话框中拖动滑块或在"阈值色阶"文本框中输入数值，这里输入"147"，如图 12-46 所示。

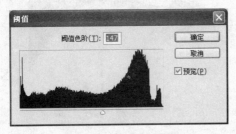

图 12-46　"阈值"对话框

4 设置完成后，单击"确定"按钮，即可得到在指定的颜色变化范围内的单色效果，如图 12-47 所示。

图 12-47　得到单色效果

5 选择"图像"→"调整"→"色相/饱和度"命令，打开"色相/饱和度"对话框，在其中将"明度"的值设置为+43，如图 12-48 所示。

对话框知识　**其他滤镜组中的"高反差保留"滤镜对话框**

高反差保留滤镜可以按照指定的半径保留图像边缘的细节。打开一幅图像，然后选择"滤镜"→"其他滤镜"→"高反差保留"命令，打开如下所示的"高反差保留"对话框。

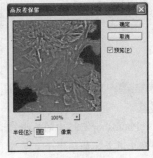

在此对话框中，"半径"选项用来设定进行分析的区域半径，此值越大，保留源图像的像素越多。

应用高反差保留滤镜前后的效果对比如下所示。

使用魔棒工具将图像的背景选取

反选选区，将图像中的主体选取

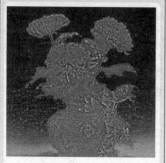

对选区应用高反差
保留滤镜后得到的效果

重点提示 **文字图层如何应用
滤镜**

Photoshop CS5 中的某些命
令和工具是不能应用于文字图
层的，如滤镜效果和绘图工具
等。在使用这些命令或工具之
前，需要先将文字图层转换为
普通图层才行。

在图像中输入的文字

将文字图层栅格化

在文字图层上应用
球面化滤镜后得到的效果

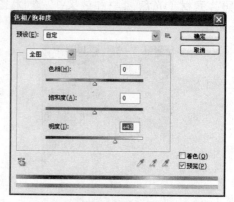

图 12-48 "色相/饱和度"对话框

6 设置完成后，单击"确定"按钮，效果如图 12-49 所示。

图 12-49 调整色相/饱和度后的效果

7 将"图层"面板中的"背景"图层再次拖到"创建新图层"
按钮 上，得到"背景 副本 2"图层。将其拖到"背景 副本"
图层的上方，然后将"填充"设置为 17%，如图 12-50 所示。
此时照片得到绘画效果，如图 12-51 所示。

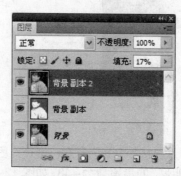

图 12-50 "图层"面板

图 12-51 得到绘画效果

实例 12-7　打散背景

　　本实例将使用矩形选框工具、"定义画笔预设"命令以及剪贴蒙版等功能将照片背景打散，得到一种特殊的效果。实例最终效果如图 12-52 所示。

图 12-52　实例最终效果

1 选择"文件"→"新建"命令，打开"新建"对话框，在其中将"名称"设置为"打散背景"，将"宽度"设置为"19 厘米"，"高度"设置为"17 厘米"，"背景内容"选择"背景色（淡绿色）"，如图 12-53 所示。

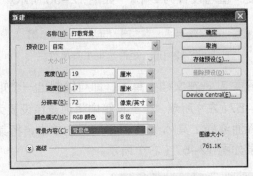

图 12-53　"新建"对话框

2 单击"确定"按钮，得到一个文档，如图 12-54 所示。

图 12-54　得到一个文档

实例 12-7 说明

◆ 知识点：
- 矩形选框工具
- 定义画笔预设
- 创建剪贴蒙版

◆ 视频教程：

光盘\教学\第 12 章 数码照片修饰

◆ 效果文件：

光盘\素材和效果\12\效果\12-7.psd

◆ 实例演示：

光盘\实例\第 12 章\打散背景

相关知识　锐化滤镜组

　　锐化滤镜组可以增强像素间的对比度，使模糊图像变得清晰。锐化滤镜组如下所示。

> USM 锐化...
> 进一步锐化
> 锐化
> 锐化边缘
> 智能锐化...

　　利用这些滤镜都可以校正模糊或边缘不清晰的图像，只是得到的锐化程度不同而已。

对话框知识　锐化滤镜组中的"USM 锐化"滤镜对话框

　　USM 锐化滤镜可以调整图像边缘的对比度，得到边缘细节更为细致、突出的图像效果。

　　选择"滤镜"→"锐化"→"USM 锐化"命令，打开如下所示的"USM 锐化"对话框。

363

此对话框中主要选项的含义介绍如下。

- 数量：用来设置图像的锐化程度，其值越大，图像越清晰。
- 半径：用来设置图像轮廓被锐化的范围大小。
- 阈值：用来设置相邻像素间的对比度。当达到一定数值时，才可以进行锐化处理。此值越大，在锐化过程中被忽略的像素越多。

原图

应用 USM 锐化滤镜得到的效果

相关知识 **进一步锐化滤镜**

使用进一步锐化滤镜可以提高图像清晰度与锐化滤镜相比，其效果更为明显，相当于使用两次锐化滤镜得到的效果。在具体操作中，用户可以根据实际情况选择使用。

3 打开一幅照片素材（光盘\素材和效果\12\素材\12-9.jpg），将其拖入到文档中。按 Ctrl+T 组合键，将其调整为和文档一样的大小，如图 12-55 所示。

图 12-55　拖入照片素材并调整

4 在"图层"面板中单击底部的"创建新图层"按钮，创建一个"图层 2"。选择工具箱中的矩形选框工具，在其属性栏的"样式"下拉列表框中选择"固定大小"选项，将"宽度"和"高度"值均设置为 24px，如图 12-56 所示。

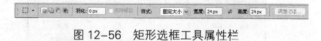

图 12-56　矩形选框工具属性栏

5 选中"图层 2"，在文档中单击，即可绘制出一个矩形选区，如图 12-57（左）所示。在工具箱中将前景色设置为"黑色"，然后选择油漆桶工具，在矩形选区内单击，将其填充为黑色，效果如图 12-57（右）所示。

图 12-57　绘制矩形选区并填充

6 选择"编辑"→"定义画笔预设"命令，打开"画笔名称"对话框，在其中将"名称"设置为"黑色矩形块"，如图 12-58 所示。

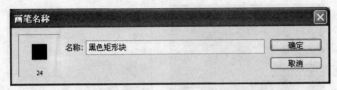

图 12-58　"画笔名称"对话框

7 单击"确定"按钮，即可创建一个新的画笔样式。按 Delete 键去除填充，按 Ctrl+D 组合键取消矩形选区。

8 选择工具箱中的画笔工具 ✐ ，在其属性栏中单击"切换画笔面板"按钮 ▦ ，打开"画笔"面板。在左侧列表框中选择"画笔笔尖形状"选项，在右侧的预设画笔列表框中选择自定义的"黑色矩形块"笔尖，将"间距"值设置为 197%，选中"翻转 X"和"翻转 Y"复选框，将"角度"设置为 47 度，"圆度"设置为 100%，如图 12-59 所示

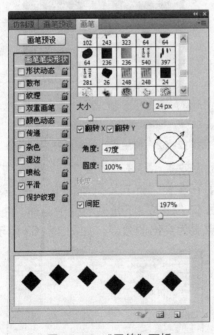

图 12-59　"画笔"面板

9 完成画笔设置后，在"图层 2"图像中的人物上涂抹，直至将人物完全涂抹，然后向外继续涂抹（在此要注意的是，向外涂抹时应该越来越稀疏，因为只有这样才能制作出比较好的图像效果），效果如图 12-60 所示。

原图

应用进一步锐化滤镜
得到的效果

重点提示 创建剪贴蒙版

　　在两个图层间创建剪贴蒙版，表示底层的图像只有透过具有图形的图层才能显示出来，后者相当于是前者的蒙版。创建剪贴蒙版后，具有图形的图层名称下面会出现一条横线；图像图层将出现一个箭头指向下方。

操作技巧 创建剪贴蒙版得到特殊效果

　　可通过创建剪贴蒙版得到特殊效果，如下所示。

原图

将"背景"图层转换为普通图层，得到"图层0"；再新建一个"图层1"图层

使用自定形状工具在"图层1"中绘制两滴水图形

将"图层0"拖至形状图层上方

在"图层0"上单击鼠标右键，在弹出的快捷菜单中选择"创建剪贴蒙版"命令，创建剪贴蒙版，得到效果

10 将"图层1"拖至"图层2"的上方，然后在其上单击鼠标右键，在弹出的快捷菜单中选择"创建剪贴蒙版"命令，即可在这两个图层之间创建剪贴蒙版，如图12-61所示。

图12-60 得到的涂抹效果

图12-61 创建剪贴蒙版

11 此时得到背景被打散的效果，但好像有些不太自然。选择工具箱中的画笔工具 ，将其画笔大小设置为略小些，然后在"图层2"上继续适当地涂抹，直至得到满意的效果，如图12-62所示。

图12-62 使用略小画笔涂抹后的效果

12 如果想突出散点效果，可在"图层2"上双击，打开"图层样式"对话框。在左侧"样式"列表框中选中"斜面和浮雕"复选框，然后在"样式"下拉列表框中选择"外斜面"选项，即可得到散点更为突出的效果，如图12-63所示。

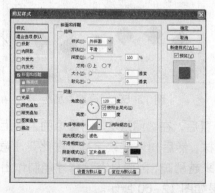

图12-63 得到散点更为突出的效果

实例 12-8 雪花边框

本实例将照片的边缘制作为雪花般的浪漫效果，其中应用了矩形工具、画笔工具以及剪贴蒙版等。实例最终效果如图 12-64 所示。

图 12-64 实例最终效果

1 选择"文件"→"新建"命令，打开"新建"对话框。在其中将"名称"设置为"雪花边框"，将"宽度"设置为"19 厘米"，"高度"设置为"17 厘米"，"背景内容"选择"白色"，单击"确定"按钮，得到一个文档，如图 12-65 所示。

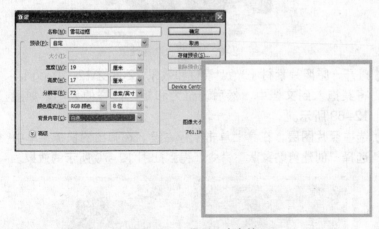

图 12-65 得到一个文档

2 选择工具箱中的矩形工具 ▣，将前景色设置为"黑色"，然后在文档中绘制一个矩形，其大小比文档略小些，效果如图 12-66 所示。

3 选中"形状"图层，单击其下方的"添加图层蒙版"按钮 ▣，为其添加图层蒙版，如图 12-67 所示。

实例 12-8 说明

● 知识点：
- 图层蒙版
- 画笔工具
- 创建剪贴蒙版
- 喷溅滤镜

● 视频教程：
光盘\教学\第 12 章 数码照片修饰

● 效果文件：
光盘\素材和效果\12\效果\12-8.psd

● 实例演示：
光盘\实例\第 12 章 雪花边框

操作技巧 创建选区后图层蒙版的应用

● 创建选区后，添加图层蒙版可将选区以外的部分清除，如下所示。

原图

将"背景"图层转换为普通图层

将图像中的人物选取

367

添加图层蒙版

得到效果

- 如果先添加图层蒙版，然后
  再创建选区，可将选区中的
  内容清除，如下所示。

原图

将"背景"图层转换为普通图层，
然后添加图层蒙版

将图像中的两只虫和心形选取

图 12-66　绘制黑色矩形

图 12-67　添加图层蒙版

4️⃣ 选择工具箱中的画笔工具 ✏️，在其属性栏中选择"喷溅 46 像素"，将背景色设置为"白色"，然后在矩形的边缘进行适当的涂抹，得到如图 12-68 所示的效果。

图 12-68　得到的涂抹效果

5️⃣ 打开一幅照片素材（光盘\素材和效果\12\素材\12-10.jpg），将其拖入到文档中，然后调整为和矩形一样的大小，如图 12-69 所示。

6️⃣ 选中照片图层，在其上单击鼠标右键，在弹出的快捷菜单中选择"创建剪贴蒙版"命令，得到如图 12-70 所示的效果。

图 12-69　拖入照片素材并调整　图 12-70　创建剪贴蒙版后的效果

7 新建"图层 2"，使用矩形选框工具 回 沿着图像的边缘绘制一个矩形选区，如图 12-71（左）所示。选择"选择"→"反向"命令，反选选区，如图 12-71（右）所示。

图 12-71　绘制矩形选区并反选

8 使用油漆桶工具 回 将选区填充为黑色，效果如图 12-72（左）所示。选中"图层 2"，在其上单击鼠标右键，在弹出的快捷菜单中选择"创建剪贴蒙版"命令，得到如图 12-72（右）所示的效果。

图 12-72　填充为黑色后创建剪贴蒙版

9 单击照片图层（即"图层 1"）左侧的"眼睛"图标 👁 ，将此图层隐藏。然后在其他任意图层上单击鼠标右键，在弹出的快捷菜单中选择"合并可见图层"命令，将其他图层合并为一个图层，得到一个"背景"图层。此时的"图层"面板如图 12-73 所示。

图 12-73　"图层"面板

使用画笔工具在选区上涂抹，将选区中的内容清除

将其拖入另一幅背景图像中，得到效果

操作技巧　编辑图层蒙版与编辑矢量蒙版的区别

创建图层蒙版后，在"图层"面板中单击底部的"添加图层蒙版"按钮 ◻ ，即可在图层蒙版右侧创建一个矢量蒙版，如下所示。

• 使用一些图层蒙版编辑工具编辑图层蒙版时，会自动选择相应的图层蒙版。例如，使用画笔工具在图像上涂抹，得到如下效果。

涂抹部位被清除

- 使用形状工具在图像中进行绘制操作时，则会自动选择相应的矢量蒙版，绘制范围内的内容将被保留，如下所示。

绘制范围内的内容被保留

操作技巧 **矢量蒙版效果的修改**

创建矢量蒙版并得到绘制效果后，按住 Ctrl 键不放，单击绘制出的路径，即可显示出锚点，拖动锚点到需要的位置即可。

原图

应用矢量蒙版后得到效果,用前面介绍的方法显示出锚点

拖动锚点到需要的位置,得到效果

10 选中"背景"图层，然后选择"滤镜"→"画笔描边"→"喷溅"命令，打开"喷溅"对话框，在其中设置合适的参数，单击"确定"按钮，效果如图 12-74 所示。

图 12-74 得到喷溅效果

11 在"图层 1"左侧的"指示图层可见性"图标上单击，将"眼睛"图标显示出来，使此图层可见。选中"图层 1"，将其混合模式设置为"变亮"，如图 12-75 所示。此时得到雪花浪漫边框效果，如图 12-76 所示。

图 12-75 设置"图层"面板　　图 12-76 得到最终效果

实例 12-9 **制作多张证件照**

本实例将使用裁剪工具、魔棒工具以及"对齐"、"分布"等命令，将平时拍摄的正面、免冠照片制作成证件照，并且可以快速地一次制作出多张证件照。实例最终效果如图 12-77 所示。

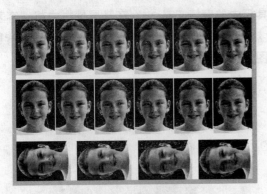

图 12-77 实例最终效果

1 打开一幅正面、免冠的生活照片素材（光盘\素材和效果\12\素材\12-11.bmp），如图 12-78 所示。

图 12-78 打开素材

2 选择工具箱中的裁剪工具 ，在其属性栏中将"宽度"设置为"2.5 厘米"，"高度"设置为"3.5 厘米"，"分辨率"设置为"300 像素/英寸"，如图 12-79 所示。

| 宽度: 2.5 厘米 | ⇄ | 高度: 3.5 厘米 | 分辨率: 300 | 像素/... | ▼ | 前面的图像 | 清除 |

图 12-79 裁剪工具属性栏

3 在照片素材的合适位置拖出一个裁剪区，按 Enter 键，得到裁剪后的图像，如图 12-80 所示。

图 12-80 裁剪后的图像

实例 12-9 说明

🔸 **知识点：**
- 裁剪工具
- 链接图层
- "对齐"命令和"分布"命令

🔸 **视频教程：**
光盘\教学\第 12 章 数码照片修饰

🔸 **效果文件：**
光盘\素材和效果\12\效果\12-9.psd

🔸 **实例演示：**
光盘\实例\第 12 章\制作多张证件照

操作技巧 裁剪工具应用小技巧

利用工具箱中的裁剪工具 ，可以很方便地对图像进行裁剪，以得到满意的效果。

- 可以调整图片的构图，使其更具美感，如下所示。

构图不佳的素材图像

通过裁剪后得到构图更为合理的图像效果

- 得到倾斜图像效果，如下所示。

使用裁剪工具在图像中人物边缘拖出一个裁剪区域

将光标置于裁剪区域外，当其变为 ↙ 形状时，在适当的位置按下鼠标左键不放并拖动，使裁剪区域旋转一定的角度

得到倾斜图像效果

操作技巧 <u>选取规则裁剪区域</u>

　　如果要选取规则的裁剪区域，有以下几种形式：在选定裁剪区域时按下 Shift 键，可选择一个正方形裁剪区域；按下 Alt 键，可选取一个以开始点为中心的裁剪区域；按 Shift+Alt 组合键，可选取以开始点为中心的正方形裁剪区域，如下所示。

4 选择工具箱中的魔棒工具 ，在其属性栏中将"容差"设置为 42，然后在裁剪后的图像的背景处单击，将其背景选取，效果如图 12-81 所示。

图 12-81　将背景选取

5 将前景色的 RGB 值设置为"108，5，27"。选择工具箱中的油漆桶工具 ，在照片选区内单击，将照片的背景填充为"暗红色"，效果如图 12-82 所示。将图层面板中的两个图层合并为一个图层，得到"背景"图层。

图 12-82　将照片的背景填充为"暗红色"

6 选择"文件"→"新建"命令，打开"新建"对话框，在其中将"名称"设置为"证件照片"，将"宽度"设置为"6 英寸"，"高度"设置为"4 英寸"，"分辨率"设置为"300 像素/英寸"，"背景内容"选择"白色"，如图 12-83 所示。

7 单击"确定"按钮，即可得到名为"证件照片"的空白文档。

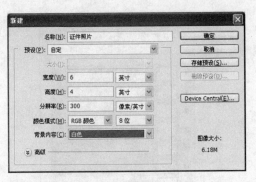

图 12-83　"新建"对话框

正方形裁剪区域

8 选中照片素材，然后选择"选择"→"全部"命令，将其全选，再按 Ctrl+C 组合键将其复制。打开"证件照片"空白文档，按 Ctrl+V 组合键将照片素材粘贴到此文档中。选择工具箱中的移动工具 ，将照片拖动到文档的左上角，并与之对齐，如图 12-84 所示。

以开始点为中心的裁剪区域

图 12-84　复制、粘贴照片后调整其位置

9 按住 Alt 键，拖动第一张相片到合适的位置，即可复制出一张照片，得到"图层 1 副本"图层。使用同样的方法，再复制几张照片，放置在合适的位置（第一排最右侧一张照片应与文档的右上角对齐），如图 12-85 所示。

以开始点为中心的
正方形裁剪区域

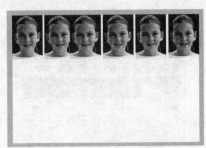

图 12-85　复制照片后调整位置

重点提示 魔棒工具的作用

　　在对图像进行选取时，可能需要选取某些颜色相似的区域，然后进行颜色的调整和替换，魔棒工具可以很好地做到这一点。

10 此时的"图层"面板中有 5 个"图层 1"副本。选中"图层 1"，然后按住 Shift 键，单击"图层 1 副本 5"，将这些照片素材图层全部选中，然后单击面板下方的"链接图层"按钮 ，将这些图层建立链接关系，如图 12-86 所示。

相关知识 打印证件照片尺寸的制定

　　在打印证件照片时，通常情况下是使用标准的 6 英寸×4 英寸或 8 英寸×5 英寸的照片打印

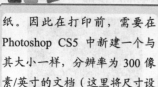

纸。因此在打印前，需要在 Photoshop CS5 中新建一个与其大小一样，分辨率为 300 像素/英寸的文档（这里将尺寸设置为 6 英寸×4 英寸）。

操作技巧 清除图像中的垃圾

使用工具箱中的修补工具，可以很轻松地将图像中不需要的部分清除，并且能保留原图像的光线、纹理等效果，如下所示。

一张地上有垃圾的素材图像

在图像的草地部位使用修补工具创建一个选区

将选区拖至需要清除的部位，得以修复

图 12-86　建立链接关系

11 选择"图层"→"对齐"→"顶边"命令，将所有链接图层与文档顶边对齐；然后选择"图层"→"分布"→"水平居中"命令，使所有链接图层等距排列。此时得到顶边并等距的第一排证件照片，如图 12-87 所示。

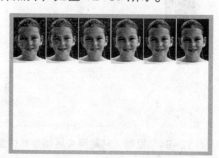

图 12-87　得到顶边并等距的第一排证件照片

12 选中所有链接图层，单击鼠标右键，在弹出的快捷菜单中选择"合并图层"命令，将所有链接图层合并为一个图层，如图 12-88 所示。

图 12-88　将所有链接图层合并为一个图层

13 再次选择移动工具，按住 Alt 键，在第一排任意一张照片中单击并拖动，即可复制出一排照片，将其放置在合适的位置，效果如图 12-89 所示。

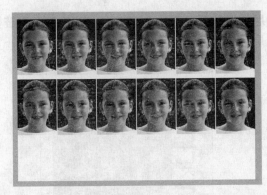

图 12-89　复制出一排照片并放置在合适的位置

14 选中照片素材，选择"选择"→"全部"命令，将其全选，再按 Ctrl+C 组合键将其复制。打开"证件相片"文档，按 Ctrl+V 组合键将照片素材粘贴到此文档中。选择"编辑"→"变换"→"旋转 90 度 (逆时针)"命令，将此相片旋转 90°，效果如图 12-90 所示。

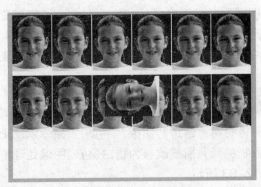

图 12-90　旋转效果

15 按照前面同样的方法，复制刚才旋转后的照片。拖动 3 次，即复制出了 3 张照片，然后将它们放置在文档的第三排，最左边与最右边的照片分别要与文档的左、右两侧对齐，效果如图 12-91 所示。

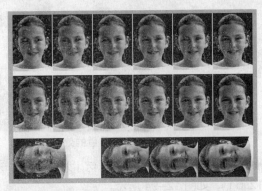

图 12-91　复制出 3 张照片并放置在合适的位置

经过反复的修复操作，得到最终效果

相关知识　利用"图层属性"命令更改图层的属性

　　对于一些特殊的图层，可以更改其属性，达到与其他图层区分的目的。选中需要更改属性的图层，如下所示。

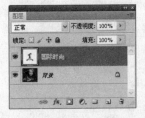

　　选择"图层"→"图层属性"命令，打开"图层属性"对话框，在其中的"名称"文本框中可以输入重新定义的名称；在"颜色"下拉列表框中可以选择图层在面板中的显示颜色，如下所示。

　　如这里选择"橙色"，单击"确定"按钮，即可得到定义的效果，如下所示。

375

合并图层后，对合并后的图层所作的操作都是针对其中的所有图层的。如果想取消合并，可通过"历史记录"面板来完成。

实例 12-10 说明

● 知识点：
  • 通道面板
  • "色阶"命令
  • 创建填充层
● 视频教程：
  光盘\教学\第12章 数码照片修饰
● 效果文件：
  光盘\素材和效果\12\效果\12-10.psd
● 实例演示：
  光盘\实例\第12章\改善肤色

相关知识 什么是专色通道

专色通道是指用于专色油墨印刷的附加印版，它是用特殊的预混油墨来补充 CMYK 印刷色。当用户在通道中创建专色通道后，在打印或输入此图像时，必须将图像转换为多通道模式。

16 将旋转后的照片及其副本全部选中，然后将它们链接，此时的"图层"面板如图 12-92 所示。

图 12-92 "图层"面板

17 选择"图层"→"对齐"→"底边"命令，将第三排相片与文档的底边对齐，然后选择"图层"→"分布"→"水平居中"命令，将第三排相片等距排放，得到最终效果。

实例 12-10 改善肤色

本实例将利用"通道"面板、"色阶"命令以及画笔工具等将照片中人物的暗黄肌肤改善为粉白肌肤。图像处理前后的效果对比如图 12-93 所示。

图 12-93 图像处理前后的效果对比

1 打开一幅人物肌肤呈暗黄色的照片素材（光盘\素材和效果\12\素材\12-12.jpg），如图 12-94 所示。

专色通道为图像增加了一些特殊的颜色，并且在打印时，专色通道将被单独打印输出。

图 12-94　照片素材

2 打开"通道"面板，在其中分别单击"红"、"绿"以及"蓝"通道，发现"红"通道中的皮肤部分与其他部分的对比度最明显，所以选择"红"通道，如图 12-95 所示。

操作技巧　如何新建专色通道

单击"通道"面板右上角的 按钮，在弹出的菜单中选择"新建专色通道"命令，打开"新建专色通道"对话框。在该对话框中输入新通道名称，设置"油墨特性"，然后单击"确定"按钮，即可新建一个专色通道，如下所示。

图 12-95　选择"红"通道

得到的专色通道

3 将"红"通道拖动到下方的"创建新通道"按钮 上，得到一个名为"红 副本"的新通道，如图 12-96 所示。

图 12-96　得到"红 副本"新通道

4 选中"红 副本"通道，选择"图像"→"调整"→"色阶"命令，打开"色阶"对话框。在其中将"输入色阶"下方的白色和灰色滑块均向左移动适当距离，将黑色滑块向右移动适当距离，如图 12-97（左）所示。单击"确定"按钮，即可看到"红 副本"通道中图像的对比度得到了增强，如图 12-97（右）所示。

相关知识　复制通道的方法

复制通道有以下 3 种方法。

● 利用"新建通道"按钮复制：选中需要复制的通道，将其拖动至"创建新通道"按钮 上，此时会在"通道"面板中自动出现一个此通道副本，如下所示。

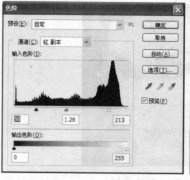

图 12-97 调整"红 副本"通道的色阶

⑤ 选中"红 副本"通道，然后单击"通道"面板底部的"将通道作为选区载入"按钮 ◯，将此通道中的图像载入选区，如图 12-98 所示。

图 12-98 将"红 副本"通道中的图像载入选区

⑥ 在"图层"面板中选中"背景"图层，然后单击底部的"创建新的填充或调整图层"按钮 ◯，，在弹出的菜单中选择"纯色"命令，在弹出"拾色器"对话框中将填充色的 RGB 值设置为"233，163，163"，如图 12-99 所示。

- 利用快捷菜单：在"通道"面板中，在需要复制的通道上单击鼠标右键，在弹出的快捷菜单中选择"复制通道"命令，在出现的"复制通道"对话框（如下所示）中进行设置，然后单击"确定"按钮，即可复制此通道。如下所示：

- 利用下拉菜单：在"通道"面板中，选中需要复制的通道，然后单击右上角的 ▤ 按钮，在弹出的菜单中选择"复制通道"命令即可。

操作技巧 利用通道得到合成效果

当前图像的颜色模式决定了通道中的内容，用户可以对图像中任意一个通道进行编辑，从而产生各种特殊的效果。

下面介绍一些利用通道得到合成效果的小技巧，供读者参考学习。

（1）打开两幅图像素材：

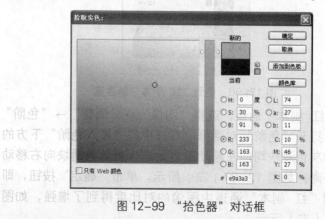

图 12-99 "拾取实色"对话框

7 设置完成后，单击"确定"按钮，即可用此颜色填充选区内的
图像，效果如图 12-100 所示。

图 12-100　填充选区内图像后的效果

8 在"通道"面板中选中"颜色填充 1 蒙版"通道。选择工具箱
中的画笔工具 ✐，将前景色设置为黑色，设置适当的画笔大小，
在人物皮肤以外的部位涂抹，将这些部位恢复到原来的效果，
如图 12-101 所示。

图 12-101　涂抹后的效果

9 在"图层"面板中选中"颜色填充 1"图层，然后将其混合模
式设置为"滤色"，效果如图 12-102 所示。

图 12-102　得到"滤色"效果

10 此时如果肤色还不是很自然，可以在"图层"面板中将"不透
明度"进行适当的设置，这里设置为"87%"，得到自然的粉
白肤色，如图 12-103 所示。

图像 1

图像 2

（2）选中图像 2，按 Ctrl+A
组合键将其全选，然后按 Ctrl+C
组合键将其置入剪贴板中。

（3）选中图像 1，在其"通
道"面板中选中"绿"通道，然
后按 Ctrl+V 组合键将图像 2 置
入绿色通道中，此时的"通道"
面板如下所示。

此时图像 1 的效果如下
所示。

（4）在图像 1 的"通道"
面板中选中 RGB 通道，即可得
到合成效果，如下所示。

得到的合成效果

重点提示 通道的作用

通道的作用概括为两点，即调整各通道的色彩以及将通道作为选区载入。

实例 12-11 说明

● 知识点：
- 隐藏图层
- "色相/饱和度"命令
- 图层蒙版
- 画笔工具

● 视频教程：
光盘\教学\第 12 章 数码照片修饰

● 效果文件：
光盘\素材和效果\12\效果\12-11.psd

● 实例演示：
光盘\实例\第 12 章\美白牙齿

相关知识 删除通道的方法

删除图像中不需要的通道可以减少图像文件大小，从而提高图像处理速度。删除通道有以下 3 种方法。

- 在通道面板中，将需要删除的通道直接拖至"删除当前通道"按钮 🗑 上即可。
- 在通道面板中，选择要删除的通道，然后单击"删除当前通道"按钮 🗑 即可。

图 12-103 得到自然的粉白肤色

实例 12-11 美白牙齿

本实例将应用隐藏图层、"色相/饱和度"命令以及图层蒙版等功能修正照片中人物的偏黄牙齿，得到亮白牙齿效果。图像处理前后的效果对比如图 12-104 所示。

图 12-104 图像处理前后的效果对比

1 打开一幅牙齿偏黄的人物照片素材（光盘\素材和效果\12\素材\12-13.jpg），如图 12-105 所示。

图 12-105 打开一幅人物照片素材

2 在"图层"面板中,将"背景"图层拖到底部的"创建新图层"
按钮 ⬛ 上,得到一个"背景 副本"图层,如图 12-106 所示。
单击"背景 副本"图层左边的眼睛图标,将此图层隐藏,如
图 12-107 所示。

图 12-106 得到"背景 副本"图层　图 12-107 隐藏图层

3 选中"背景"图层,然后选择"图像"→"调整"→"色相/
饱和度"命令,打开"色相/饱和度"对话框,在其中将"饱
和度"下方的滑块拖动至最左端。这时可以看到,相片中人
物的牙齿已经变白了,而且相片的整体饱和度也降低了,如
图 12-108 所示。

图 12-108 调整饱和度

4 单击"背景 副本"图层左侧的"指示图层可见性"图标,将"眼
睛"图标显示出来,使此图层可见。单击底部的"添加图层蒙
版"铵扭 ⬛,为此图层添加图层蒙版,如图 12-109 所示。

5 选择工具箱中的磁性套索工具 ⬛,在人物的牙齿部位创建一个
选区,如图 12-110 所示。

图 12-109 添加图层蒙版　　图 12-110 创建牙齿选区

● 在需要删除的通道上单击
鼠标右键,在弹出的快捷
菜单中选择"删除通道"
命令即可。

相关知识　**分离通道的方法**

在"通道"面板中,单击
右上角的 ⬛ 按钮,在弹出菜
单中选择"分离通道"命令,
可以将每一个通道以文件的形
式单独分离出来,如下所示。

分离后原文件被关闭,每
一个通道都是以灰度颜色模式
成为一个独立的图像文件,并
在其标题栏上显示出了文件名
(格式:文件名_通道名缩写.
扩展名)。

重点提示 分离通道注意事项

如果图像文件含有多个图层，应先合并图层才能进行分离通道操作，因为分离通道前，图像文件只允许包含一个图层。

相关知识 合并通道的方法

在"通道"面板中，单击右上角的 ≣ 按钮，在弹出的菜单中选择"合并通道"命令，打开如下所示的"合并通道"对话框。

在"模式"下拉列表框中选择合并通道的模式，在此选择"RGB 颜色"，然后将"通道"的值设置为 3，单击"确定"按钮，弹出如下所示的"合并 RGB 通道"对话框。

单击"确定"按钮后，即可将分离后的灰度图像合并成原来的 RGB 图像。

实例 12-12 说明

- **知识点：**
  - "色阶"命令
  - 历史记录画笔工具
  - "历史记录"面板
- **视频教程：**
  光盘\教学\第 12 章 数码照片修饰
- **效果文件：**
  光盘\素材和效果\12\效果\12-12.psd
- **实例演示：**
  光盘\实例\第 12 章\炫亮秀发

6️⃣ 选择工具箱中的画笔工具 ✎，在其属性栏中设置合适的画笔大小，然后将图层混合模式设置为"正常"，"不透明度"设置为 100%，再将前景色设置为黑色，背景色设置为白色。

7️⃣ 设置完成后，使用画笔工具 ✎ 在创建的选区上进行涂抹，即可看到"背景"图层上洁白的牙齿显现出来，如图 12-111 所示。

图 12-111 涂抹后的效果

8️⃣ 如果这时牙齿的颜色不是很完美，有些发蓝或发黑，可选择"图像"→"调整"→"亮度/对比度"命令，打开"亮度/对比度"对话框，在其中选中"使用旧版"复选框，然后将"亮度"下方的滑块拖至最右端，提高牙齿的亮度，如图 12-112 所示。最后单击"确定"按钮，即可得到洁白如玉的牙齿效果了。

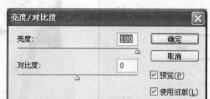

图 12-112 "亮度/对比度"对话框

实例 12-12 炫亮秀发

本实例将使用"色阶"命令以及历史记录画笔工具等调整暗淡的发质，使其变为炫亮秀发。图像处理前后的效果对比如图 12-113 所示。

图 12-113 图像处理前后的效果对比

1 打开一幅发质比较暗淡的人物照片素材（光盘\素材和效果\12\素材\12-14.jpg），如图 12-114 所示。

图 12-114　打开一幅人物照片素材

2 选择"图像"→"调整"→"色阶"命令，打开"色阶"对话框，在其中将色阶值分别设置为"9，1.82，197"，如图 12-115 所示。

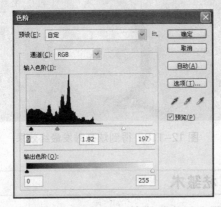

图 12-115　"色阶"对话框

3 设置完成后，单击"确定"按钮，得到提亮的照片效果，如图 12-116 所示。

图 12-116　得到提亮的照片效果

4 此时虽然照片中的头发具有了光泽，但其他景物显得有些曝光过度了，影响了照片的整体效果。选择工具箱中的历史记录画笔工具，然后选择"窗口"→"历史记录"命令，打开"历史记录"面板，在其中将历史记录画笔工具的"源"设置到调整色阶前一步的状态，如图 12-117 所示。

相关知识　什么是通道蒙版

通道蒙版的主要作用是存储图像中的选区，与图层蒙版作用相似。在通道中创建了蒙版后，可以使用工具箱中的绘图工具以及滤镜功能等对其进行编辑，得到特殊效果，但此效果并不能直接作用于图像中。

相关知识　创建通道蒙版的方法

可通过以下几种方法来创建通道蒙版。

- 菜单命令：在图像创建选区后，选择"选择"→"存储选区"命令，在弹出的"存储选区"对话框中将其保存到新建的通道中即可。

- "将选区存储为通道"按钮：在图像中创建选区后，单击"通道"面板下方的"将选区存储为通道"按钮即可，如下所示。

将图像中的帽子选取

创建出的通道蒙版

操作技巧　编辑通道蒙版

创建通道蒙版后，可以使用多种工具对其进行编辑，从而得到特殊的效果。

将图像中的帽子选取

创建一个通道蒙版，将其选中

选择画笔工具，设置合适的画笔
参数，在选区内进行涂抹

取消通道蒙版的可见性，按
Ctrl+D 组合键取消选区，得到
最终效果

图 12-117　设置"源"

5️⃣ 将历史记录画笔工具设置为适当的画笔大小，在头发以外的
区域拖动鼠标进行涂抹。可以看到，被涂抹到的区域变成了
调整色阶以前的状态。涂抹完全后，得到照片中其他景物不
变，但头发炫亮的效果，如图 12-118 所示。

图 12-118　得到炫亮秀发最终效果

实例 12-13　祛皱术

　　本实例主要应用修复画笔工具、污点修复画笔工具以及模糊
工具等将照片中人物的皱纹祛除，使人物显得更年轻。图像处理
前后的效果对比如图 12-119 所示。

图 12-119　图像处理前后的效果对比

1 打开一幅脸部有皱纹的老年人照片素材（光盘\素材和效果\12\素材\12-15.bmp），如图 12-120 所示。

图 12-120　打开一幅照片素材

2 选择工具箱中的修复画笔工具 ✐，在其属性栏中将画笔大小设置为 7，然后按住 Alt 键不放，在人物脸部与要消除皱纹较为接近的光滑皮肤位置上单击，设置取样点，如图 12-121 所示。

3 使用修复画笔工具 ✐ 在人物额头的皱纹位置上进行涂抹，消除此位置上的皱纹，如图 12-122 所示。

图 12-121　设置取样点　　　图 12-122　通过涂抹消除皱纹

4 用同样的方法设置取样点，在人物额头的皱纹处涂抹，直至额头上的皱纹全部消失，效果如图 12-123 所示。

5 同样，使用上述方法将人物面部其他部位的皱纹进行消除，得到如图 12-124 所示的效果。

图 12-123　额头上的皱纹全部消失　图 12-124　其他部位的皱纹全部消除

操作技巧　**使用修复画笔工具填充图案**

修复画笔工具不仅可以对图像中的斑点、灰尘、划痕以及人物图像中的皱纹等瑕疵进行消除，还可改变图像的纹理效果。方法如下。

将图像中的 2 个心形选取

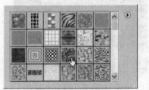

在修复画笔工具属性栏中选择一种图案，这里选择的是"星云"图案

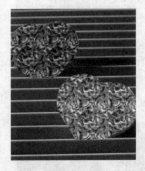

使用修复画笔工具在选区内涂抹，将选定图案应用于选区中，取消选区，得到最终效果

相关知识 如何对应用了图层样式的图层进行不透明度设置

对于应用了图层样式的图层，如果要降低其图像的不透明度，在"图层"面板中调整"不透明度"的值会影响图层样式的效果。这时就需要设置"填充"的值，通过对此值的设置，可达到只改变图像的不透明度，而不改变图层样式效果的目的，如下所示。

将图像中的心形选取

通过拷贝的图层，得到"图层1"，为其添加图层样式，得到效果

将其"填充"值设置为71%

图像不透明度得到改变，而图层样式效果未发生改变

6 可以发现，虽然人物脸部的皱纹基本上已经消失了，但是还存有一些斑点，这同样会影响美观。选择工具箱中的污点修复画笔工具，在其属性栏中设置适当的画笔大小，选中"近似匹配"单选按钮，然后在人物脸部的各斑点上单击，即可将脸部的所有斑点去除，效果如图 12-125 所示。

图 12-125　祛除人物面部的斑点

7 这时照片中人物的皮肤还是有些粗糙，如果需要进一步让皮肤细嫩、柔滑，可以选择工具箱中的模糊工具，在其属性栏中设置适当的画笔大小，然后在比较粗糙的皮肤上进行细致的涂抹即可，如图 12-126 所示。

8 涂抹完全后，得到细腻的皮肤效果，如图 12-127 所示。

图 12-126　进行细致的涂抹　　图 12-127　得到细腻的皮肤效果

9 选择"图像"→"调整"→"亮度/对比度"命令，打开"亮度/对比度"对话框，在其中将"对比度"下方的滑块向右移动适当距离，如图 12-128 所示。单击"确定"按钮，即可得到光效自然、细致的皮肤效果了。

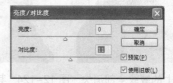

图 12-128　"亮度/对比度"对话框

01 02 03 04 05 06 07 08 09 10 11 12 13

实例 12-14 彩妆艺术

本实例将利用"路径"面板、钢笔工具以及画笔工具等将黑白照片变为具有彩妆艺术效果的照片，即为黑白照片上色。图像处理前后的效果对比如图 12-129 所示。

图 12-129 图像处理前后的效果对比

1 打开一幅黑白照片素材（光盘\素材和效果\12\素材\12-16.jpg），如图 12-130 所示。

2 选择"窗口"→"路径"命令，打开"路径"面板。在其中单击底部的"创建新路径"按钮，得到一个"路径 1"。在此路径名上双击，然后将其重新命名为"肌肤"，如图 12-131 所示。

图 12-130 打开一幅黑白照片素材

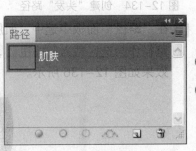

图 12-131 得到"肌肤"路径

3 选择工具箱中的钢笔工具，在其属性栏中进行如图 12-132 所示的设置。

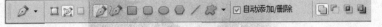

图 12-132 设置钢笔工具属性栏

例 12-14 说明

● 知识点：
  ● "路径"面板
  ● 钢笔工具
  ● 画笔工具
  ● 模糊工具
● 视频教程：
  光盘\教学\第 12 章 数码照片修饰
● 效果文件：
  光盘\素材和效果\12\效果\12-14.psd
● 实例演示：
  光盘\实例\第 12 章\彩妆艺术

相关知识 **删除图层样式的方法**

在图层上应用了图层样式后，如果要把应用的效果删除，拖动图层右侧的 fx 图标至下方的"删除图层"按钮上即可，如下所示。

还有一种方法，在图层上单击鼠标右键，在弹出的快捷菜单中选择"清除图层样式"命令即可，如下所示。

- 其中第一排为仿制源按钮
  组, 它们代表不同的仿制
  源, 选中某个, 下方即显示
  出相应的设置参数。

- "位移" 选项组: 可以显示出
  取样后应用到其他位置的
  源的 X、Y 轴以及角度等,
  也可以输入数值自定义。

原图

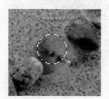

选择工具箱中的仿制图章工具
🔲, 按住 Alt 键不放, 在图像
中适当的位置单击取样未设置

4 设置完成后, 使用钢笔工具 ✐ 沿着照片中人物的肌肤部位 (包
括脸、身体以及手) 的边缘绘制路径, 效果如图 12-133 所示。

图 12-133　绘制路径

5 使用同样的方法, 创建一个名为 "头发" 的路径, 如图 12-134
所示。同样使用钢笔工具 ✐ 在人物的头发边缘绘制一条路径,
如图 12-135 所示。

图 12-134　创建 "头发" 路径　　　图 12-135　绘制一条路径

6 在 "路径" 面板中选中 "肌肤" 路径, 然后单击底部的 "将
路径作为选区载入" 按钮 ○, 将 "肌肤" 路径作为选区载入,
效果如图 12-136 所示。

图 12-136　将 "肌肤" 路径作为选区载入

7 单击工具箱中的"前景色工具"按钮，打开"拾色器（前景色）"对话框，在其中将 RGB 的值设置为"223，141，121"，如图 12-137 所示。

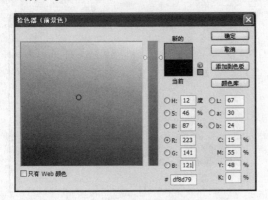

图 12-137　"拾色器（前景色）"对话框

8 单击"确定"按钮，即可将此颜色设置为前景色。选择工具箱中的画笔工具 ✎，在其属性栏中设置合适的画笔大小，在"模式"下拉列表框中选择"颜色"选项，将"不透明度"和"流量"均设置为 53%，然后在图像的选区部位进行涂抹。涂抹完全后，得到如图 12-138 所示的肤色效果。

图 12-138　得到肤色效果

9 在"路径"面板中选中"头发"路径，然后单击底部的"将路径作为选区载入"按钮 ◎，将此路径作为选区载入，效果如图 12-139 所示。

图 12-139　将"头发"路径作为选区载入

"位移"选项组中的参数，即默认设置得到的涂抹效果

将角度设置为 40 度时的
涂抹效果

将"位移"选项组中的参数
进行如下的设置

位移:		⬭ W:	40.0%
X:	120 px	⬭ H:	40.0%
Y:	120 px	△ 0.0	度

得到的涂抹效果

- "帧位移"选项组：用来设置动画或视频帧仿制参数。
- 设置仿制源效果选项组：在其中可对涂抹效果进行设置，如下所示。

正常

差值

设置仿制源后，可以将其
应用到其他图像中，如下所示。

将此图像设置为仿制源

打开一幅图像

在其上应用仿制源后的效果

选中一个图层，按 Ctrl+Shift+
（或）组合键，可将选中图层移
至底部（"背景"图层的上方）或
顶部（所有图层的上方）。

10 单击工具箱中的 "前景色工具" 按钮，打开 "拾色器（前景
色）" 对话框，在其中设置 RGB 的值为 "223，117，64"，
如图 12-140 所示。

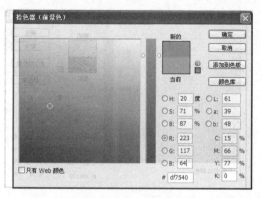

图 12-140 "拾色器（前景色）"对话框

11 单击 "确定" 按钮，将此颜色设置为前景色。选择工具箱中
的画笔工具 ，在其属性栏中进行与上面一样的设置，然后
在图像中的选区部位进行涂抹。涂抹完全后，得到金发炫亮
效果，如图 12-141 所示。

图 12-141 得到金发炫亮效果

12 选择工具箱中的磁性套索工具 ，在人物的两只眼睛的眼球
边缘创建选区，如图 12-142 所示。

13 将前景色设置为 "深蓝色"，然后使用画笔工具 （在属性栏
中进行同样的设置）在选区上进行涂抹，得到欧洲人的蓝眼
睛效果，如图 12-143 所示。

图 12-142 在眼球边缘创建选区　　图 12-143 得到蓝眼睛效果

14 同样在人物的嘴唇边缘也创建一个选区，然后将前景色设置
为 "深紫色"，使用画笔工具 在选区上进行涂抹，得到紫色
唇彩效果，如图 12-144 所示。

图 12-144 得到紫色唇彩效果

15 此时人物的妆容打造完毕。选择工具箱中的魔棒工具 ，将照片的白色背景选中，如图 12-145（左）所示。使用工具箱中的油漆桶工具将选区填充为黑色，如图 12-145（右）所示。

图 12-145 将白色背景选中并填充

16 选择工具箱中的模糊工具 ，在其属性栏中设置画笔大小为 16，在"模式"下拉列表框中选择"变暗"选项，将"强度"设置为 100%，然后沿着人物的边缘进行细致的涂抹。涂抹完全后，得到更为融合的图像效果，如图 12-146 所示。

图 12-146 得到更为融合的图像效果

操作技巧 替换照片背景的其他方法

替换照片背景的方法有很多，下面介绍其中的一种。

将照片的"背景"图层转换为普通图层，得到"图层 0"，将照片中的人物选取

反选选区，将照片的背景选取，按 Delete 键将背景删除

打开一幅背景素材

将背景素材拖入第一幅图像中，将"图层 1"置于"图层 0"的下方，然后调整"图层 0"中图像的大小和位置

为了突出人物，将背景图像应用高斯模糊滤镜，得到最终效果

实例 12-15 说明

● 知识点：
  ● 矩形选框工具
  ● "匹配颜色"命令
  ● 橡皮擦工具
  ● "色阶"命令
● 视频教程：
  光盘\教学\第 12 章 数码照片修饰
● 效果文件：
  光盘\素材和效果\12\效果\12-15.psd
● 实例演示：
  光盘\实例\第 12 章\修复闭眼

重点提示 使用磁性套索工具选取时的注意事项

　　使用磁性套索工具选取图像时，如果遇到拐角或颜色对比度不大的情况，可单击鼠标得到一个节点，以确定选取的准确性；如果需要在选区内减去一部分内容，可在属性栏中单击"从选区减去"按钮，或按下 Alt 键不放，然后选取不需要的部位，即可将此部位去除。

17 设置前景色为"深绿色"，选择工具箱中的渐变工具，在其属性栏中设置"渐变方式"为"透明条纹渐变"，单击"对称渐变"按钮，将"不透明度"设置为 48%，然后在文档中不同位置进行轻度的拖曳，得到如图 12-147（左）所示的效果。最后在文档中输入文字"国际时尚"，并设置其变形为"膨胀"，得到如图 12-147（右）所示的最终效果。

图 12-147　得到渐变效果和文字效果

实例 12-15　修复闭眼

　　在拍摄人物照片时，有时会拍摄出一些闭眼的照片，影响了人物的美观和完整。本实例将使用矩形选框工具、"匹配颜色"命令以及橡皮擦工具等解决这一问题，使闭眼照片得到修复。图像处理前后的效果对比如图 12-148 所示。

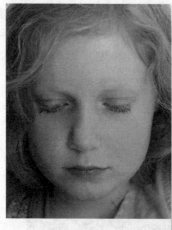

图 12-148　图像处理前后的效果对比

1 打开一幅闭眼人物照片素材（光盘\素材和效果\12\素材\12-17.jpg），如图 12-148 所示。再打开一幅与第一幅照片色调和光照效果相似的同一个人物的睁眼照片素材（光盘\素材和效果\12\素材\12-18.jpg），如图 12-150 所示。

图 12-149 打开一幅闭眼素材　　图 12-150 打开一幅睁眼素材

2️⃣ 选择工具箱中的矩形选框工具 ▭ ，在第二幅照片的人物眼睛周围拖动鼠标绘制一个矩形选区，如图 12-151 所示。

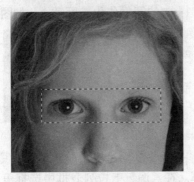

图 12-151 绘制一个矩形选区

3️⃣ 按 Ctrl+C 组合键，将选区内的图像复制。选中第一幅闭眼照片素材，按 Ctrl+V 组合键，将复制出的选区图像粘贴到此照片中，如图 12-152 所示。

图 12-152 粘贴选区内的图像

4️⃣ 选择 "编辑" → "变化" → "缩放" 命令，然后按住 Shift 键，将复制出的眼睛图像调整为合适的大小并放置在合适的位置，再稍微旋转一定的角度，使其与人物相匹配，如图 12-153 所示。

如何修复偏色的照片

　　造成彩色照片偏色的主要原因有两种，一种是拍摄时造成的，另一种是后期加工过程中造成的。如果碰到这种情况，可以通过以下的方法来修复。

偏色的照片

　　选择 "图像" → "调整" → "色阶" 命令，打开 "色阶" 对话框。在 "通道" 下拉列表框中选择 "红" 选项，然后将 "输入色阶" 下方的黑色滑块和灰色滑块均向右拖动适当距离。

　　图像中偏红部位得到了修复，接近真实颜色。

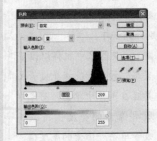

393

在"色阶"对话框的"通道"下拉列表框中选择"蓝"选项，将下方的白色滑块和灰色滑块均向左拖动适当距离，得到效果。

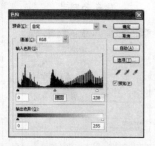

在"色阶"对话框的"通道"下拉列表框中选择RGB选项，将下方的白色滑块和灰色滑块均向左拖动适当距离，得到颜色纯正、色彩鲜艳的照片效果。

相关知识 **"色阶"对话框中的吸管工具组**

在"色阶"对话框中有一个吸管工具组 ✎✎✎，其含义分别介绍如下。

● ✎："在图像中取样以设置黑场"按钮。选择此吸管工具后在图像中单击，图像中所有像素的亮度值将减去吸管单击处像素的亮度值，使图像变暗。

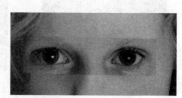

图 12-153 调整粘贴后的图像

5 按住 Ctrl 键不放，单击"图层"面板中"图层 1"图层的缩览图，把"图层 1"中的图像作为选区载入，如图 12-154 所示。

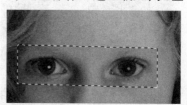

图 12-154 图像作为选区载入

6 选择"图像"→"调整"→"匹配颜色"命令，打开"匹配颜色"对话框。在"源"下拉列表框中选择第一张闭眼相片；在"图层"下拉列表框中选择"图层 1"选项；设置适当的"明亮度"、"颜色强度"以及"渐隐"值；选中"使用源选区计算颜色"和"使用目标选区计算调整"单选按钮，单击"确定"按钮，效果如图 12-155 所示。

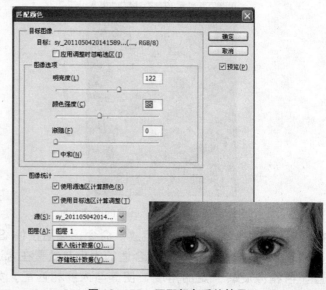

图 12-155 匹配颜色后的效果

7 选择工具箱中的橡皮擦工具，在其属性栏中单击"画笔"选项右侧的下拉按钮，在打开的"画笔预设"面板中选择"柔边圆"画笔，设置"画笔大小"为 33，"不透明度"和"流量"均设置为"100%"，然后在人物眼睛部位涂抹，将眼睛周围多余的部分擦除，以得到融合效果，如图 12-156 所示。

8 在涂抹过程中，可按需要设置合适的"不透明度"值。涂抹完成后，得到炯炯有神的人物眼睛效果，如图 12-157 所示。

图 12-156　在眼睛部位涂抹　　　图 12-157　闭眼照片得到修复

9 此时如果发现眼睛四周颜色有些浅，可选择"图像"→"调整"→"色阶"命令，打开"色阶"对话框，在其中进行适当的设置，这里将"输入色阶"的值设置为"0，0.94，255"，单击"确定"按钮，得到更为自然、真实的眼睛效果，如图 12-158 所示。

图 12-158　得到更为自然、真实的眼睛效果

在原图的左下部位取样

设置黑场效果

- "在图像中取样以设置灰场"按钮，用来设置中间亮度，即用它所选中的像素的亮度来调整其他像素的亮度。

设置灰场效果

- "在图像中取样以设置白场"按钮，用来设置图像的亮度值，即它所选中的像素的亮度值将与图像中所有像素的亮度值相加，使图像变亮。

设置白场效果

第 **13** 章

Photoshop CS5 平面广告宣传系列

　　平面广告是现代生活不可或缺的一种宣传模式，也是一种很好的传递信息的媒介。一个好的平面广告，可以实现非常好的商业经济效益。因此，利用 Photoshop 进行平面广告设计应该是广告从业人员必须掌握的技能。本章介绍了手机、时尚空间、购物节、汽车、化妆品、房地产、音乐会以及儿童读物等领域的广告制作过程。通过本章的学习，设计者可为创作出优秀的平面广告作品打下基础。

　　本章实例讲解的主要功能如下：

实　例	主要功能	实　例	主要功能	实　例	主要功能
手机广告	渐变工具 图层蒙版 钢笔工具	时尚空间	定义图案 图层混合模式 3D 功能	购物节宣传单	钢笔工具 画笔工具 横排文字工具
房地产广告	椭圆选框工具 图层蒙版 魔棒工具	汽车广告	光照效果滤镜 图层混合模式 图层样式	化妆品广告	钢笔工具 复制与粘贴 图层样式 直线工具
		音乐会海报	羽化 旋转扭曲滤镜 橡皮擦工具	海底趣事	扭曲 路径选择工具 各种滤镜

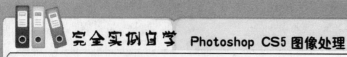

本章在讲解实例操作的过程中，全面系统地介绍 Photoshop CS5 平面广告宣传系列的相关知识。其中包含的内容如下。

实例 13-1　手机广告

本实例将使用渐变工具、图层混合模式以及图层蒙版等功能制作手机广告宣传画。实例最终效果如图 13-1 所示。

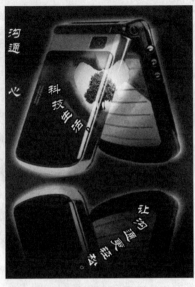

图 13-1　实例最终效果

操作步骤

1 选择"文件"→"新建"命令，打开"新建"对话框。在其中将"名称"设置为"手机广告"，将"宽度"设置为"17 厘米"，"高度"设置为"2 4 厘米"，"背景内容"设置为"白色"，单击"确定"按钮，得到一个空白文档，如图 13-2 所示。

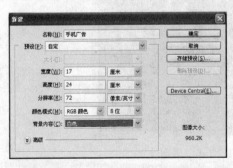

图 13-2　得到一个空白文档

2 打开一幅素材图像（光盘\素材和效果\13\素材\13-1.jpg），将其拖入到文档中，并调整为合适的大小和位置，如图 13-3 所示。

实例 13-1 说明

● **知识点：**
  - 渐变工具
  - 图层混合模式
  - 图层蒙版
  - 钢笔工具

● **视频教程：**
  光盘\教学\第 13 章 平面广告宣传系列

● **效果文件：**
  光盘\素材和效果\13\效果\13-1.psd

● **实例演示：**
  光盘\实例\第 13 章\手机广告

相关知识　**图层混合模式的类型**

在"图层"控制面板的"正常"下拉列表框中可以选择需要的图层混合模式，其中各选项的含义如下。

● **正常：** 此为默认选项。选择此模式后，上方图层完全遮盖下方图层。

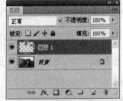

飞鸟图层为"正常"模式

● **溶解：** 编辑或绘制每个像素，使其成为最终色。

● **变暗：** 选择此模式，将以上方图层中较暗的像素代替下方图层中与之相对应的较亮的像素。

399

原图

叶子图层为"变暗"模式

- 正片叠底：选择此模式后，可以把当前颜色与原图颜色混合，得到比原来的两种颜色更深的第三种颜色作为最终色。

叶子图层为"正片叠底"模式

- 颜色加深：此选项通常用于创建非常暗的阴影效果。

叶子图层为"颜色加深"模式

- 线性加深：查看每个通道中的颜色信息，并通过减小亮度使原色变暗来反映混合颜色。此模式对于白色无效。

3 新建"图层 2"。将前景色设置为"白色"，背景色设置为"黑色"，选择工具箱中的渐变工具 ，在其属性栏中将"渐变方式"设置为"前景色到背景色渐变"，单击"径向渐变"按钮，然后在"图层 2"中拖出一个渐变，效果如图 13-4 所示。

图 13-3　拖入图像并调整　　　图 13-4　拖出一个渐变

4 在"图层"面板中将"图层 2"的混合模式设置为"正片叠底"，得到如图 13-5 所示的效果。

图 13-5　得到效果

5 打开一幅手机素材图像（光盘\素材和效果\13\素材\13-2.jpg），将其拖入到文档中，得到"图层 3"，调整其大小和位置。在"图层"面板中将"图层 3"的混合模式设置为"变亮"，"不透明度"设置为 60%，得到如图 13-6 所示的效果。

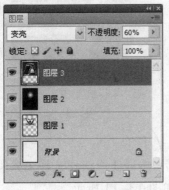

图 13-6　拖入图像并调整

6　新建"图层 4"，选择工具箱中的渐变工具 ，在工具箱中将前景色设置为"白色"，在其属性栏中设置"渐变方式"为"透明条纹渐变"，单击"角度渐变"按钮 ，然后在"图层 4"中拖出一个渐变，效果如图 13-7 所示。

7　在"图层"面板中将"图层 4"的混合模式设置为"叠加"，"不透明度"设置为 64%，得到如图 13-8 所示的效果。

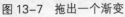

图 13-7　拖出一个渐变

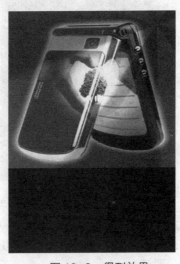

图 13-8　得到效果

8　使用直排文字工具 在文档中输入文本"沟通心"，如图 13-9 所示。

9　在"图层"面板中将除"背景"图层以外的图层合并为一个层，得到一个文字层，将此文字层拖至下方的"创建新图层"按钮上，得到一个文字层副本，如图 13-10 所示。

- 深色：从基色和混合色中选择最小的通道值来创建最终色。与其对应的是"浅色"模式。
- 变亮：以上方图层中较亮的像素代替下方图层中与之相对应的较暗的像素，并且以下方图层中的较亮的区域代替上方图层中的较暗的区域，使叠加后的图像呈现亮色调。

原图

人物图层为"变亮"模式

- 滤色：此模式与"正片叠底"模式的作用相反，可以使上方图层以及下方图层的像素值中较亮的像素合成图像效果。使用黑色过滤时颜色保持不变，使用白色过滤时将产生白色。

人物图层为"滤色"模式

- 颜色减淡：选择此模式可以产生非常亮的合成效果，但是与黑色混合将不会发生改变。
- 线性减淡（添加）：查看每个通道的颜色信息，加亮所有通道的基色，并通过降低其他颜色的亮度来反映混合颜色，但是与黑色混合将不会发生改变。

- 浅色：从基色和混合色中选择最大的通道值来创建最终色。与其对应的是"深色"模式。
- 叠加：选择此模式后，图像最终的效果取决于下方图层，但是上方图层的明暗对比效果也直接影响整体效果，下方图层的明、暗区仍被保留。

人物图层为"叠加"模式

- 柔光：可以使图像颜色变亮或变暗，图像最终效果取决于混合色。

- 强光：此模式得到的效果与柔光效果相似，但是其加亮与变暗的程度比柔光大。

- 亮光：可以通过增加或者减小对比度来加深或减淡颜色，最终色取决于混合色。

- 线性光：可以通过减小或者增加亮度来加深或者减淡颜色，最终色取决于混合色。

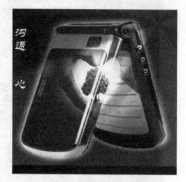

图 13-9　输入文字

图 13-10　合并图层并复制

10 将复制出的图层进行垂直翻转，然后使用快速选择工具☑选取翻转图像的黑色区域，如图 13-11 所示。

11 按 Delete 键取消选区，此时如果还有些黑色边框，可使用魔棒工具🔮将其选取，并按 Delete 键将其删除。然后将其置于下方合适的位置，使其与上方图像链接，得到如图 13-12 所示的效果。

图 13-11　选取翻转图像的黑色区域　　图 13-12　得到效果

12 选择"编辑"→"变换"→"扭曲"命令，将下方图像进行适当的扭曲变形，使其更符合倒影的效果，如图 13-13 所示。

13 在"图层"面板中选中复制出的图层，然后单击其下方的"添加图层蒙版"按钮⬛，为此图层添加一个图层蒙版。选择工具箱中的渐变工具⬛，在其属性栏中设置"渐变方式"为"前景色（白色）到背景色（黑色）渐变"，单击"线性渐变"按钮，然后在图像的上方至下方拖出一条直线，得到渐变效果，如图 13-14 所示。

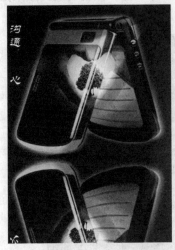

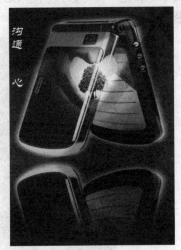

图 13-13　扭曲变形后的效果　　　　图 13-14　得到渐变效果

14 使用钢笔工具 ✐ 在文档中绘制一条路径，然后使用直排文字工具在此路径上输入文本"科技生活，让沟通更轻松。"，如图 13-15 所示。在工具箱中选择任意一个工具，按 Ctrl+H 组合键，取消路径。然后在此文字图层上双击，打开"图层样式"对话框，选中"描边"复选框，为文字添加描边效果，此时得到手机广告宣传画的完整效果，如图 13-16 所示。

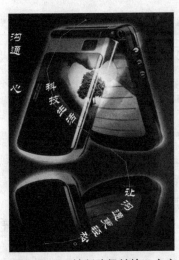

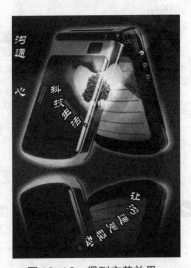

图 13-15　绘制路径并输入文字　　　　图 13-16　得到完整效果

实例 13-2 时尚空间

　　本实例将制作一个时尚空间宣传画，其整体效果非常具有立体空间感，给人一种时尚酷炫的视觉感受。其中应用了"定义图案"命

- 点光：此模式通过置换颜色像素来混合图像。

- 实色混合：查看每个通道的颜色信息，并将原色与混合色复合。
- 差值：选择此模式可以从上方图层中减去下方图层中相应位置处像素的颜色值，此模式通常可以得到变暗以及反相的效果。
- 排除：此模式与差值模式相似，但是得到的效果对比度较低。
- 色相：最终色取决于原色的亮度和饱和度以及混合色的色相。
- 减去：可直接使用较深的颜色创建最终色。

- 划分：使用基色的色相创建互补色的最终色。

- 饱和度：最终色取决于原色的亮度和色相以及混合色的饱和度。

- 颜色：最终色取决于原色的亮度以及混合色的色相和饱和度。
- 亮度：最终色取决于原色的色相和饱和度以及混合色的亮度。

实例13-2说明

🔖 **知识点：**
- "定义图案"命令
- "填充"命令
- 图层混合模式
- 3D 功能

🔖 **视频教程：**
光盘\教学\第13章 平面广告宣传系列

🔖 **效果文件：**
光盘\素材和效果\13\效果\13-2.psd

🔖 **实例演示：**
光盘\实例\第13章\时尚空间

相关知识 <u>3D 工具简介</u>

Photoshop CS5 中增加了一个编辑 3D 模型的工具组和一个控制相机机位的工具组，如下所示。

编辑 3D 模型工具组

控制相机机位工具组

相关知识 <u>编辑 3D 模型工具的属性栏</u>

以 3D 对象旋转工具 为例，其属性栏中各选项的含义如下。

令、"填充"命令以及创建 3D 图形等功能。实例的最终效果如图 13-17 所示。

图 13-17　实例最终效果

操 作 步 骤

1 选择"文件"→"新建"命令，打开"新建"对话框。在其中将"名称"设置为"方块图案"，"宽度"和"高度"均设置为"2 厘米"，"背景内容"选择"背景色（RGB 值为 39，20，84）"，单击"确定"按钮，得到一个文档，如图 13-18 所示。

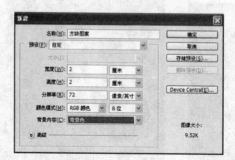

图 13-18　得到一个文档

2 在"图层"面板的"背景"图层上双击，打开"新建图层"对话框，如图 13-19 所示，单击"确定"按钮，得到一个普通层（图层 0）。

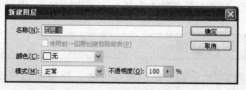

图 13-19　"新建图层"对话框

3 选择"编辑"→"描边"命令，打开"描边"对话框。在其中将"宽度"设置为3px，"颜色"设置为"白色"，"位置"选择"内部"，单击"确定"按钮，得到描边效果，如图 13-20所示。

图 13-20　得到描边效果

4 选择"编辑"→"定义图案"命令，打开"图案名称"对话框，在其中设置"名称"为"方块图案"，如图 13-21 所示。单击"确定"按钮，完成定义图案的操作。

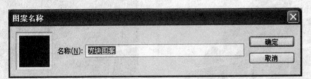

图 13-21　"图案名称"对话框

5 选择"文件"→"新建"命令，打开"新建"对话框。在其中将"名称"设置为"时尚空间"，"宽度"设置为"17 厘米"，"高度"设置为"14 厘米"，"背景内容"选择"白色"，单击"确定"按钮，得到一个文档，如图 13-22 所示。

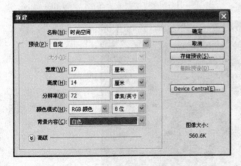

图 13-22　得到一个文档

6 新建"图层 1"选择"编辑"→"填充"命令，打开"填充"对话框，在其中的"使用"下拉列表框中选择"图案"选项，在"自定图案"下拉列表框中选择刚才定义的"方块图案"，单击"确定"按钮，得到填充效果，如图 13-23 所示。

- "返回到初始对象位置"按钮 ：对 3D 对象进行操作后，单击此按钮，可使其恢复为初始状态。
- "3D 对象旋转工具"按钮 ：如果想对 3D 对象进行旋转操作，使用此工具进行拖动即可，可分别进行 X 轴、Y 轴以及 Z 轴的旋转。

旋转 3D 对象效果

- "3D 对象滚动工具"按钮 ：选择此工具后，其滚动范围仅在 X-Y 轴、X-Z 轴以及 Y-Z 轴之内，滚动时操纵杆上的启用轴出现橙色的标志。

滚动 3D 对象效果

- "3D 对象拖动工具"按钮 ：可在 X、Y、Z 轴间任意地拖动。

拖动 3D 对象效果

- "3D 对象滑动工具"按钮 ：可进行 X 轴和 Z 轴间的任意滑动、左右滑动和上下滑动。

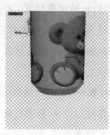

滑动 3D 对象效果

• "3D 对象缩放工具"按钮
  🔍：通过拖动可对 3D 对象
  进行放大或缩小操作。

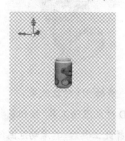

缩小 3D 对象效果

• "位置"：在此下拉列表框中可
  以选择 3D 对象的视图方式。

默认视图

右视图

俯视图

图 13-23　得到填充效果

7 按 Ctrl+T 组合键，显示出调整控制框，在其上单击鼠标右键，在弹出的快捷菜单中选择"扭曲"命令，然后通过拖曳各个控制点调整填充图案的形状，如图 13-24 所示。

8 按 Enter 键取消调整控制框，使用魔棒工具 🪄 选取文档的空白部位，然后使用油漆桶工具 🪣 将其填充为黑色，得到更具空间立体感的画面效果，如图 13-25 所示。

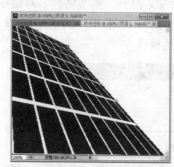
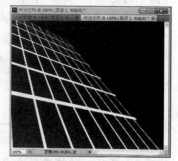

图 13-24　调整填充图案的形状　　　图 13-25　填充为"黑色"

9 打开一幅素材图像（光盘\素材和效果\13\素材\13-3.jpg），将其拖入到文档中，调整为和文档一样的大小，如图 13-26 所示。

图 13-26　拖入图像并调整

10 在"图层"面板上将"图层 2"的混合模式设置为"差值"，得到具有时尚感的画面冲击效果，如图 13-27 所示。

图 13-27 得到具有时尚感的画面冲击效果

11 再打开一幅素材图像（光盘\素材和效果\13\素材\13-4.jpg），使用磁性套索工具选取其中的人物，如图 13-28 所示。按 Ctrl+C 组合键将其复制，然后选中"时尚空间"文档，按 Ctrl+V 组合键将其粘贴，并调整为合适的大小，如图 13-29 所示。

图 13-28 将其中的人物选取　　图 13-29 粘贴图像后调整

12 选择"3D"→"从图层新建形状"→"立体环绕"命令，将粘贴的图像创建为 3D 立方体，并且立方体的每个面都有此图像，如图 13-30 所示。

图 13-30 得到 3D 立体环绕效果

13 选择"窗口"→"3D"命令，打开"3D{材质}"面板，在其中设置"漫射颜色"为"橙色"，设置"光泽"为 40%，如图 13-31 所示。

- "存储当前视图"按钮 🖫：单击此按钮，打开如下所示的"新建 3D 视图"对话框，在其中设置视图名称，单击"确定"按钮，可保存当前视图状态下的 3D 图像。

- "删除当前所选视图"按钮 🗑：保存视图后，此按钮可用，单击可删除已保存的视图。
- 属性栏最右侧的文本框用来设置相应工具的 X、Y、Z 轴的坐标值。

操作技巧 **如何显示出 3D 操纵杆**

　　如果在 3D 视图窗口中没有显示出 3D 操纵杆，可通过以下的方法将其显示出来。

　　选择"编辑"→"首选项"→"性能"命令，打开"首选项"对话框，在其中的"性能"选项卡中选中"启用 OpenGL 绘图"复选框，然后单击其下的"高级设置"按钮，如下所示。

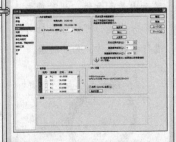

　　此时打开"OpenGL 设置"对话框，保持默认设置，单击"确定"按钮即可。

14 此时立方体即可得到设置的效果。分别选择工具箱中的 3D 对象比例工具、3D 对象旋转工具以及 3D 对象平移工具，分别对立方体进行缩放、旋转以及移动操作，得到如图 13-32 所示的效果。

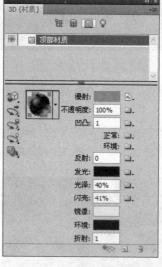

图 13-31 "3D{材质}"面板

图 13-32 得到效果

15 将 3D 图层即"图层 3"拖至下方的"创建新图层"按钮上，得到"图层 3 副本"。按照同样的方法对"图层 3 副本"中的对象进行适当的调整，得到如图 13-33 所示的效果。

图 13-33 复制图层并调整

16 在文档中输入英文"welcome the Fashion Space"，然后在此文字层上双击，打开"图层样式"对话框，在其中设置"外发光"以及"斜面和浮雕"效果，单击"确定"按钮，得到如图 13-34 所示的文字效果。

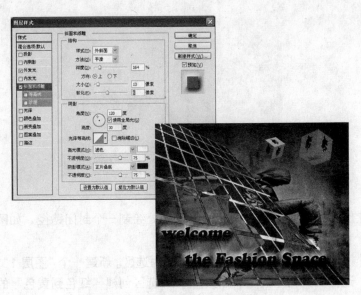

图 13-34　输入英文并设置效果

17 按 Ctrl+T 组合键，调整文字的大小，并旋转一定的角度，得到更加生动的文字效果。然后将此文字图层复制，并将复制出的文字置于合适的位置，得到画面感更为丰富的图像效果，即得到最终效果。

实例 13-3　购物节宣传单

　　本实例将应用钢笔工具、画笔工具以及彩色半调滤镜等制作五一购物节宣传单，其画面色彩鲜艳抢眼，并且主题突出，起到了很好的宣传作用。实例最终效果如图 13-35 所示。

图 13-35　实例最终效果

1 选择"文件"→"新建"命令，打开"新建"对话框。在其中将"名称"设置为"购物节宣传单"，"宽度"设置为"24 厘米"，"高度"设置为"17 厘米"，"背景内容"选择"白色"，单击"确定"按钮，得到一个文档。选择工具箱中的渐变工具，在文档中创建"淡紫色到白色"的线性渐变，得到如图 13-36 所示的效果。

● 移动操作：在某个箭头轴的起始端部位单击鼠标，其箭头起始端变为黄色，此时拖动鼠标即可进行此轴向的移动操作，如下所示。

● 缩放操作：将鼠标置于某个箭头轴最末端的部位，其变为黄色，此时单击鼠标并拖动，可在此轴向上进行缩小或放大操作，如下所示。

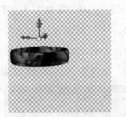

实例 13-3 说明

◉ 知识点：
- 钢笔工具
- 画笔工具
- 彩色半调滤镜
- 横排文字工具

◉ 视频教程：
光盘\教学\第 13 章 平面广告宣传系列

◉ 效果文件：
光盘\素材和效果\13\效果\13-3.psd

◉ 实例演示：
光盘\实例\第 13 章\购物节宣传单

创建 3D 模型并对其进行编辑

下面介绍如何创建3D模型并编辑 3D 模型的纹理。

（1）新建一个文档，然后选择"3D"→"从图层新建形状"→"易拉罐"命令，得到一个易拉罐 3D 模型。

（2）选择"窗口"→"3D"命令，打开"3D"面板，在其中单击上方的"滤镜：材质"按钮，切换至"3D 材质"面板。

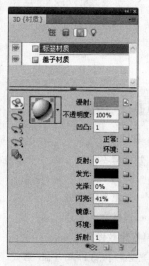

（3）在此面板中单击"漫射"选项右侧的"编辑漫射纹理"按钮，在弹出的下拉菜单中选择"载入纹理"命令，打开如下所示的"打开"对话框，并选择一幅纹理图像。

图 13-36　得到的文档

2️⃣ 使用钢笔工具 在文档的左下角处绘制一个封闭路径，如图 13-37 所示。

3️⃣ 按 Ctrl+Enter 组合键将路径转换为选区。新建一个"图层 1"。选择工具箱中的渐变工具，为选区创建"红色到黄色"的线性渐变，得到如图 13-38 所示的效果。

图 13-37　绘制一个封闭路径　　图 13-38　得到渐变效果

4️⃣ 将"图层 1"拖至下方的"创建新图层"按钮上 4 次，即复制 4 次此图层，然后分别对各个图层中的对象进行移动和旋转操作，放置于合适的位置，得到如图 13-39 所示的效果。

图 13-39　复制并调整

5️⃣ 将"图层 1"～"图层 1 副本 4"之间的图层合并为一个图层，得到一个"图层 1 副本 4"图层。

6 选择"窗口"→"通道"命令，打开"通道"面板，单击其下方的"创建新通道"按钮，得到 Alpha 1 通道。

7 选择工具箱中的画笔工具☑，在其属性栏中单击"切换画笔面板"按钮☑，打开"画笔面板"。在其中设置"画笔笔尖形状"为"柔角"、"大小"为 293px、"间距"为 43%、"硬度"为 0%，如图 13-40 所示。

8 设置完成后，在新建的通道中通过拖动绘制一条白色区域，效果如图 13-41 所示。

（4）单击"打开"按钮即可将选定的纹理图像载入3D模型，得到如下效果。

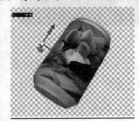

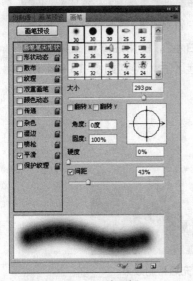

图 13-40　画笔面板

图 13-41　绘制一条白色区域

（5）如果想对载入的纹理效果进行修改，得到另一种效果，可在"编辑漫射纹理"下拉菜单中选择"打开纹理"命令，将选定的纹理图像进行编辑修改。如下所示即为将原纹理进行"可选颜色"命令调整后的效果。

9 选择"滤镜"→"像素化"→"彩色半调"命令，打开"彩色半调"对话框，在其中设置"最大直径"为"24 像素"，其余为默认值，单击"确定"按钮，得到如图 13-42 所示的效果。

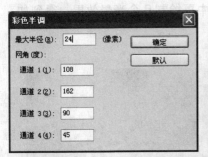

图 13-42　得到彩色半调效果

（6）将调整后的图像文件保存，即可将调整后的纹理效果应用于3D 模型中。

10 按住 Ctrl 键不放，单击"通道"面板中新建的 Alpha 1 通道的缩览图，将其载入选区。

将 2D 图像创建为 3D 图像模式并对其进行编辑

可以将 2D 图像创建为 3D 模型，然后对其进行各种编辑操作。

原图

（1）选中原图的背景图层，选择"3D"→"从图层新建形状"→"帽形"命令，即可将原图创建为 3D 帽形效果，如下所示。

（2）单击"3D"面板上方的"滤镜：整个场景"按钮，切换至"3D {场景}"面板。在其中的"渲染设置"下拉列表框中可以选择需要的渲染模式，如下所示。

分别为应用"隐藏线框"和"着色线框"渲染模式后的效果

11 在"图层"面板中新建"图层 1"，即可在文档中显示出选区，如图 13-43 所示。

图 13-43　得到效果

12 在工具箱中将前景色设置为"白色"，使用油漆桶工具填充选区，按 Ctrl+D 组合键取消选区后，得到如图 13-44 所示的效果。

图 13-44　填充后得到效果

13 新建"图层 2"。设置前景色的 RGB 值为"100，23，105"，选择工具箱中的画笔工具，在其属性栏中设置"画笔"为"柔边圆"、"大小"为 185px、"硬度"为 0%，如图 13-45 所示。

14 设置完成后，在文档中单击，即可绘制出设置光晕的效果。改变笔触颜色和大小在文档中再绘制几个光晕效果，得到如图 13-46 所示的效果。

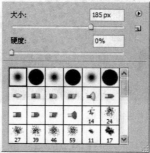 

图 13-45　设置"画笔"参数　　图 13-46　绘制出的光晕效果

15 分别打开 3 幅素材图像（光盘\素材和效果\13\素材\13-5.jpg、13-6.jpg、13-7.jpg），如图 13-47 所示。

图 13-47　分别打开 3 幅素材图像

16 将它们拖入文档中，分别调整它们的大小和位置并进行适当的旋转操作，得到如图 13-48 所示的效果。

图 13-48　拖入图像并调整

17 在文档中输入文字"5.1 购物节"，在此文字层上单击鼠标右键，在弹出的快捷菜单中选择"栅格化文字"命令，将文字栅格化。按 Ctrl+T 组合键，出现调整控制框，在其上单击鼠标右键，在弹出的快捷菜单中选择"扭曲"命令，对文字进行扭曲变形，得到如图 13-49 所示的效果。

图 13-49　输入文字并调整

18 将文字层拖至下方的"创建新图层"按钮上，连续拖动 5 次，此时的"图层"面板如图 13-50 所示。分别选中各个文字层，按住 Ctrl 键的同时使用键盘上的"→"键对文字进行右移操作，得到如图 13-51 所示的效果。

（3）单击"3D"面板上方的"滤镜：光源"按钮，切换至"3D{光源}"面板。在其中的"预设"下拉列表框中可以选择需要的光源模式，如下所示。

CAD 优化

火焰

相关知识　**"凸纹"命令的使用**

通过 3D 菜单中的"凸纹"命令，可为选区中的图像创建 3D 模型效果，如下所示为使用此命令得到一种特殊效果。

使用钢笔工具在图像中绘制一条路径

在此路径上输入文字

按住 Ctrl 键不放，单击"图层"
面板中文字层的缩略图，将文
字载入选区

图 13-50 "图层"面板

图 13-51 右移后得到的效果

19 选中"文字层副本 5"，单击"锁定透明像素"按钮 ⊠ 。选择
工具箱中的渐变工具 █ ，在其属性栏中设置"渐变方式"为
"色谱"，单击"线性渐变"按钮 █ ，在文字上拖出一条直线，
得到渐变效果，如图 13-52 所示。

选择"3D"→"凸纹"→"当
前选区"命令，打开"凸纹"
对话框，在其中可以进行凸纹
形状预设、凸出、膨胀以及材
质、斜面、场景等设置

文字得到 3D 模型效果

图 13-52 文字得到渐变效果

20 将所有的文字层合并为一个图层，然后复制此图层。使用移
动工具将其放置在合适的位置，然后对其进行扭曲变形，即
可得到最终效果。

实例 13-4 汽车广告

　　本实例将使用光照效果滤镜、图层样式以及复制图层等功能制
作汽车广告宣传画。其画面效果具有很强的层次感和时尚感，能有
效起到吸引大家眼球的目的。实例最终效果如图 13-53 所示。

重点提示 填充快捷键

　　按 Alt+Backspace 组合键
可使用前景色对选区或图层进
行填充；按 Ctrl+Backspace 组
合键则可使用背景色对选区或
图层进行填充。

图 13-53　实例最终效果

1 选择"文件"→"新建"命令，打开"新建"对话框。在其中将"名称"设置为"汽车广告"，"宽度"设置为"17 厘米"，"高度"设置为"14 厘米"，"背景内容"选择"白色"，单击"确定"按钮，得到一个文档。打开一幅背景素材图像（光盘\素材和效果\13\素材\13-8.jpg），将其拖入到文档中，然后调整为和文档一样的大小，得到如图 13-54 所示的效果。

图 13-54　得到的效果

2 选择"滤镜"→"渲染"→"光照效果"命令，打开"光照效果"对话框，在其中的"样式"下拉列表框中选择"默认值"，然后在"预览"框中设置光照的位置，单击"确定"按钮，得到光照效果，如图 13-55 所示。

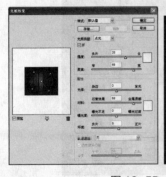 

图 13-55　得到光照效果

实例 13-4 说明

● 知识点：
- 光照效果滤镜
- 横排文字工具
- 图层混合模式
- 图层样式
- 钢笔工具

● 视频教程：
光盘\教学\第 13 章 平面广告宣传系列

● 效果文件：
光盘\素材和效果\13\效果\13-4.psd

● 实例演示：
光盘\实例\第 13 章\汽车广告

相关知识　查看新增功能

　　Photoshop CS5 新增了许多功能，通过以下方法可以很方便地查找到新增功能。

　　单击 Photoshop CS5 工作界面标题栏右侧的"显示更多工作区和选项"按钮，在弹出的下拉菜单中选择"CS5 新功能"命令，如下所示。

　　此时单击下方菜单栏中的选项，在弹出的下拉菜单中可以看到一系列以蓝色显示的命令项，它们即为新增的功能。如下所示为"编辑"菜单中新增的功能。

用户在图像中输入文字后，如果需要对文字的字体、大小、颜色等属性重新进行设置，可使用"字符/段落"面板来实现。

选择横排文字工具，在其属性栏中单击"显示/隐藏字符和段落调板"按钮 🗐，可弹出如下所示的"字符/段落"面板。

可在"字符"选项卡下设置文字属性，其中各选项的含义如下。

● 迷你简雪峰 ✔ ：用来设置需要的字体样式。

---

3 选择工具箱中的横排文字工具 Ｔ，在文档中输入英文字母，将其颜色设置为"白色"，并且设置为不同的大小，然后分别放置于文档中适当的位置，得到一种非常时尚的文档背景效果，如图 13-56 所示。

图 13-56 输入英文字母并调整

4 将文字层合并为一个图层，然后将其混合模式设置为"实色混合"，得到更为融合的背景文字效果，如图 13-57 所示。

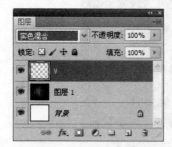

图 13-57 得到更为融合的背景文字效果

5 打开一幅汽车素材图像（光盘\素材与效果\13\素材\9.jpg），将其拖入到文档中，然后调整为合适的大小和位置，如图 13-58 所示。

图 13-58 拖入素材并调整

6 在拖入图像图层上双击，打开"图层样式"对话框，在其中选中"投影"复选框，然后设置合适的参数值，单击"确定"按钮，得到汽车投影效果，如图 13-59 所示。

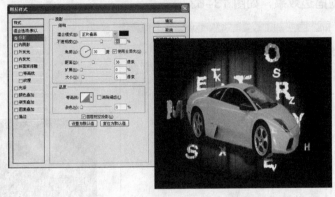

图 13-59　得到汽车投影效果

7 新建"图层 3"，使用套索工具 在此图层上绘制一个不规则选区，然后将其填充为"红色"，如图 13-60 所示。复制多个"图层 3"，然后分别将它们置于合适的位置，并旋转一定的角度，得到纷飞彩纸效果，如图 13-61 所示。

图 13-60　绘制一个不规则选区　　图 13-61　得到纷飞彩纸效果

8 新建"图层 4"，使用钢笔工具 在此图层中绘制一个皇冠形状的闭合路径，如图 13-62 所示。

图 13-62　绘制一个皇冠形状的闭合路径

- ：用来设置字体的大小值。
- ：用来调整当前被选中的字符的行距。

行距为"自动"

行距为"36 点"

- ：用来控制文本在垂直方向上的缩放比例。

缩放比例为 100%

缩放比例为 200%

- ：用来控制文本在水平方向上的缩放比例。

缩放比例为 100%

缩放比例为 300%

- **0%** ：根据文本的比例大小来设置文字的间距。

设置为 0%

设置为 100%

- **AV 0** ：用来设置文字之间的距离（字间距），数值越大，文字的间距就越大。

设置为 0

设置为 200

- **AV 0** ：用来设置两个字符间的字符微调。

- **A¹ 0 点** ：用来控制文本的升降，正值为上升，负值为下降。

9 将路径转换为选区，然后将其渐变填充，取消选区。在"图层 4"上双击，打开"图层样式"对话框，在其中选中"描边"复选框，然后设置合适的参数，单击"确定"按钮，得到描边效果，如图 13-63 所示。

图 13-63 得到描边效果

10 将"图层 4"拖至下方的"创建新图层"按钮上 3 次，即复制 3 次。分别选中复制出的图层，按住 Ctrl 键的同时，使用键盘上的"→"键使其中的对象向右偏移一定的距离，得到如图 13-64 所示的立体效果。

图 13-64 得到立体效果

11 将"图层 4"～"图层 4 副本 3"之间的图层合并为一个图层，得到"图层 4 副本 3"图层。选择"选择"→"修改"→"羽化"命令，打开"羽化选区"对话框，在其中将"羽化半径"设置为 7，如图 13-65 所示。单击"确定"按钮，得到羽化效果。

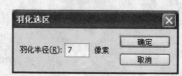

图 13-65 "羽化选区"对话框

12 选择"编辑"→"填充"命令，打开"填充"对话框，在其中的"使用"下拉列表框中选择"白色"选项，其他为默认值，单击"确定"按钮，得到闪烁光芒的朦胧效果，如图 13-66 所示。

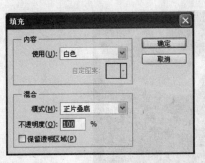

原文字效果

13 在皇冠图形的下方输入文字"皇冠品质"，然后将其倾斜一定的角度，如图 13-67 所示。

选中"点燃希望"，然后将此值设置为"-140 点"

- 颜色：　　　：用来设置文本的颜色。

- T T TT Tr T¹ T₁ T T：用来设置文字的效果，依次为仿粗体、仿斜体、全部大写字母、小型大写字母、上标、下标、下划线和删除线。

图 13-67　输入文字并倾斜

14 复制此文字层，然后将其进行垂直翻转操作，并放置于合适的位置，效果如图 13-68 所示。

- 美国英语 ：用来设置文本连字符和拼写的语言。

- ᵃa 锐利 ：用来设置文字的图像显示效果。

操作技巧　在文本框中输入文字

　　如需要在图像中输入较多的段落文字，可通过文本框来实现。

　　（1）打开一幅图像，选择工具箱中的横排文字工具，并在其属性栏中设置文字样式。

　　（2）将鼠标移动至图像中合适的位置，单击鼠标左键不放，拖出一个文本框，如下所示。

图 13-68　复制文字并调整

15 选中"文字层副本"图层，然后单击其下方的"添加图层蒙版"按钮 ，为其添加图层蒙版。

16 选择工具箱中的渐变工具 ，设置其渐变为从白色到黑色的线性渐变，然后从翻转文字的上方至下方拖出一条直线，为文字添加渐变，得到如图 13-69 所示的倒影效果。

图 13-66　得到闪烁光芒的朦胧效果

（3）在光标处输入文字，输入完成后，单击属性栏中的✔按钮或选取其他工具即可退出文字的输入状态，得到的效果如下所示。

重点提示 文字层注意事项

Photoshop CS5 中的某些命令和工具是不能应用于文字图层的，如滤镜效果和绘图工具等。在使用这些命令或工具之前，需要先将文字图层转换为普通图层才行。

实例 13-5 说明

- **知识点：**
  - 钢笔工具
  - 图层样式
  - 复制与粘贴图层样式
  - 光照效果滤镜
  - 直线工具
- **视频教程：**
  光盘\教学\第 13 章 平面广告宣传系列
- **效果文件：**
  光盘\素材和效果\13\效果\13-5.psd
- **实例演示：**
  光盘\实例\第 13 章\化妆品广告

图 13-69　得到文字倒影效果

17 为了使画面效果更完整，在文档的左下角再输入英文字母 STO，然后同样制作成倒影效果，得到如图 13-70 所示的最终效果。

图 13-70　最终效果

实例 13-5 化妆品广告

本实例将使用钢笔工具、图层样式以及椭圆工具等制作化妆品广告宣传画。画面以黑色作为背景，画面中的内容以浅色调为主，使其有很强的层次感，炫亮而时尚。实例最终效果如图 13-71 所示。

图 13-71　实例最终效果

1 选择"文件"→"新建"命令,打开"新建"对话框。在其中将"名称"设置为"化妆品广告","宽度"设置为"24 厘米","高度"设置为"17 厘米","背景内容"选择"背景色(黑色)",单击"确定"按钮,得到一个文档,如图 13-72 所示。

图 13-72　得到一个文档

2 使用横排文字工具 T 在文档中输入文字,如图 13-73 所示。

3 选择工具箱中的钢笔工具 ,在文档中绘制一个封闭路径,如图 13-74 所示。

图 13-73　输入文字

图 13-74　绘制一个封闭路径

4 按 Ctrl+T 组合键,出现调整控制框,在其上单击鼠标右键,在弹出的快捷菜单中选择"变形"命令,对绘制出的路径进行变形操作,如图 13-75(左)所示。变形后,按 Enter 键,取消调整控制框,得到如图 13-75(右)所示的效果。

图 13-75　变形后得到效果

相关知识 "调整"面板简介

选择"窗口"→"调整"命令,可打开"调整"面板。此面板中集合了填充和调整的所有命令,利用此面板可以对调整图层的颜色及色调进行调整。

相关知识 "调整"面板的组成

- 单击上方的调整图标会打开相应的命令面板,如单击"创建新的色阶调整图层"按钮 ,可打开如下面板。

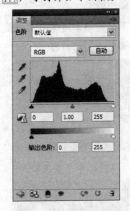

- 下方为"调整预设"列表,在其中包括了各种调整预设,单击左侧的下拉按钮,可打开相应命令的预设,如下所示即为"色阶"命令的预设选项。

如下所示为应用其中的"中间调较暗"选项后得到的效果。

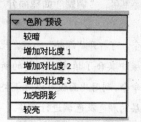

原图

得到的效果

操作技巧 使用"调整"面板调整选区内容

下面介绍如何使用"调整"面板调整选区的内容。

将图像中的花选取

反选选区，将背景选取

5 按 Ctrl+Enter 组合键将路径载入选区，创建一个新图层"图层 1"，使用油漆桶工具 将此选区填充为"深紫色（RGB 的值为 87，62，199）"，如图 13-76 所示。

图 13-76　填充选区

6 按 Ctrl+D 组合键取消选区。在"图层"面板中的"图层 1"上双击，打开"图层样式"对话框，在其中分别设置"外发光"和"内发光"选项的参数，如图 13-77 所示。

 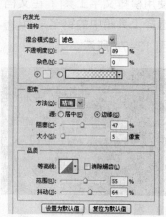

图 13-77　分别设置"外发光"和"内发光"选项的参数

7 设置完成后，单击"确定"按钮，得到炫亮线条效果，如图 13-78 所示。

图 13-78　得到炫亮线条效果

⑧ 再绘制一个封闭路径，按照同样的方法进行变形操作，如图 13-79 所示。

图 13-79　绘制封闭路径并变形

⑨ 将路径转换为选区，新建"图层 2"，同样对其进行填充，如图 13-80（左）所示。在"图层 1"上单击鼠标右键，在弹出的快捷菜单中选择"拷贝图层样式"命令。然后在"图层 2"上单击鼠标右键，在弹出的快捷菜单中选择"粘贴图层样式"命令，得到与"图层 1"同样的炫亮线条效果，如图 13-80（右）所示。

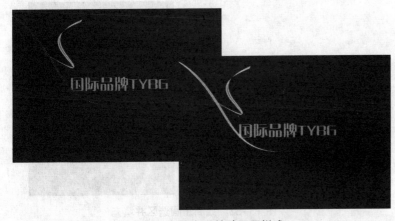

图 13-80　填充后粘贴图层样式

⑩ 按照同样的方法再创建一条线条，设置其填充颜色的 RGB 值为"247，134，50"，得到如图 13-81 所示的效果。

图 13-81　得到第三根炫亮线条

在"调整"面板中对选区进行"照片滤镜"调整

背景选区得到效果

重点提示　"调整边缘"按钮

在椭圆选框工具的属性栏中有一个"调整边缘"按钮，单击此按钮，可打开"调整边缘"对话框，在其中可根据需要设置选区边缘的品质。

在椭圆选框工具的属性栏中有一个"羽化"参数，羽化是指对选区的边缘制作出模糊的效果，从而使选区变得柔和，利用羽化可以得到渐变开晕的效果。

原图

将"羽化"值设置为30px，在蒲公英部位创建一个椭圆选区

新建一个图层，使用油漆桶工具填充选区，得到渐变开晕的图像效果

重点提示 "消除锯齿"选项

当选择椭圆选框工具时，"消除锯齿"选项才会被激活。选中此项，创建出的选区边缘比较平滑，如下所示。

11 将第 3 根线条复制两次，分别进行变形操作，然后放置于合适的位置，如图 13-82 所示。

图 13-82　分别进行变形操作和位置调整

12 选择工具箱中的椭圆选框工具 ，在其属性栏中将"羽化"的值设置为 7px，按住 Shift 键不放，在文档中绘制一个正圆选区，如图 13-83（左）所示。新建"图层 4"，将前景色设置为"白色"，使用油漆桶工具填充选区，然后将"图层 4"的"不透明度"设置为 49%，得到如图 13-83（右）所示的效果。

图 13-83　绘制正圆选区并填充

13 打开一幅口红素材图像（光盘\素材与效果\13\素材\10.jpg），如图 13-84 所示。

图 13-84　打开一幅口红素材

14 将此素材图像拖入到文档中，调整为合适的大小，并将其放置于椭圆图形上方。选择"滤镜"→"渲染"→"光照效果"命令，打开"光照效果"对话框。在其中的"样式"下拉列表中选择"默认值"选项，然后在"预览"框中设置光照的位置，单击"确定"按钮，得到光照效果，如图 13-85 所示。

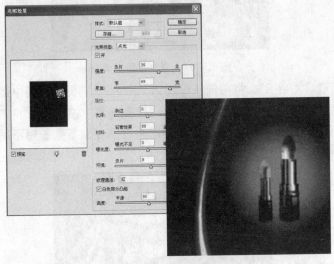

图 13-85　设置光照效果

15 打开一幅人物素材图像（光盘\素材和效果\13\素材\13-11.jpg），将其拖入到文档中，并调整为合适的大小和位置，如图 13-86（左）所示。打开一幅香水素材图像（光盘\素材和效果\13\素材\13-12.jpg），将其拖入到文档中，调整为合适的大小和位置，如图 13-86（右）所示。

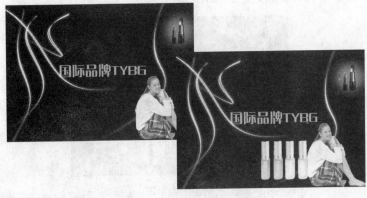

图 13-86　拖入素材并调整

16 将人物图层即"图层 6"拖入到下方的"创建新图层"按钮上，得到"图层 6 副本"。将此图层中的对象进行水平翻转后将其尺寸按比例缩小，然后置于香水图像的另一侧，效果如图 13-87 所示。

未选中此项时的边缘效果

选中此项后的边缘效果

操作技巧　**扩展与收缩选区**

（1）选择"选择"→"修改"→"扩展"命令，打开"扩展选区"对话框，如下所示。

在此对话框中将"扩展量"设置为 1～100 之间的任意数值后，单击"确定"按钮，即可将选区扩展。

选取图像中的花

应用扩展命令后的选区

新建一个图层，填充选区后得到的效果

（2）选择"选择"→"修改"→"收缩"命令，打开"收缩选区"对话框，如下图所示。

收缩选区	
收缩量(C)：6 像素	确定 取消

在此对话框中将"收缩量"设置为 1～100 之间的任意数值后，单击"确定"按钮，即可将选区收缩。

选区应用收缩命令，然后将其填充后的效果

相关知识 **关于合并图层**

如果用户创建了很多图层，而且这些图层建立之后不需要再进行单独的操作，可以将这些图层合并以减小磁盘空间的占用。在"图层"控制面板中，单击左上角的下拉按钮，在弹出的下拉菜单中可以选择

图 13-87　复制图像并调整

17 新建"图层 8"，将前景色设置为"白色"，选择工具箱中的直线工具 ✎，在其属性栏中单击"填充像素"按钮 ▫，将"粗细"设置为 1px，然后在此图层中分别绘制多条长短不同的平行直线，效果如图 13-88 所示。

图 13-88　绘制多条长短不同的平行直线

18 新建"图层 9"，然后使用椭圆选框工具 ○ 在文档中绘制多个大小不一的正圆选区，如图 13-89 所示。

图 13-89　绘制多个大小不一的正圆选区

19 选择"编辑"→"描边"命令，打开"描边"对话框。在其中将"宽度"设置为 1px，"颜色"设置为"白色"，其他为默认值，单击"确定"按钮，得到描边效果，如图 13-90 所示。

图 13-90　得到描边效果

20 在文档中输入英文字母 TYBG，并将其倾斜一定的角度，如图 13-91 所示。

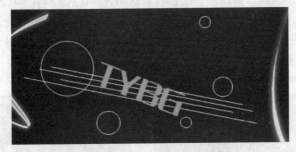

图 13-91　输入英文字母并倾斜

21 为文字添加"斜面和浮雕"以及"描边"图层样式效果，得到可爱文字效果。此时化妆品广告制作完毕，最终效果如图 13-92 所示。

图 13-92　最终效果

实例 13-6　房地产广告

本实例将使用椭圆选框工具、图层蒙版以及画笔工具等制作房地产广告。其画面以砖墙质地为背景，然后以不同的方式展现别墅画面，其整体效果稳重而不失时尚感。实例最终效果如图 13-93 所示。

相应的命令，进行不同类型的合并图层操作。

重点提示　合并可见图层

按住 Alt 键不放，在"图层"面板的扩展菜单中选择"合并可见图层"命令，可将所有可见图层合并，并位于选定图层的上方。

操作技巧　移动选区

移动选区时，如果需要按照一定的角度进行移动，可按住 Shift 键，此时选区只能沿水平、垂直或 45° 角的方向移动。

将图像中的花选取

沿 45° 角方向移动选区

重点提示　绘制直线时的注意事项

绘制填充像素的直线时，应先将前景色设置为需要的填充颜色，然后进行绘制即可。

实例13-6说明

🔘 **知识点：**

· 椭圆选框工具

· 图层蒙版

· 魔棒工具

· 画笔工具

🔘 **视频教程：**

光盘\教学\第13章 平面广告宣传系列

🔘 **效果文件：**

光盘\素材和效果\13\效果\13-6.psd

🔘 **实例演示：**

光盘\实例\第13章 房地产广告

图 13-93　实例最终效果

1 打开一幅背景素材图像（光盘\素材和效果\13\素材\13-13.jpg），如图 13-94 所示。选择工具箱中的椭圆选框工具🔘，在其属性栏中将"羽化"的值设置为 7px，然后按住 Shift 键不放，绘制两个不同大小的正圆选区，如图 13-95 所示。

图 13-94　打开一幅背景素材　　　图 13-95　绘制正圆选区

2 选择工具箱中的画笔工具✐，将前景色设置为"白色"，设置适当的画笔大小，然后在选区内进行涂抹，得到如图 13-96 所示的效果。

图 13-96　得到效果

3 打开两幅别墅素材图像（光盘\素材和效果\13\素材\13-14.jpg、13-15.jpg），将它们拖入到文档中，并分别放置于椭圆形状的上方，然后将其调整为合适的大小，如图 13-97 所示。

操作技巧　**如何制作龟裂字**

如果想为图像添加龟裂字效果，可按以下方法进行操作。

（1）在一幅图像中输入文字。

（2）在"通道"面板中新建一个 Alpha1 通道。

图 13-97　拖入两幅图像并调整

4 将"图层 1"和"图层 2"合并为一个图层，得到"图层 2"。将"背景"图层转换为普通层，得到"图层 0"。将"图层 2"移至"图层 0"的下方，此时的"图层"面板如图 13-98 所示。选中"图层 0"，然后单击下方的"添加图层蒙版"按钮 □，为其添加图层蒙版，如图 13-99 所示。

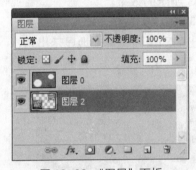

图 13-98　"图层"面板

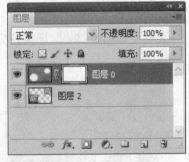

图 13-99　添加图层蒙版

5 选择工具箱中的魔棒工具 ，在其属性栏中单击"添加到选区"按钮 ，将"容差"值设置为 0，然后在两个椭圆形状上单击，创建选区，效果如图 13-100 所示。

图 13-100　创建选区

6 将前景色设置为"黑色"，选择工具箱中的画笔工具 ，

（3）将前景色设置为"黑色"，背景色设置为"白色"，对此通道进行多次分层云彩滤镜设置，得到满意效果即可。

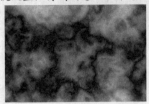

（4）打开"色阶"对话框，在其中将灰色和白色色阶块均向左移动适当距离，得到黑白分明的图像效果。

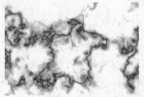

（5）选择"选择"→"色彩范围"命令，打开"色彩范围"对话框。然后使用吸管工具在图像窗口中的黑色区域内单击选取，单击"确定"按钮，即可将图像中的黑色区域转换为选区。

（6）在"图层"面板中选中文字层，将其栅格化，然后按 Delete 键将选区中的内容删除，按 Ctrl+D 组合键取消选区，

即可得到龟裂字效果。

在使用多边形套索工具和磁性套索工具创建选区时，按 Enter 键可封闭选区，按 Esc 键可取消选区的创建，按 Delete 键可删除刚建立的定位节点。

创建新的填充和调节图层后，双击"图层"控制面板中的图层缩略图，可弹出此选项的相应对话框。在此对话框中可对各项参数进行重新设置。

创建调节层后的面板和图像效果

设置合适的画笔大小，然后在选区内进行涂抹，得到如图 13-101 所示的效果。

7 打开一幅素材图像（光盘\素材和效果\13\素材\13-16.jpg），将其拖入到文档中，得到"图层 3"，然后调整为和文档一样的大小，如图 13-102 所示。

图 13-101　得到效果　　　图 13-102　拖入图像并调整

8 选中"图层 3"，为其添加图层蒙版。选择工具箱中的画笔工具，在其属性栏中设置"不透明度"为 24%，然后在文档中进行涂抹，得到如图 13-103 所示的效果。

9 在画笔工具属性栏中将"不透明度"设置为 100%，然后在文档中进行涂抹，即把需要突出的图像内容清晰地显示出来，效果如图 13-104 所示。

图 13-103　涂抹效果　　　图 13-104　涂抹效果

10 新建"图层 4"，使用画笔工具在文档中绘制一条随意的深紫色线条，以得到一种轻松休闲的涂鸦效果，如图 13-105 所示。

图 13-105　绘制一条随意的深紫色线条

11 使用横排文字工具 在文档中输入文字，并倾斜一定的角度。在文字层上双击，打开"图层样式"对话框，在其中分别选中"投影"和"描边"复选框，并设置对话框中的参数，单击"确定"按钮，得到如图 13-106 所示的文字效果。

图 13-106　得到文字效果

12 选择工具箱中的画笔工具 ✎，在其属性栏中单击"切换画笔预设"按钮 図，打开"画笔"面板。在其中选中"画笔笔尖形状"复选框，设置"画笔形状"为"尖角30"、"大小"为30px，"间距"为 260%、"硬度"为 100%，如图 13-107所示。

图 13-107　设置"画笔笔尖形状"

13 选中"形状动态"复选框，在其中设置"大小抖动"为 87%，其余参数为默认值，如图 13-108 所示。选中"散布"复选框，在其中设置"散布"值为 294%，其余参数为默认值，如图 13-109 所示。

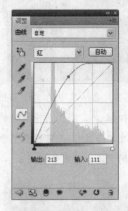

双击缩览图后打开"调整"面板，在其中进行设置

得到效果

操作技巧　**如何修复灰蒙蒙的图片**

有些图片因为光线或天气等原因显示出灰蒙蒙的效果，下面将通过调整色阶将其修复，使其变得清晰。

（1）打开一幅灰蒙蒙的图片。

（2）打开"色阶"对话框，选择其中的"设置白场"按钮 ✎，在图片中最亮的一点处单击鼠标，即可设置整个图片的白场，效果如下所示。

（3）选择其中的"设置黑场"按钮 ，在图片中最暗的一点处单击鼠标，即可设置整个相片的黑场，效果如下所示。

（4）在对话框中向左拖动直方图下方中间部位的灰色滑块，使图片中的间调适当变亮。

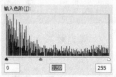

设置完成后，得到清晰图像效果

操作技巧 **设置画笔技巧**

在"画笔工具"属性栏中，"不透明度"选项用来设置画笔工具在绘图时的不透明度，其值越大，不透明度越高。"流量"选项用来设置绘图时的压力大小，其百分比值越大，笔墨扩散就越浓。单击"喷枪"按钮 后，画笔工具将以喷枪的效果进行绘图，即在一个地方停留时间越长，喷出的色点的颜色就会越深，面积也会越大。

图 13-108　设置"形状动态"　　图 13-109　设置"散布"

14 新建"图层 5"，将其移至文字层和"图层 4"的下方，如图 13-110 所示。将前景色设置为"白色"，然后在文档的上方处进行涂抹，得到如图 13-111 所示的效果。

图 13-110　"图层"面板　　图 13-111　得到的涂抹效果

15 将前景色设置为"橙色"，继续进行涂抹，得到更加生动的画面效果，如图 13-112 所示。

图 13-112　得到的涂抹效果

16 在"图层"面板中将"图层 5"的"不透明度"设置为 67%，得到最终效果。

实例 13-7　音乐会海报

　　本实例将使用图层蒙版、旋转扭曲滤镜以及矩形工具等制作音乐会海报。海报的整体效果淡雅、清新，形象的设计手法为整个画面带来美妙而尊贵的感受。实例最终效果如图 13-113 所示。

图 13-113　实例最终效果

1 分别打开一幅背景素材图像和一幅人物素材图像（光盘\素材和效果\13\素材\13-17.jpg、13-18.jpg），如图 13-114 所示。

图 13-114　分别打开一幅背景素材　　　图像和一幅人物素材图像

2 使用移动工具 将人物素材拖到背景素材中，然后调整到合适的大小和位置，效果如图 13-115 所示。

3 将人物素材关闭。在"图层"面板中选中"图层 1"，单击下方的"添加图层蒙版"按钮 ，为此图层添加图层蒙版。选择工具箱中的渐变工具 ，将前景色设置为"白色"，背景色设置为"黑色"，在其属性栏中设置"渐变方式"为"前景色到背景色渐变"，然后在人物的上方至下方拖出一条直线，得到如图 13-116 所示的线性渐变效果。

实例 13-7 说明

● **知识点：**
- 图层蒙版
- "羽化"命令
- 旋转扭曲滤镜
- 橡皮擦工具
- 画笔工具
- 矩形选框工具

● **视频教程：**
光盘\教学\第 13 章 平面广告宣传系列

● **效果文件：**
光盘\素材和效果\13\效果\13-7.psd

● **实例演示：**
光盘\实例\第 13 章\音乐会海报

相关知识　"直方图"面板介绍

　　Photoshop CS5 将图像上的色阶与明暗的分析制成直方图，用来显示色调分布的统计信息，如下所示。

- 选择"窗口"→"直方图"命令，打开"直方图"面板。默认情况下，此面板是以"紧凑视图"形式打开，其中没有控件或统计数据。

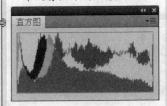

紧凑视图

- 单击面板右上角的下拉按钮 ，在打开的下拉菜单中选择"扩展视图"命令，面板视图模式变换为此模式。

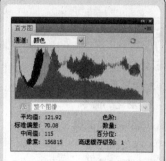

* "平均值"表示平均亮度值;"标准偏差"是指亮度值的变化范围;"中间值"是指亮度值范围内的中间值;"像素"是指直方图的像素总数。如下所示即为一幅图像在"直方图"面板中显示的内容。

* "色阶"表示指针区域的亮度等级;"数量"表示指针区域亮度级别的像素总数;"百分位"表示指针区域的级别或此级别以下的像素累计数;"高速缓存级别"是指相应图像的高速缓存级别。

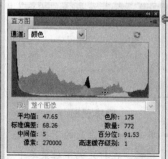

● 在下拉菜单中选择"全部通道视图"命令,打开如下面板。

图 13-115 拖入素材并调整

图 13-116 得到渐变效果

4 打开一幅乐谱素材图像(光盘\素材与效果\13\素材\19.jpg),将其拖入到文档中,得到"图层 2",将其调整为合适的大小和位置,如图 13-117 所示。在"图层"面板中将"图层 2"的混合模式设置为"明度",得到更为融合的颜色效果,如图 13-118 所示。

图 13-117 拖入素材并调整

图 13-118 得到明度效果

5 使用套索工具 ⊘ 选取乐谱素材中的一部分,如图 13-119 所示。

图 13-119 选取乐谱素材中的一部分

6 选择"选择"→"修改"→"羽化"命令,打开"羽化选区"对话框。在其中将"羽化半径"设置为 24,单击"确定"按钮,得到羽化效果,如图 13-120 所示。

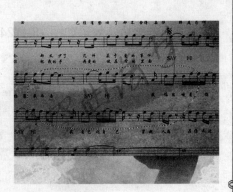

图 13-120　得到羽化效果

在"通道"下拉列表框中选择需要的通道选项，在下方可显示出相应的直方图效果。

7 选择"选择"→"反向"命令，反选选区，按 Delete 键删除选区内的图像，取消选区后，得到如图 13-121 所示的效果。

图 13-121　得到的效果

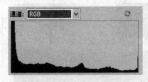

选择"RGB"

选择"蓝"

8 选择"滤镜"→"扭曲"→"旋转扭曲"命令，打开"旋转扭曲"对话框。在其中设置"角度"值为−77°，单击"确定"按钮，得到如图 13-122 所示的效果。

操作技巧　如何修复曝光不足的图像

曝光不足是指图像整体效果偏暗，最暗的地方黑的没有层次。可通过"色阶"命令对其进行调整，得到满意效果。

（1）打开一幅曝光不足素材图像。

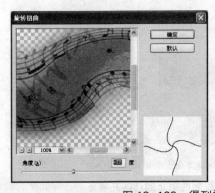

图 13-122　得到旋转扭曲效果

9 按 Ctrl+T 组合键，出现调整控制框，调整乐谱图像的大小，并旋转一定的角度，得到如图 13-123 所示的效果。此时可看到图像上有一块多余的边，选择工具箱中的橡皮擦工具 ，

（2）选择"图像"→"调整"→"色阶"命令，在弹出的"色阶"对话框中可以发现"输入色阶"峰柱图中图像的像素大部分在左侧，所以图像会呈色调昏暗显示。将"输入色阶"白色滑块向左侧移动适当的距离，然后将灰色滑块也向左移动适当的距离。

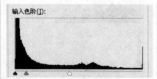

（3）设置完成后，单击"确定"按钮，得到色调变亮的图像效果。

（4）这时再次选择"图像"→"调整"→"色阶"命令，从打开的"色阶"对话框中可以看出图像的暗部与亮部区域已经基本上是均匀分布了。

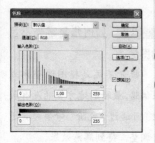

重点提示　隐藏与显示选区

按Ctrl+H组合键可以隐藏选区，再次按下Ctrl+H组合键时，则可显示选区。

将其擦去即可，效果如图13-124所示。

图13-123　调整图像的大小和角度　　图13-124　将多余的边擦去

⑩ 新建"图层3"，选择工具箱中的椭圆选框工具，在其属性栏中单击"添加到选区"按钮，然后在文档中绘制3个大小不一样的正圆选区，如图13-125所示。将前景色设置为"橙色"，使用油漆桶工具填充选区，然后将其"不透明度"设置为75%，得到如图13-126所示的效果。

图13-125　绘制三个正圆选区　　图13-126　填充并设置

⑪ 再分别绘制两组正圆选区，然后填充为不同的颜色，如图13-127所示。

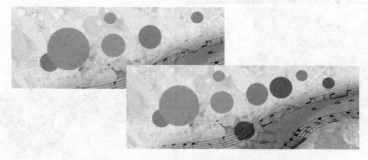

图13-127　分别绘制两组正圆选区并填充

⑫ 将"图层3"移至"图层2"的下方，得到如图13-128所示的效果。

图 13-128　改变图层顺序得到效果

"替换颜色"命令

使用"替换颜色"命令，可以将图像中的某一种颜色或全部颜色用指定的颜色来代替。

"替换颜色"对话框

选择"图像"→"调整"→"替换颜色"命令，打开"替换颜色"对话框。

13 使用横排文字工具 T 在文档的左下角输入英文 concert，然后将其旋转一定的角度，如图 13-129 所示。

图 13-129　输入英文并旋转

14 选择工具箱中的移动工具 ，按住 Alt 键不放，将文字向右下方拖动适当的距离，复制此英文，效果如图 13-130（左）所示。使用油漆桶工具 将其填充为"橙色"，得到很有层次感的投影效果，如图 13-130（右）所示。

其中主要选项的含义如下。

（1）"选区"选项组

● 本地化颜色簇：选中此复选框，可使选取的颜色范围更加精确。

● 吸管工具：它们的作用分别如下。

* ：选中此工具并在对话框中的预览区中单击，可根据选中的颜色设置要替换颜色的区域。

* ：选中此工具，可以在原有区域的基础上增加颜色区域。

* ：选中此工具，可以在原有区域的基础上减少选定的区域。

● 颜色：单击此色块，打开"选

图 13-130　复制英文后填充

15 在文档中输入音乐会的日期"2 月 14 日"，然后对其进行"扇形"变形，得到文字效果，此时的文档如图 13-131 所示。

图 13-131　得到的效果

择目标颜色"对话框，在其中可以设置颜色的选取范围。

- 颜色容差：用于调整图像中替换颜色的范围。
- 选区：以白色蒙版的方式在预览框中显示图像。
- 图像：以原图的方式在预览框中显示图像。

（2）"替换"选项组

通过拖动滑块或输入数值来调整所替换颜色的色相、饱和度以及明度。

进行如上设置

叶子部位替换颜色
前后的对比图

相关知识 **"复制图层"命令与"通过拷贝的图层"命令的区别**

"复制图层"命令可复制整个图层为新的副本，并且只能是整层复制；"通过拷贝的图层"命令则经常用于创建了选区的图层上，即仅复制该选区内容作为新的图层，而原图层

16 此时画面效果好像有些略过简单，下面为其四周添加彩色光束效果。新建"图层4"，选择工具箱中的矩形选框工具回在文档中拖出一个矩形选框，如图13-132所示。

图13-132　在文档中拖出一个矩形选框

17 选择工具箱中的画笔工具☑，在其属性栏中单击"打开画笔预设"下拉按钮，在打开的"画笔预设"面板中设置"画笔形状"为"柔边圆"、"大小"为215px、"硬度"为0%，如图13-133所示。将前景色设置为"深紫色"，然后在矩形选区的下方单击鼠标，绘制一个三分之一大小的圆，效果如图13-134所示。

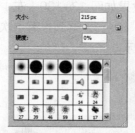
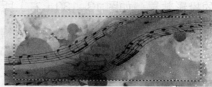

图13-133　设置画笔　　图13-134　绘制一个三分之一大小的圆

18 按Ctrl+D组合键取消选区。按Ctrl+T组合键，出现调整控制框，按住Shift键不放，将光标置于选区的右上角，将其同比例放大适当的尺寸，如图13-135所示。

图13-135　同比例放大适当的尺寸

19 将其旋转一定的角度，放置于文档的右上角处，效果如图13-136所示。

图 13-136　旋转并放置右上角

21 按 Enter 键取消调整控制框。将"图层 4"拖至下方的"创建新图层"按钮上 3 次，即复制 3 次此图层，此时的"图层"面板如图 13-137 所示。分别选中各个复制出的图层，然后分别将它们放置在合适的位置，得到具有层次感的光束效果，如图 13-138 所示。

图 13-137　"图层"面板

图 13-138　得到效果

21 将与光束有关的图层"图层 4"～"图层 4 副本 3"合并为一个图层，得到"图层 4 副本 3"图层。将此合并图层拖至下方的"创建新图层"按钮上 3 次，即复制 3 次此图层。分别选中各个复制图层，使用"移动工具"将它们放置在合适的位置，然后根据需要进行适当的旋转变形，得到最终效果。

实例 13-8　海底趣事

本实例将使用矩形选框工具、钢笔工具以及各种滤镜等制作儿童书刊《海底趣事》的宣传海报。其画面以海底水气泡为背景，并以立体模式表现书刊的整体。整个画面形象、立体并富有童趣。实例最终效果如图 13-139 所示。

选区外的不予复制（此命令也可以直接复制整个图层，快捷键为 Ctrl+J）。如下所示分别为应用"复制图层"与"通过拷贝的图层"命令后的效果。

复制图层

通过拷贝的图层

重点提示　切换工具技巧

如果要切换到套索工具组，可按 L 键。如果要在此工具组中的工具之间进行切换，可选中此组中的任意一个工具，然后按下一次或按多次 Shift+L 组合键，即可实现此工具组中工具的切换。其他工具组中的工具也可以使用此方法进行切换。

重点提示　文本编辑技巧

在图像中输入文字后，按住 Ctrl 键不放，可显示出调整文本的控制框，此时将鼠标置于控制框上，可对文本进行移动操作。

完全实例自学 **Photoshop CS5 图像处理**

实例13-8说明

💬 **知识点：**
- 矩形选框工具
- 直线工具
- 钢笔工具
- 扭曲命令
- 路径选择工具
- 各种滤镜

💬 **视频教程：**
光盘\教学\第13章 平面广告宣传系列

💬 **效果文件：**
光盘\素材和效果\13\效果\13-8.psd

💬 **实例演示：**
光盘\实例\第13章\海底趣事

重点提示 **修剪黑色和修剪白色**

在"阴影/高光"对话框中有两个特殊的选项，即"修剪黑色"和"修剪白色"选项。所谓修剪黑色和修剪白色，是指将图像中一定数量的阴影和高光剪切到新的极端阴影（色阶值为0）和高光（色阶值为255）。其值越大，得到的图像对比度也就越大。如下图所示即为原图和将"修剪黑色"、"修剪白色"均设置为40后得到的效果。

建议设置的值不要太大，因为这样会影响阴影或高光的细节部位，使图像的清晰度降低。

图 13-139　实例最终效果

1️⃣ 选择"文件"→"新建"命令，打开"新建"对话框。在其中将"名称"设置为"海底趣事"，"宽度"设置为"24 厘米"，"高度"设置为"17 厘米"，"背景内容"选择"背景色（黑色）"，单击"确定"按钮，得到一个文档，如图 13-140 所示。

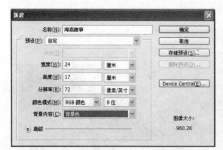

图 13-140　得到一个文档

2️⃣ 新建"图层 1"。使用工具箱中的矩形选框工具 ▣ 在文档中拖出一个矩形选框，然后将其填充为"黄色"，如图 13-141 所示。

3️⃣ 复制此图层，得到"图层 1 副本"，然后将复制出的对象移至原矩形的左侧，效果如图 13-142 所示。

图 13-141　拖出矩形选框并填充　　图 13-142　复制后调整

4️⃣ 选择工具箱中的直线工具 ╱，在其属性栏中单击"填充像素"按钮▣，将"粗细"设置为3px，将前景色设置为"棕色"，然后在两个矩形的中间位置绘制一条直线，如图13-143所示。

图 13-143　绘制一条直线

5 打开一幅素材图像（光盘\素材和效果\13\素材\13-20.jpg），将其拖入到文档中，并调整为和左侧矩形一样的大小，作为封面背景，如图13-144所示。

图 13-144　拖入图像并调整

6 打开一幅素材图像（光盘\素材和效果\13\素材\13-21.jpg），使用磁性套索工具▣分别选取其中的图像，拖至文档中，然后分别调整为合适的大小和位置，并分别旋转一定的角度，得到如图13-145所示的效果。

图 13-145　打开素材并拖入

7 使用钢笔工具▣在文档中绘制出一条路径，然后在其上输入文字，得到如图13-146所示的效果。

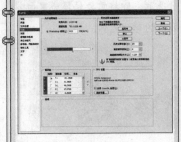

（1）选取图像中的 4 个热气球。

（2）反选选区，将其他部位选取，即将需要转换为黑白效果的部位选取。

（3）在"色相/饱和度"对话框中将"饱和度"的值设置为"−100"。

（4）设置完成后，单击"确定"按钮，取消选区，即可得到黑白效果的背景了。

相关知识 **画笔工具的精确使用**

使用画笔工具时，如果想要更精确地绘制，可以使其显示出十字线光标。

8 为文字添加"描边"和"渐变叠加"图层样式效果，得到如图 13-147 所示的效果。

图 13-146 输入文字　　13-147 添加图层样式后的效果

9 选中"图层 2"，复制此图层。将复制出的封面背景素材拖入到左侧矩形中，并调整为和右侧矩形一样的大小，如图 13-148（左）所示。使用磁性套索工具 选取前面打开的海底动物素材中的图像，分别拖入到文档中，然后分别调整为合适的大小和位置，并旋转一定的角度，得到如图 13-148（右）所示。

图 13-148 拖入素材并调整

10 将与右侧矩形有关的图层合并为一个图层，并重命名为"书籍封面"，选择"编辑"→"变换"→"扭曲"命令，出现调整控制框，对书籍封面进行扭曲变形，如图 13-149 所示。

11 同样，将与左侧矩形有关的图层合并为一个图层，并重命名为"书籍封底"，然后对其进行扭曲变形，如图 13-150 所示。

图 13-149 书籍封面扭曲变形（一）　图 13-150 书籍封底扭曲变形（二）

12 新建一个图层，并重命名为"立体书页"，使用钢笔工具  在书籍封底的上方绘制一条立体书页形状的封闭路径，如图 13-151 所示。

图 13-151　绘制封闭路径

13 按 Ctrl+C 组合键复制此路径，然后按 Ctrl+V 组合键将其粘贴，使用路径选择工具 将其移至书籍封面的上方，然后按 Ctrl+T 组合键将其进行适当地旋转操作，使其书籍封面对齐，效果如图 13-152 所示。

图 13-152　复制路径后调整

14 按 Ctrl+Enter 组合键将路径转换为选区，然后使用油漆桶工具 将选区填充为白色，并按 Ctrl+D 组合键取消选区，得到如图 13-153 所示的立体书页效果。

图 13-153　得到立体书页效果

圆形画笔

十字线光标

操作技巧 **如何修复曝光过度的图像**

曝光过度总的来说就是图像整体偏亮，最亮的地方已经是白色，亮的没有层次了。

下面将介绍如何使用"阴影/高光"命令来轻松改善图像的对比度以及整体平衡，使曝光图片得到真实、美观的效果。

（1）打开一幅曝光过度的素材图像。

（2）选择"图像"→"调整"→"阴影/高光"命令，弹出"阴影/高光"对话框，先调整"阴影"和"高光"和值，如下所示。

（3）在"阴影/高光"对话框中选中"显示更多选项"复选框，弹出其他参数选项，根据图像情况进行合理的设置。

（4）设置完成后，单击"确定"按钮，得到亮度以及暗部细节得到改善的图像效果。

重点提示 **修复曝光过度图像时应注意的事项**

应用"亮度/对比度"命令对图像进行处理时会损失一些细节，而应用"阴影/高光"命令在加亮阴影时损失的细节相对更少，调整适当时还会提高阴影部分的细节。

⒖ 选中"背景"图层，选择"滤镜" → "渲染" → "纤维"命令，打开"纤维"对话框，在其中设置"差异"值为17，"强度"值为5，单击"确定"按钮，得到效果，如图13-154所示。

图 13-154 得到纤维效果

⒗ 选中"背景"图层，选择"滤镜" → "纹理" → "染色玻璃"命令，打开"染色玻璃"对话框。在其中设置"单元格大小"为7、"边框粗细"为9、"光照强度"为2，单击"确定"按钮，得到如图13-155所示的效果。

图 13-155 得到染色玻璃效果

⒘ 选中"背景"图层，选择"滤镜" → "素描" → "石膏效果"命令，打开"石膏效果"对话框。在其中将"图像平衡"的值设置为43，"平滑度"的值设置为5，"光照"选择"上"选项，单击"确定"按钮，得到海底水气泡效果，如图13-156所示。

图 13-156 得到海底水气泡效果

18 打开一幅素材图像（光盘\素材和效果\13\素材\13-22.psd），
将其拖入到文档中，得到一个新图层，将其重命名为"月亮"，
如图 13-157（左）所示。将拖入图像调整为合适的大小和位
置，得到如图 13-157（右）所示的效果。

图 13-157　拖入素材重命名后调整

19 在"月亮"图层上双击，打开"图层样式"对话框。在其中选
中"外发光"项，然后设置合适的参数，单击"确定"按钮，
得到图像的朦胧效果，如图 13-158 所示。

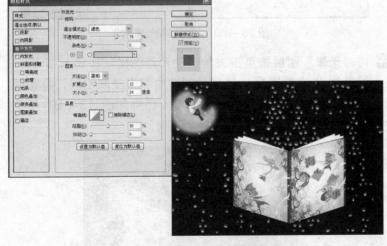

图 13-158　得到图像的朦胧效果

20 新建一个图层，将其重命名为"光晕"。使用工具箱中的椭圆
选框工具 ◯，在书籍封面的左上角处绘制一个椭圆选区，如
图 13-159（左）所示。使用油漆桶工具 ◭ 将选区填充为白色，
效果如图 13-159（右）所示。

相关知识　**"动作"面板简介**

在 Photoshop CS5 中，系统
是以文件的形式来管理动作
的，每个文件可以包含多个动
作。可以利用"动作"面板来
查看、执行、录制动作，还可
以保存、载入动作文件等。

选择"窗口"→"动作"
命令或按 Alt+F9 组合键，打开
"动作"面板。

在"动作"面板中，程序
提供了很多自带的动作，如图
像效果、处理、文字效果、画
框和文字处理等。

相关知识　**新建动作与录制动作**

在"动作"面板中，新建
一个动作后即将对图像进行
处理的操作步骤录制下来。可
按以下的方法来操作。

（1）打开一幅图像，然后
在动作面板中单击"创建新动
作"按钮 🔲，将弹出"新建动
作"对话框，在对话框中设置动
作的名称、动作组、功能键以及
颜色。

（2）设置完成后，单击"记录"按钮，即可新建一个动作。

（3）此时面板中的"开始记录"按钮呈红色，说明此功能已经被激活，可以进行操作过程的录制了。

（4）对图像进行"成角的线条"和"晶格化"滤镜设置，得到如下效果。

（5）此时在"动作"面板中可以看到，这两项操作已经录制完成了。

（6）如果不需要录制其他动作了，可以单击面板中的"停止播放/记录"按钮 ▣，即完成了操作过程的录制。

图 13-159　绘制椭圆选区并填充

🔢 按 Ctrl+D 组合键取消选区，选择"滤镜"→"模糊"→"高斯模糊"命令，打开"高斯模糊"对话框，在其中设置"半径"的值为"22.3 像素"，单击"确定"按钮，得到模糊光晕效果，如图 13-160 所示。

图 13-160　得到模糊光晕效果

🔢 将"光晕"图层拖至下方的"创建新图层"按钮上 3 次，即复制 3 次此图层，然后分别选中各个复制图层，将图层中的对象分别放置到合适的位置，得到如图 13-161 所示的效果。

图 13-161　复制图层后调整到合适的位置

🔢 在文档中输入文字"世界儿童优秀书刊"，将其设置为"旗帜"变形，然后在其文字层上双击，打开"图层样式"对话框，在其中设置"斜面和浮雕"和"描边"图层样式，单击"确定"按钮，得到文字效果，如图 13-162 所示。

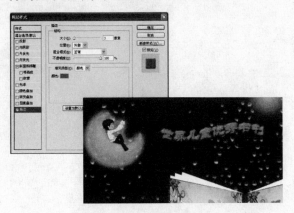

图 13-162　得到文字效果

24 使用钢笔工具 ✐ 绘制一条路径，并在其中使用直排文字工具 IT 输入颜色不同的文字"海底趣事"。在刚才创建的文字层上单击鼠标右键，在弹出的快捷菜单中选择"拷贝图层样式"命令。然后在此文字层上单击鼠标右键，在弹出的快捷菜单中选择"粘贴图层样式"命令，使此图层上的文字得到一样的图层样式效果，如图 13-163 所示。

图 13-163　输入文字并应用图层样式

25 将此文字图层拖至下方的"创建新图层"按钮上，复制此文字图层，然后使用移动工具 ⊕ 将其移至文档的左下方位置，最后对其进行适当的缩小和旋转操作，得到最终效果。

相关知识　应用动作

在录制完成动作后，可以将此动作应用到其他的图像中。操作过程如下。

（1）打开一幅需要应用此动作的图像文件。

（2）在"动作"面板中将保存的动作选中，然后单击"播放选定的动作"按钮 ▶，即可将此动作应用到打开的图像中。

相关知识　内置动作

在 Photoshop CS5 中，还提供了很多的内置动作，它们放置在"动作"面板快捷菜单的最后部分，如下所示。

> 命令
> 画框
> 图像效果
> LAB - 黑白技术
> 制作
> 流星
> 文字效果
> 纹理
> 视频动作

利用这些内置动作，可以很方便地达到某些效果。